전기회로

프로가 가르쳐 주는

말랑말랑 1

이다 요시카즈 지음 | 한동순 옮김

Electric Circuit

BM (주)도서출판 성안당

日本 옴사 · 성안당 공동 출간

프로가 가르쳐 주는

전 기 회 로

현대사회에서 전기는 필수적이다. 그러나 가정에서 사용하는 전기는 220V(일본 : 100V)라고 이해하고 있지만 우리 주변에서 사용되는 작은 모터에서부터 초고층 빌딩으로 공급되는 전력에 이르기까지 과연 전기는 어떻게 구성되고 어떤 체제로 되어 있을까? 그런 의문에서 전기회로를 이해하기 위해 일반 전문서적을 읽어도 수학 공식적인 내용에 한정되어 있다고 토로하는 분들이 많다. 더구나 그 전체를 이해하려면 더 어려운 책을 읽어야 한다.

이에 이 책은 전기에 막연한 의문을 갖는 일반인, 현재 전기를 공부하고 있는 분, 전기를 전문으로 다루고 있는 분들을 대상으로 전기회로의 체제에 대해 옴의 법칙(Ohm's law)에서부터 최첨단 전자기학(電磁氣學, Electro-magnetics) 분야에 이르기까지 다음과 같은 점에 중점을 두어 재미있고 알기 쉽게 기술했다.

1. 전기에 관한 입문서는 서점에 많이 나와 있지만 전기회로에 관한 책은 별로 없다는 점에 착안했다.
2. 전기회로는 처음에는 알기 쉽게 써도 후반으로 가면 수학적 내용이 많아져 어려워지는 점을 개선했다.
3. 전자(電磁) 방정식과 같은 내용이더라도 고등학생이나 일반 독자들이 재미있고 알기 쉽게 이해할 수 있도록 구성했다.
4. 전기를 전문으로 하는 독자도 읽을 수 있게 하였다.
5. 전압과 전위차라는 단어 자체에 대해 고민하는 독자도 읽을 수 있게 하였다.
6. 각각의 적분식 대신 말로 설명하였다.

서술함에 있어 독자가 어려워하는 수식에 당황하거나 한숨을 쉬거나 하는 일이 없도록 가능한 한 예시(例示)를 많이 해서 기본적인 이미지의 이해를 도모하는 데에 1차 목표를 두었다. 책 내용의 곳곳에 알기 쉽도록 재미있는 일러스트를 많이 삽입했으므로 기존의 전기회로 책과는 달리 마치 추리소설을 읽는 듯한 느낌으로 이해할 수 있다. 전문적인 내용으로 보기에 용어가 다소 부족한 면도 있을 것이나 이해를 도모하기 위해서라는 측면에서 양해를 구한다.

따라서 이 책의 특징은 다음과 같다.

1. 이 책 한 권이면 전기회로의 기초에서부터 대학에서 공부하는 전문분야까지 접할 수 있도록 이해하기 쉽고 간결하게 수록하였다.
2. 일러스트를 많이 곁들여 그냥 읽어도 재미있는 내용으로 되어 있다.
3. 전체적으로 좌우 양 쪽의 단편적 구성으로 되어 있어 어느 쪽을 펼치더라도 곧바로 읽을 수 있고 평이한 의문에 관한 지식이 간략하게 기술되어 있다.
4. 실제의 전력계통 체제에 대해 전기회로 면에서 알기 쉽게 해설함과 동시에 미래의 전기회로에 대해서도 최첨단 정보를 소개했다.
5. 끝으로 이해하는 데 도움이 되도록 전기회로에 관한 수학 그 자체의 사고방식에 대해 정리했다.

이 책을 읽는 여러분 누구든지 전기에 더 한층 흥미를 갖게 된다면 전기관계에 종사해 온 한 사람으로서 더할 나위 없는 큰 기쁨이 될 것이다.

끝으로 이 책을 집필할 수 있도록 기회와 편의를 제공해 주신 옴사 출판국의 여러분과 필자의 이미지를 멋진 일러스트로 표현해 주신 中西降浩 씨 그리고 관계자 여러분께 지면을 빌어 깊이 감사드린다.

이다 요시카즈(飯田 芳一)

03 회로의 법칙 ■■■■■

04 3상 교류회로 ■■■■■

07 회로의 통조림 ⋯ **측정기**

08 최신 전기회로

제 **1** 장
전기회로의 기초

이제 슬슬 전기회로에 대해 이야기해 보자.
처음에는 「기초편」이다. 간단하다고 하면 간단하지만 그 나름대로 깊은 부분도 있다. 초심으로 돌아가 읽었으면 한다. 어쩌면 의외의 사실을 발견할 지도 모른다. 가능한 한 즐기면서 전기회로의 세계로 들어가 보자.

01 완전 기초 … 전기회로 기초 용어설명

지금부터는 많이 들어본 여러 가지의 단어들이 나온다. 책을 읽는 도중에 잘 모르는 용어가 느닷없이 튀어나와 고민하는 일이 없도록 미리 확인해 두자. 새로운 말이나 의미를 발견할 수도 있을 것이다.

- **접지**(Earth) : 전기회로나 기기의 일부를 도선으로 연결하여 대지에 접속하는 것을 말한다. 일명 어스라고도 하며, 감전방지와 설비보안을 목적으로 한다.

- **이온**(Ion) : 전기를 띤 원자를 말한다. 본래 원자는 전기적으로 중성이지만 전자(電子)의 증감에 따라 +전기(양이온), -전기(음이온)를 띤다.

- **가공선**(架空線, Aerial wire) : 전봇대 등에 시설된 전선을 말한다. 그리고 가선(架線)이란 전선을 시설하는 것을 말한다.

- **기전력**(起電力, Electromotive force) : 전위차를 일으켜 연속해서 전류가 흐르게 하는 힘을 말한다.

- **코일**(Coil) : 도선을 통이나 나선모양으로 감은 것으로 솔레노이드 코일이라고도 한다.

- **교류**(交流, Alternation Current, AC) : 가정이나 공장에서 사용하는 전기로, 크기와 방향을 주기적으로 바꾸는 전압과 전류를 말한다.

- **자계**(磁界, Magnetic field) : 자기력이 작용하는 물리적 공간을 말한다. 자기력은 자력선으로 나타내고 N극에서 나와 S극으로 들어간다.

- **주파수**(周波數, Frequency) : 교류전압 또는 전류가 1초 동안에 반복되는 횟수를 말한다. 단위는 헤르츠 [Hz]이다.

- **송전**(送電, Power transmission) : 발전소에서 배전용 변전소로 전력을 보내는 것을 말한다.

- **단자**(端子, Terminal) : 전기 회로의 끝(전류 출입구)에서 도선을 접속하는 부분을 말한다.

- **단락**(短絡, Short) : 전위차가 있는 두 점이 접속되는 것으로 쇼트라고도 한다.

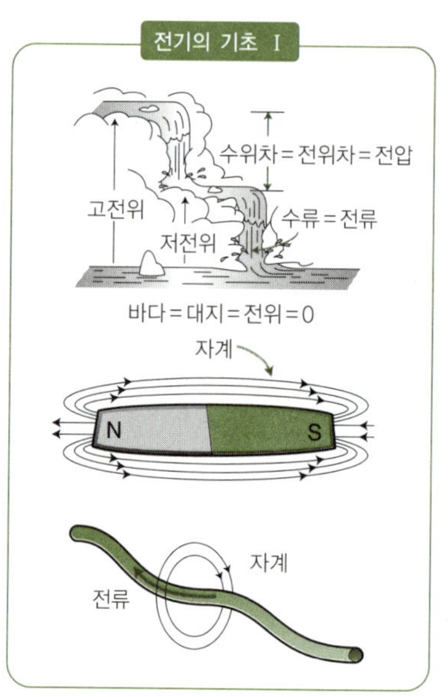

- **직렬**(直列, Series) : 전기기구 등을 순서에 따라 종렬 접속하는 것을 말한다.
- **지락**(地絡, Grounding) : 전위를 가진 전기회로의 일부가 이상(異常) 상태로 대지와 전기적으로 연결되는 것을 말한다.
- **전압**(電壓, Voltage) : 전류를 흐르게 하는 전원작용의 크기를 나타내는 양을 말한다.
- **전압강하**(電壓降下, Voltage drop) : 어떤 물질에 전류가 흐르면 흘러들어온 점의 전위보다 흘러나가는 점의 전위가 낮아지는데 이같이 낮아지는 것을 전압강하라고 하고 양끝에는 전압강하 분의 전위차가 생긴다.
- **전위**(電位, Electric potential) : 전압 0에 대한 어느 지점의 전압을 말한다.
- **전위차**(電位差, Potential difference) : 어느 두 점 간에 생긴 전위차, 즉 전압을 말한다.
- **전하**(電荷, Electric charge) : 물질이 전기를 띠는 것을 대전(帶電)이라고 하고 그 전기량을 전하라고 한다.
- **전계**(電界, Electric field) : 정전력이 작용하는 곳을 말하고 정전계의 약자이다.
- **전원**(電源, Power source) : 전지나 발전기 등 전류를 연속해서 보내기 위해 전압을 발생하는 장치를 말한다.
- **도체**(導體, Conductor) : 전기를 흘려보내는 물질을 말한다. 흘려보내지 못하는 것은 절연체라고 한다.
- **배전**(配電, Power distribution) : 배전용 변전소에서부터 수용장소까지의 전선로를 말한다.
- **부하**(負荷, Load) : 전력공급을 받아 전기적 에너지를 소비하는 것을 말한다.
- **병렬**(並列, Parallel) : 전기기구의 양끝을 묶어서 연결하는 방법을 말한다.
- **방전**(放電, Electric discharge) : 공기 중에서 전류가 흐르는 현상을 말한다. 기체는 절연체이어서 전기를 흘려보내지 못하나 전압을 높이면 전기가 흐른다.

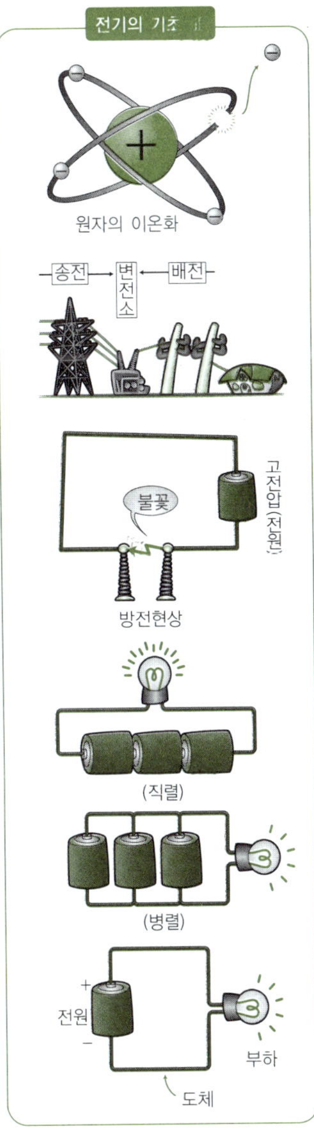

흐르고 있기 때문에 전류 … 회로란?

회로를 정식으로 말하면 전류회로, 즉 전류가 흐르는 길이다. 회로에서 시점(始點)과 종점(終點)이 일치하는 길을 폐로(루프)라고 한다. 회로의 어딘가가 끊어져 있으면 전류는 흐르지 않는다. 전류가 끊어진 곳까지 흐르고 거기서 대기하고 있는 것은 아니다. 흐르고 있기 때문에 전류라고 한다.

전기회로에서 취급하는 가장 기본적인 용어는 전압 V(단위 : 볼트[V])와 전류 I(단위 : 암페어[A])인데 전압과 전류는 보통 다음과 같이 설명된다.

어느 점의 전위는 통상적으로 무한대의 전위를 기준($V=0$)으로 해서 나타내는데 어느 두 점 전위의 상대적인 관계를 전위차라고 부르고 전기회로의 두 점 간 전위차를 전압이라고 한다. 그리고 전기회로를 통해 흐르는 전자가 전류(정식으로 말하면 전하의 시간적 변화)이다(전하와 전류에 대해서는 8쪽을 참조).

회로는 영어로 서킷(Circuit)이라고 하는데 여기에는 주위·순회·회전·우회·자동차 레이스 등의 주회(周回) 코스라는 의미도 있다. 사람의 몸도 전기회로와 비슷하다. 심장을 전압이라고 하면 혈액은 전류에 상당한다. 혈액은 신체의 곳곳을 순회하면서 여러 가지의 일을 하고 끝내면 원래의 장소로 되돌아간다. 전기회로도 전류가 흘렀다가 되돌아갈 때는 전구를 켜기도 하고 모터를 돌리기도 하는 등 얼마 간의 일을 한다.

전기회로에서 폐로를 따르는 전압의 총합은 0이다. 그리고 전기회로의 어느 점에 흘러들어온 전류의 합과 흘러나가는 전류의 합은 같아진다. 이 두 가지를 전압평형, 전류연속이라고도 한다. 이것을 키르히호프의 법칙(Kirchhoff's Law)이라고 부른다.

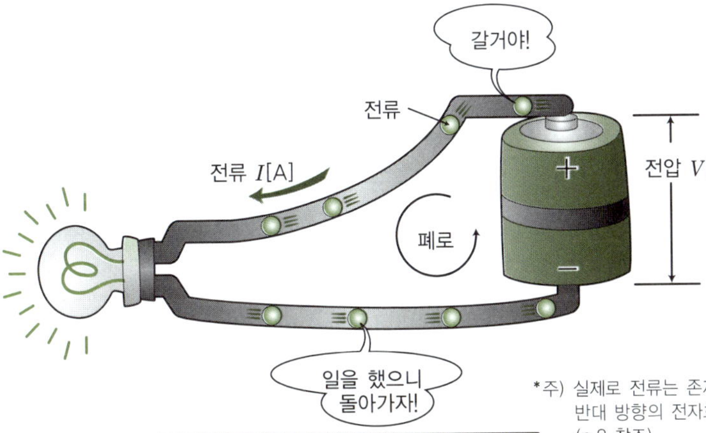

*주) 실제로 전류는 존재하지 않고 전류와 반대 방향의 전자흐름이 있다. (p.8 참조)

출발한 전류와 돌아온 전류는 같다.

03 회로 하면 이것! ⋯ 회로 문제

꼬마 전구와 건전지를 상상하는 사람도 있을 것이다.

하지만 그 내용은 그리 간단하지 않다. 다음 문제를 풀면서 그 이유도 함께 생각해 보자. 머리 회전을 요구하는 내용이 아니라 단순한 회로 문제이다.

예제 100[V]용 100[W] 전구와 100[V]용 40[W] 전구를 직렬로 연결하고 100[V] 전원에 연결한다. 이때 어느 쪽의 전구가 더 밝을까?

해답 40[W] 전구 쪽이 더 밝다.

이유 보통 100[W] 전구 쪽이 밝을 것이라고 생각하지만 정답은 병렬일 경우다. 직렬일 경우에는 40[W] 전구 쪽이 더 밝다. 전구 각각의 저항 R을 보면 100[V]로 사용했을 경우에는 $R_{100} = (100[V])^2/100[W] = 100[\Omega]$, $R_{40} = (100[V])^2/40[W] = 250[\Omega]$이다. 따라서 직렬로 연결했을 경우의 전류 I는 다음과 같다.

$$I = \frac{100[V]}{100[\Omega] + 250[\Omega]} \fallingdotseq 0.29[A]$$

그러므로 직렬로 연결할 경우 각각의 전구 와트 수는 전력 $= R \times I^2$의 식을 적용하면

$$100[W]의\ 전구\ \cdots\cdots\ 100[\Omega] \times (0.29[A])^2 = 8.4[W]$$

$$40[W]의\ 전구\ \cdots\cdots\ 250[\Omega] \times (0.29[A])^2 = 21.0[W]$$

로 되어 40[W] 전구의 와트 수가 더 커진다. 즉 발열량이 커져 밝아진다. 실제로 전구의 온도는 별로 상승하지 않으므로 전구의 저항은 계산값보다 작아진다.

알고 있는 분이든 몰랐던 분이든 지금부터 회로에 대해 즐겁게 이해하고 가기로 하자.

에헴!
100
100[W]
100[V]
전원에 접속

어두워!
전구는 100[W] 쪽이
더 밝은 것은 당연한데…
40
40[W]
100[V]
전원에 접속

이렇게 하면 어떨까?

왜
그렇지?
100
100[W]
에헴!
40
40[W]
100[V]
전원에 접속
40[W] 쪽이
더 밝은데?

04 전류의 원소 … 전하

　지금까지 아무 것도 설명하지 않고 전류에 대해 이야기해 왔다. 전류에 대해 여러 가지를 조사하다 보면 전기회로에 관한 이야기에서 멀어지게 되는데 만일을 위해 여기서 전류에 대해 재확인해 두자.

　전류를 설명하려면 전하를 설명해야 하고 전하를 설명하려면 원자를 설명해야 한다. 원자에는 원자핵과 그 주위를 도는 전자가 있다(이와 같은 학문을 전기물리 또는 전자기학이라고 한다).

　원자핵(정확하게 말하면 원자핵은 양자와 중성자로 이루어지고 전하를 가진 것은 그 중의 양자이다)과 전자가 전기의 원소인 전하량을 갖고 있다. 1개의 전자가 갖는 전하량은 음극의 전하 -1.602×10^{-19}[C](쿨롱)이다. 그리고 1개의 양자는 전자와 부호가 반대이고 같은 크기의 양극 전하를 갖고 있다. 통상적으로 양자와 전자의 전기량은 같은 수로 균형을 이루어 전기적으로는 중성이나 외부 에너지에 의해 전자가 떨어지기도 하고 붙기도 한다. 그렇게 되면 이 원자는 '+' 또는 '−'의 전하를 가진 것처럼 보인다.

　그리고 전하의 이동을 가리켜 '전류가 흐른다'고 말한다. 실제로 전하 이동에는 여러 가지의 종류가 있다. 그것은 금속 중에서는 전도전자, 브라운관에서는 자유전자(모두가 전자 그 자체), 전해액 중에서는 이온(전기를 띤 원자), 트랜지스터 등 반도체에서는 홀(Hall, 반도체 중에 있는 전자의 공석)이다. 이 전하들은 전기를 운반해 주기 때문에 캐리어라고 부른다.

　1초 동안에 이동되는 전하량이 전류의 크기이다. 전류의 방향과 크기가 일정하면 직류이고, 방향이 '+'와 '−'로 번갈아 바뀌는 경우에는 교류라고 부른다.

　전류는 전자가 발견되기 전에 '+'에서 '−'로 흐르면 결정된다. 그러므로 전류는 실제 전자의 흐름과는 반대로 되어 있다.

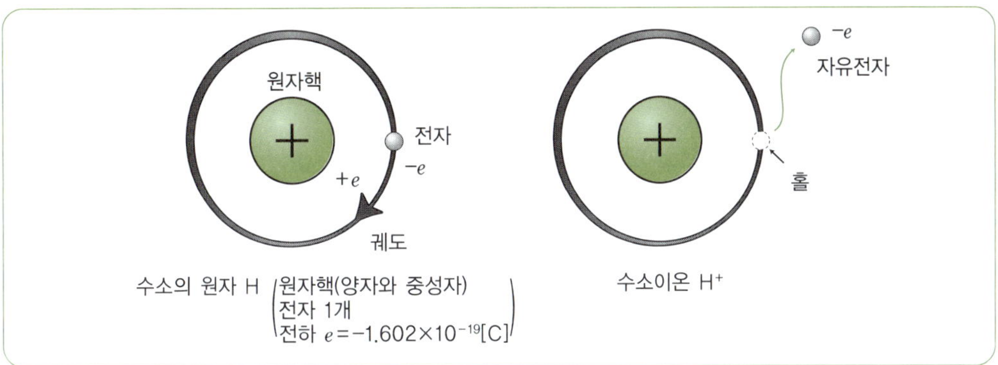

원자핵
전자
$-e$
$+e$
궤도
$-e$
자유전자
홀
수소의 원자 H
원자핵(양자와 중성자)
전자 1개
전하 $e=-1.602\times10^{-19}[C]$
수소이온 H⁺

금속
원자
자유전자
전류의 방향
전해액
이온
전류의 방향
반도체
홀
전류의 방향
전기 운반자(캐리어)
전자 군
이온 군
홀 군
전류
(캐리어)
전류에는
3종류가 있어.

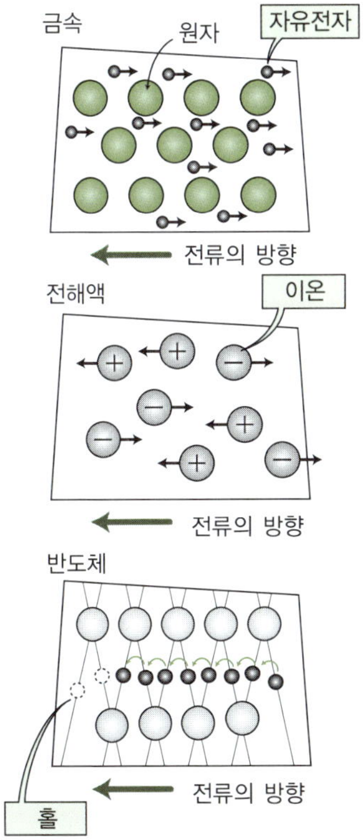

05 회로의 기본 … **옴의 법칙(Ⅰ)**

목차를 보고 "이 페이지는 건너뛰어야지." 하는 독자도 있을 것이다. 하지만 옴의 법칙은 전기회로에서 기본 중의 기본이다. 이곳을 건너뛴 분도 읽었으면 하는 바람에서 2장에 옴의 법칙(Ⅱ) 항목을 두었다. 혹시 옴의 법칙(Ⅱ)을 보고 나서 이 항목으로 되돌아오는 분도 있을 것이다.

옴의 법칙은 교과서에 「꼬마전구 등의 전기기구에 흐르는 전류는 그 양끝에 가해진 전압에 비례한다. 이것을 옴의 법칙이라고 한다.」라고 적혀 있다.

그러면 옴의 법칙으로 들어가서 전류를 I, 전압을 E, 비례정수를 K라고 하면 다음과 같이 표시된다.

$$I = K \times E$$

여기서 비례정수 K는 전류가 흐르기 어려움을 나타낸다. 따라서 위의 식을 변형해서 $E = \dfrac{1}{K} \times I$, $\dfrac{1}{K} = R$이라고 하면 다음의 식과 같다.

$$E = RI$$

R은 전류가 흐르기 어려움을 나타낸다는 점에서 R을 전기저항이라고 부르고 그 단위를 Ω(옴)으로 표시한다.

전류와 저항의 관계는 조건에 따라 다음과 같은 표현법을 사용할 수 있으므로 회로를 계산하는 목적에 맞게 구분해서 사용하면 편리하다.

① **전류계산** : 전압이 일정하면 전류는 저항에 반비례한다.
② **전압계산** : 전류가 일정하면 전압은 저항에 비례한다.

여기서 ①은 전지를 연결했을 때의 전류값 계산이다. ②는 전류를 흘렸을 때 저항의 양끝에 나타나는 전압을 계산하는 내용인데 트랜지스터 회로 등에서는 건전지 대신 정전류원을 놓고 계산하는 경우도 있다. ①을 정전압 회로, ②를 정전류 회로라고도 한다.

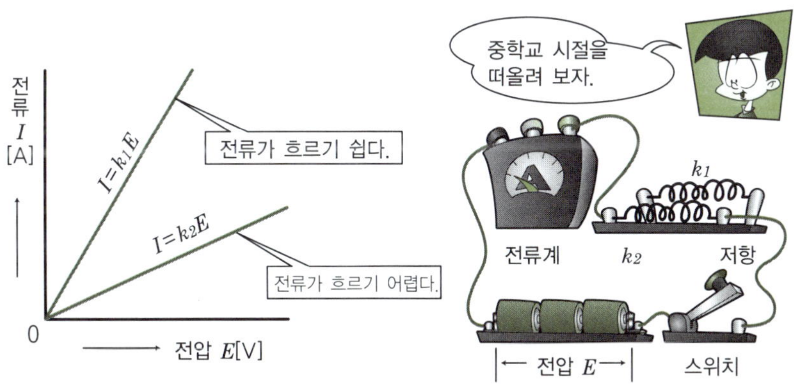
전류 I [A]
$I=k_1 E$
전류가 흐르기 쉽다.
$I=k_2 E$
전류가 흐르기 어렵다.
0
전압 E[V]
중학교 시절을 떠올려 보자.
k_1
전류계
k_2
저항
전압 E
스위치

자동판매기
JUICE
1개
R원
1000
1000
1,200원에 1개
2,400원에 2개
3,600원에 3개
. . . .
E원에 1개
옴의 법칙과 같다!
$E=RI$

 06 부지런한 일꾼 … 저항

저항이라는 단어의 이미지에 비해 전기저항 R은 아주 부지런한 일꾼이다. 전류가 흐르지 않게 하려는 작용이 열로, 빛으로 나타나 전열기나 전구 등에서 많은 일을 한다.

그리고 저항은 그 값에 따라 도체와 절연체로 구분된다.

① **도체** : 전기저항이 작아 전류가 흐르기 쉬운 것
② **절연체** : 전기저항이 커서 전류가 거의 흐르지 않는 것

전기저항의 값이 낮은 것은 오른쪽 표에 나타내는 바와 같이 은과 구리이다. 따라서 전선으로는 구리선(銅線)이 사용된다. 은도 오디오 제품 등에서 흔히 사용된다. 반대로 저항이 큰 자기(磁器)는 애자(碍子) 등에 사용된다.

게르마늄이나 실리콘 등과 같이 도체와 절연체의 중간 성질을 가진 것을 반도체라고 하고 여러 가지의 특성을 갖고 있어 트랜지스터나 컴퓨터 등에서 크게 활약한다.

전기회로의 저항을 접속하는 방법에는 직렬접속과 병렬접속이 있고 그 합성저항은 다음과 같다. 이것은 옴의 법칙으로 증명된다.

① **직렬접속** $R = R_1 + R_2 + R_3 + \cdots$

② **병렬접속** $R = \left\{ \dfrac{1}{\dfrac{1}{R_1} + \dfrac{1}{R_2} + \dfrac{1}{R_3} + \cdots} \right\}$

합성저항은 직렬일 경우엔 각 저항의 합과 같고 병렬일 경우엔 각 저항의 역수의 합과 같은 것으로 정의된다. 조금 복잡한 것이 병렬접속인데 R은 원래 비례정수이므로 $1/R$을 G라고 놓으면 다음과 같다.

$$G = G_1 + G_2 + G_3 + \cdots$$

이 G를 컨덕턴스(Conductance)라고 한다.

물질의 체적저항률 (예)

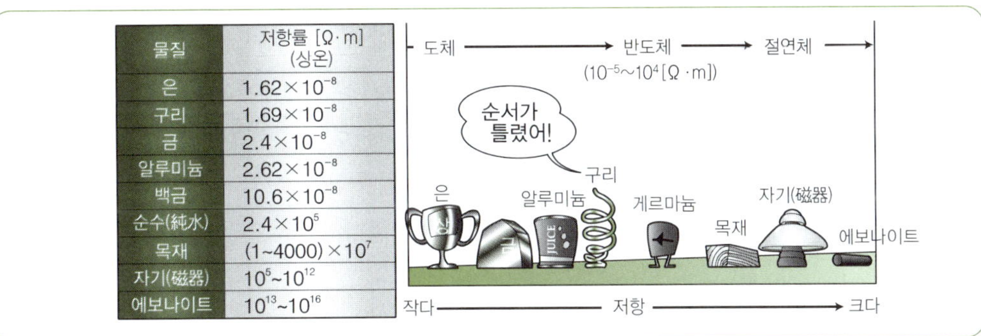

물질	저항률 [Ω·m] (상온)
은	1.62×10^{-8}
구리	1.69×10^{-8}
금	2.4×10^{-8}
알루미늄	2.62×10^{-8}
백금	10.6×10^{-8}
순수(純水)	2.4×10^{5}
목재	$(1 \sim 4000) \times 10^{7}$
자기(磁器)	$10^{5} \sim 10^{12}$
에보나이트	$10^{13} \sim 10^{16}$

저항의 접속

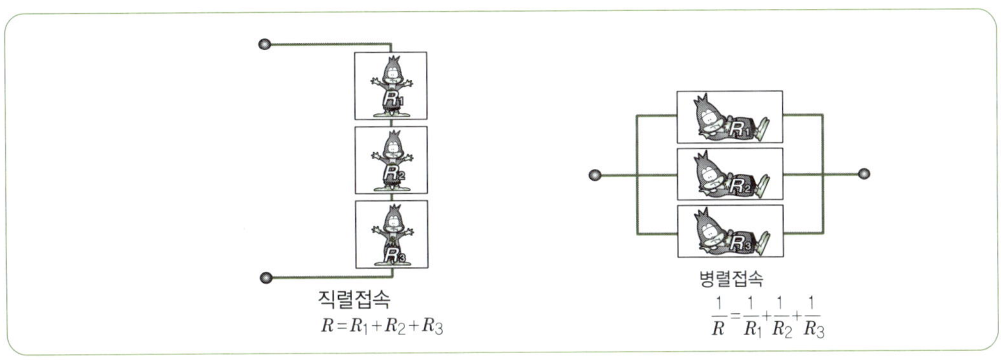

직렬접속
$$R = R_1 + R_2 + R_3$$

병렬접속
$$\frac{1}{R} = \frac{1}{R_1} + \frac{1}{R_2} + \frac{1}{R_3}$$

07 여러 가지 있을거야! … 저항의 성질

전기저항 R은 도체의 길이 I에 비례하고 그 단면적 S에 반비례하며 다음과 같은 식으로 표시된다.

$$R = \rho \frac{I}{S} = \frac{I}{\lambda S}$$

여기서 ρ는 그리스문자로 로(ro)라고 읽고(기타 그리스문자는 9장을 참조한다) 저항률을 나타내며 단위 체적당 저항을 표시한다. 전선의 경우 길이 I [m], 단면적 S [mm²]라고 하면 ρ [Ω·mm²/m]가 되고 보통 경동(硬銅)선은 1/55, 연동(軟銅)선은 1/58, 경(硬)알루미늄선은 1/35이다.

λ(람다)는 저항률의 역수이고 전도율이라고 한다. 어떤 도체의 전도율 λ와 만국표준 연동(20[℃]에서 1/58[Ω · mm²/m], 비중 8.89)의 전도율 λs와의 비를 %로 표시하여 %전도율이라고 한다. %전도율은 연동선 97~101[%], 경동선 96~98[%], 경알루미늄선 61[%]이다.

일반적으로 저항은 온도에 따라 변화한다. 온도가 상승하기 전의 저항을 R_0, 온도상승 후의 저항을 R_t이라고 하면 다음과 같은 관계식이 성립한다.

$$R_t = R_0(1 + \alpha_t t)$$

여기서 α_t를 t[℃]에서의 저항온도계수라고 하고 t는 상승온도[℃]이다. 표준 연동의 온도계수는 다음의 식과 같다.

$$\alpha_t = \frac{1}{234.5 + t}$$

여기서 $t=0$, 즉 0[℃]일 때 α_0는 1/234.5가 된다. 왼쪽에서부터 12345로 나열되므로 기억하기 쉬운 숫자이다. 일반적으로는 20[℃]의 값을 사용하므로 $\alpha_{20} = 1/254.5 = 0.00393$이 된다. 온도계수의 식으로 다음과 같은 사항을 알 수 있다.

① 저항과 온도계수를 알면 임의의 온도차를 구할 수 있다.

② 저항과 온도차를 알면 온도계수를 구할 수 있다.

→①을 응용하면 매우 정밀한 온도계를 만들 수 있다.

전기저항의 성질

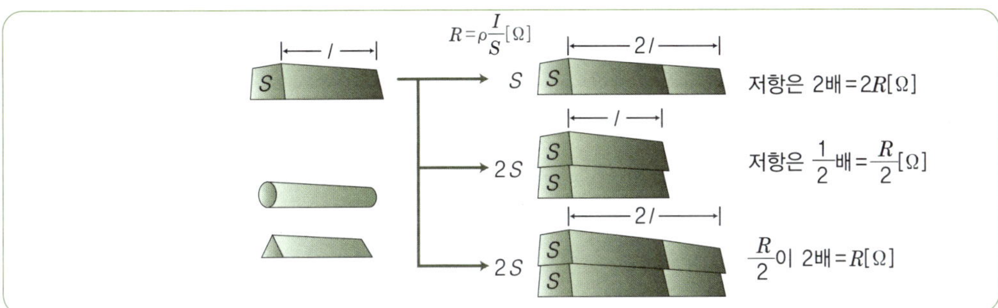

$R = \rho \dfrac{l}{S}[\Omega]$
저항은 2배 $= 2R[\Omega]$
저항은 $\dfrac{1}{2}$배 $= \dfrac{R}{2}[\Omega]$
$\dfrac{R}{2}$이 2배 $= R[\Omega]$

%전도율

정확하게!
경알루미늄
61[%]
100
90
80
70
60
만국표준 연동

저항 온도계수

저항군은 욕조에
들어가기 전에 100[Ω]이었다.
욕조에 들어갔더니 $R_t = 100 \times \{1 +$
$0.00393 \times (42 - 20)\}$
$= 109[\Omega]$으로 되었다.
밖
42[℃]
20[℃]

08 어느 것이 먼저인가? … 전력과 전력량

전기가 실행하는 일의 양을 전력량이라고 하고 단위 시간당 전력량을 전력이라고 한다. 일반적으로 전력을 이해한 다음에 전력량을 생각하는 편이 더 쉽다.

전기회로에서 전기에너지가 발생 또는 소비될 때 그 일의 시간당 비율, 즉 전기가 하는 일의 속도를 전력이라고 하고 초당 1줄(Joule) [J/s]의 전력을 1와트 [W]로 표시한다. 전압 V [V], 전류 I [A], 부하저항 R [Ω]일 경우 전력 P [W]는 다음의 식과 같다.

$$P = VI = I^2 R = \frac{V^2}{R}$$

동력 관계에서는 지금도 때때로 마력[HP]이라는 단위를 사용하는데 다음과 같은 관계에 있다(프랑스 마력은 736[W]).

$$1[\text{HP}] = 746[\text{W}] \fallingdotseq \frac{3}{4}[\text{kW}]$$

전기의 일량을 전력량이라고 하고 P[W]의 전력이 t[s] 동안 계속되었을 때의 일량은

$$W = Pt = VIt \ [\text{J}] \ \text{또는} \ [\text{Ws}]$$

이다. 시간을 T 시간 [h]라고 하면 식은 다음과 같다.

$$W = VIT[\text{Wh}]$$

도선에 전류가 흐르고 있을 때, 그 안에서 소비되는 에너지(전력량)는 모두 열에너지로 바뀐다.

$$W = VIt = I^2 Rt[\text{Ws}]$$

위의 관계식을 줄의 법칙(Joule's law)이라고 한다. 그리고 그 열은 줄열(Joule's heat)로 불린다.

명탐정의 추리····
나는 $\dfrac{V^2}{R}$ 이라고 생각해
그는 VI의 일을 하고 있다.
일터
그는 I^2R의 일을 하고 있다.
V
I
R
전력 $P=VI=I^2R=\dfrac{V^2}{R}$ 이고 모두 맞다.

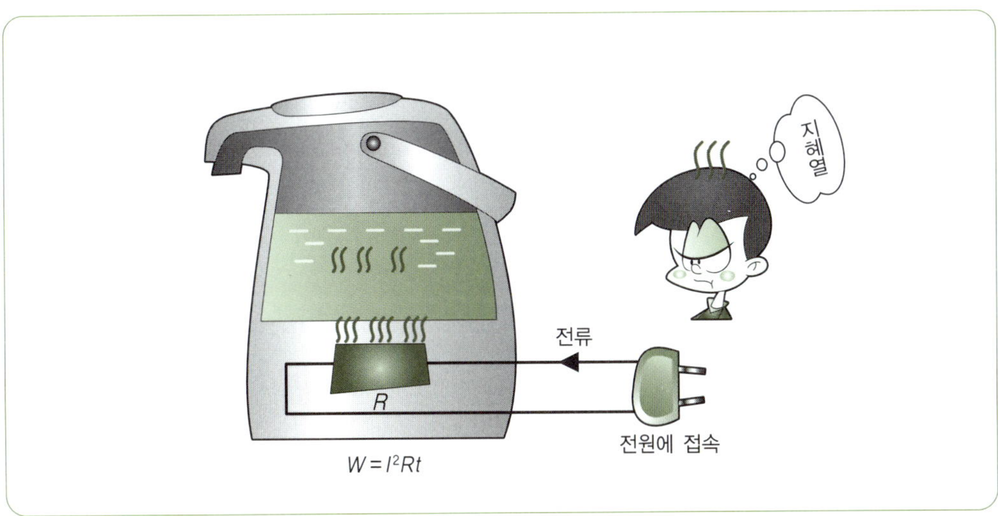
지혜열
전류
R
전원에 접속
$W=I^2Rt$

09 변화를 저지하는 … 인덕턴스와 정전용량

무슨 일이든지 변화하려고 하면 그와 반대작용을 하는 것이 있는데 전기회로에도 그런 작용을 하는 것이 있다. 그것이 바로 인덕턴스 L과 정전용량 C이다.

인덕턴스는 전류의 변화에 대해 전류가 변하기 어렵도록 작용하고 그 단위는 헨리[H]이다. 어느 순간의 전압을 v, 전류를 i라고 하면 인덕턴스 L의 전압 v_L은 전류 I가 시간적으로 변화할 때 발생하여 다음과 같이 표시된다.

$$v_L = L\frac{di}{dt}$$

여기서 di/dt는 전류 i의 미분이고 어느 짧은 시간 t에 대한 전류 i의 변화 정도(변화율)를 나타낸다. 따라서 전류가 시간적으로 변화하려고 할 때 이 전류가 변화하지 않도록 인덕턴스 L에 비례하는 전압이 발생한다. 인덕턴스의 작용을 전자유도(電磁誘導, Electromagnetic induction)라고 하고 코일에서 발생하는 전압을 유도 기전력(誘導起電力, Induced electromotive force)이라고 한다.

정전용량은 전압의 변화에 대해 전압이 변하기 어렵도록 작용하고 그 단위는 패럿[F]이다. 인덕턴스와 마찬가지로 정전용량의 전류 i_c는 다음의 식과 같다.

$$i_c = C\frac{dv}{dt}$$

정전용량 C의 양끝에 나타나는 전압의 변화에 비례해서 전압이 변화하기 어렵도록 전류를 흘려보낸다. 이런 현상은 정전용량이 전하 Q쿨롱[C]을 비축함으로써 발생하고 $Q=CV$의 관계에 있다. 정전용량의 전하를 비축하는 작용을 정전유도(靜電誘導, Electrostatic induction)라고 하고 대표적인 것은 콘덴서이다. 이것이 더 많이 알려져 있다.

※실제로는 코일이든 콘덴서든 에너지를 자기 스스로 비축하고 변화되었을 때 그것을 방출한다.

 10 두 사람의 관계 … 인덕턴스

인덕턴스 L을 정식으로 말하면 자기(自己) 인덕턴스라고 하고 자기 인덕턴스에 의한 전자유도를 자기유도(自己誘導, Self-induction)라고 한다.

2개의 코일 P와 S를 접근시켜 두고 한쪽 코일 P의 전류 i를 변화시키면 전자유도 작용에 의해 다른 한쪽의 코일 S에 기전력이 발생한다. 이것을 상호유도(相互誘導, Mutual induction)라고 한다. 이 원리를 응용한 것이 변압기이다. 이 유도 기전력을 e라고 하면 다음과 같이 표시된다.

$$e = M\frac{di}{dt}$$

여기서 M을 상호 인덕턴스라고 하고 단위는 자기 인덕턴스와 마찬가지로 헨리[H]이다.

코일 P의 자기 인덕턴스를 L_1, 코일 S의 자기 인덕턴스를 L_2(코일 S도 자기 인덕턴스를 갖고 있다)라고 하고 각각의 코일 권수(Number of truns)를 N_1, N_2라고 하면 다음과 같은 관계가 성립한다.

$$MN_1 = N_2L_1 \text{ [H]}, \quad MN_2 = N_1L_2 \text{ [H]}$$

즉, 상호 인덕턴스 M은 2개의 코일 관계를 나타내며, P에서 본 경우나 S에서 본 경우 모두 같다고 할 수 있다.

위 식에서 N_1, N_2를 소거하면

$$M^2 = L_1L_2, \text{ 즉 } M = \sqrt{L_1L_2}\text{가 된다.}$$

그러나 사실 전자유도의 원소인 자속(磁束)에는 코일을 통과하지 못하는 누설 자속(Leakage flux)으로 인한 손실이 있으므로 M은 $\sqrt{L_1L_2}$보다 작아진다. 이때 $\alpha = M/\sqrt{L_1L_2}$를 결합계수라고 하고 코일의 전기적인 효율(정식으로 말하면 전자적인 결합정도이다)을 나타낸다.

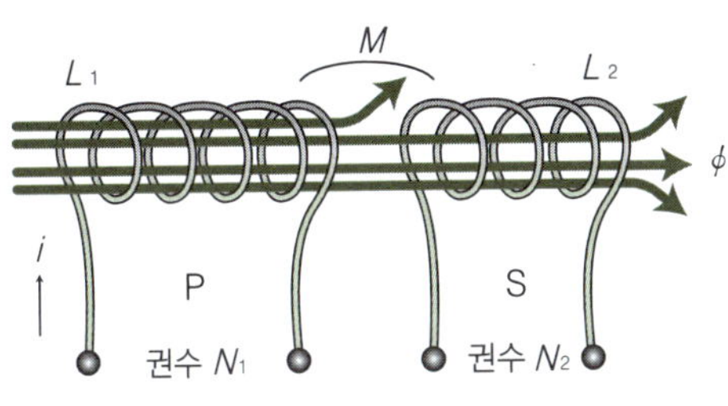

① 전류 i에 의해 생기는 자속 ϕ가 코일 S에 닿는다.

② i가 변하면 ϕ가 변화하기 때문에 이것에 의해 코일 S에 기전력을 유도한다.

① 어느 쪽에서 보더라도 M은 동일하다

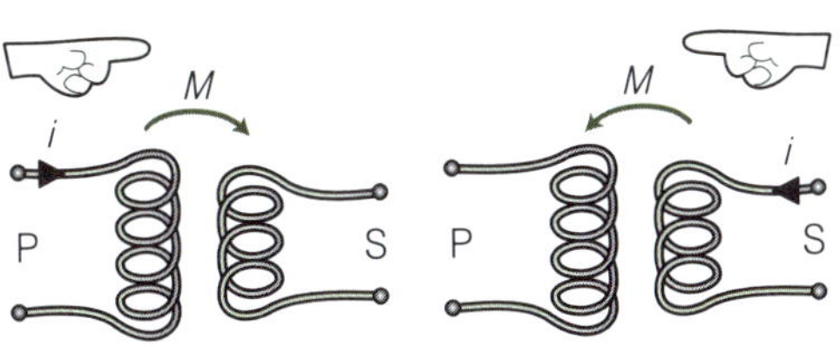

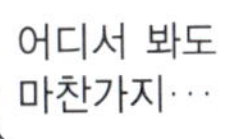

② $MN_1 = N_2 L_1$
   ㉠ P에 1[A]를 흘려보내어 자속 ϕ_1가 발생했을 때 $L_1 = N_1 \phi_1$
   ㉡ ϕ_1은 코일 S를 통과하므로 $M = N_2 \phi$

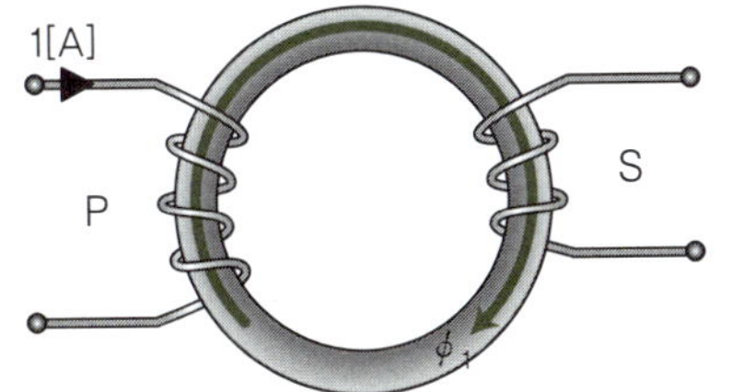

$$M = N_2 \phi$$
$$= N_2 \cdot \frac{L_1}{N_1}$$
$$\therefore MN_1 = N_2 L_1$$

※인덕턴스는 권수 N의 자승에 비례한다.

쉬어가기

제**2**장

정현파 교류

전기회로에는 직류회로와 교류회로가 있으며 더 흥미로운 쪽은 교류회로이다. "정말 재미없어! 어렵기만 해"라고 생각하는 독자가 있을 지도 모르지만 그래도 사실은 재미있다. 어렵다고 느끼는 그 자체에서 새로운 세계가 출현함을 예감할 것이다. 본 장에서 장대한 전기회로의 장편소설을 맛보기 바란다. 다양한 개성을 가진 많은 등장인물이 나오며 그 스토리에 감탄하게 될 것이다.

 01 수수께끼··· 정현파 교류의 정의

전압과 전류가 시간적으로 변화하는 것 중에서 가장 기본적인 것이 정현파 교류이다. 정현파 교류는 그림에서 나타내는 바와 같이 전압과 전류가 '+'에서 '−'로 번갈아 가며 규칙적으로 변한다.

왜 규칙적일까? 교류 발전기의 코일이 평등자계 속에서 회전하고 있을 때 자속과 직각 방향의 속도에 비례해서 전압을 발생하기 때문이다. 코일 회전각을 θ(세타)라고 하면 기전력 e는 다음과 같은 관계로 성립한다.

$$e = E_m \sin\theta \ [\text{V}]$$

여기서, E_m은 전압의 최대값이다.

각도 θ의 단위는 통상적인 삼각함수에서 직각을 $90°$로 하는 60분법의 단위를 사용하는데, 특히 발전기처럼 빙글빙글 회전하고 있는 전기회로의 경우는 한 바퀴 $360°$를 $2\pi[\text{rad}]$으로 하는 라디안법(弧度法) 단위를 사용한다.

발전기의 코일이 1초 동안에 얼마나 회전하는지 표시하는 것을 각속도라고 하고 오메가 $\omega[\text{rad/s}]$로 표기한다. 그러므로 $\theta[\text{rad}]$ 회전하는 데에 $t[\text{s}]$ 걸렸다고 하면 $\theta = \omega t$이므로 위의 식은 다음과 같이 된다.

$$e = E_m \sin\omega t \ [\text{V}]$$

즉, 코일에 유기되는 기전력 e는 최대값을 E_m으로 하는 정현파가 되고 이것을 정현파 교류라고 한다.

이 교류 θ가 0에서부터 2π까지 가는 데 걸리는 시간을 주기 T라고 하고 1초 동안에 반복되는 횟수(즉 주기의 수)를 주파수 f라고 한다. 주파수의 단위는 헤르츠[Hz]이다. 따라서 $\omega = 2\pi f$, $T = 1/f \ [\text{s}]$의 관계에 있다.

＊일본의 주파수는 후지카와를 경계로 동일본 50[Hz], 서일본 60[Hz]이다.

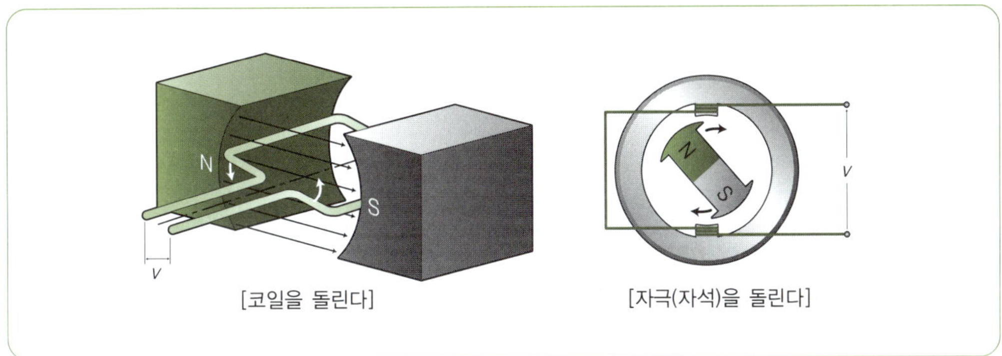

N
S
v
[코일을 돌린다]
[자극(자석)을 돌린다]
v

S
a
i
b
N
① 속도 v
②
③
④
v
θ
a
e
θ
v
θ
a
e
θ
v
a
e
$\theta=\frac{\pi}{2}$
a
$\theta=0$
$e=0$
전압 e와 θ와의 관계를 적으면
정현파는 y축 방향의
성분($\sin\theta$)으로
표시되는군!
y
θt
x'
θ
x
y'
① ② ③ ④
π
2π
주기 T[s]
주파수 $f=1/T$[Hz]

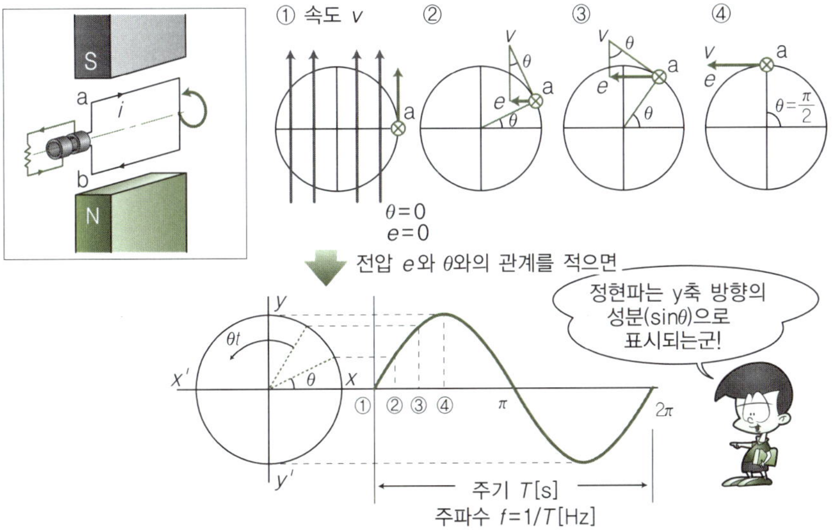

02 면적으로 구하는 … 평균값

정현파 교류는 그 크기가 항상 변화하여 최대값을 생각하더라도 별 의미가 없기 때문에 시간적인 평균을 생각하는 편이 실용적이다. 정현파 교류에서 순시(瞬時)적으로 변화하는 그 순간의 교류값을 순시값이라고 한다. 정현파 교류의 평균값은 순시값 1주기에 대한 합의 평균으로 나타낸다.

하지만 정현파 교류에서는 '+'부분과 '−'부분이 같아 1주기의 평균은 0이므로 1/2(半) 주기의 평균을 갖는다.

원래는 적분을 사용해서 평균값을 산출했는데 비슷한 방법으로 삼각법을 적용해서 생각해 보면 그림에서 보는 바와 같이 파형의 평균값은 그 파형과 같은 면적의 사각형 높이로 나타낼 수 있다.

정현파의 1/2파형 면적은 그림에서 작은 면적

$$i\,\Delta\theta = I_m\sin\theta \cdot \Delta\theta$$

을 $\theta = 0$에서부터 π까지 모은 것이다. 여기서 원에 가까운 다각형을 생각하면 $I_m \cdot \Delta\theta$는 그림의 ab, $I_m\sin\theta \cdot \Delta\theta$는 그림의 ac라는 횡축에 각각 평행한 직선에 해당한다. 그러므로 ac를 $\theta = 0$에서부터 π까지 모은 것이 1/2파형의 면적이 되기 때문에 이것은 원의 직경 $2I_m$이 된다. 이 면적 $2I_m$을 횡축의 길이 π로 나눈 것이 정현파의 평균값이다. 따라서 다음과 같은 식이 성립한다.

$$I_a = \frac{2}{\pi}I_m 0.637I_m$$

삼각파나 방형파(Square wave) 등 정현파 이외의 교류파형 평균값도 이와 마찬가지로 구한다. 교류회로 계산에서 실제로 사용되는 것은 다음에 설명하는 실효값이고 평균값은 사용되지 않는다.

교류의 평균값

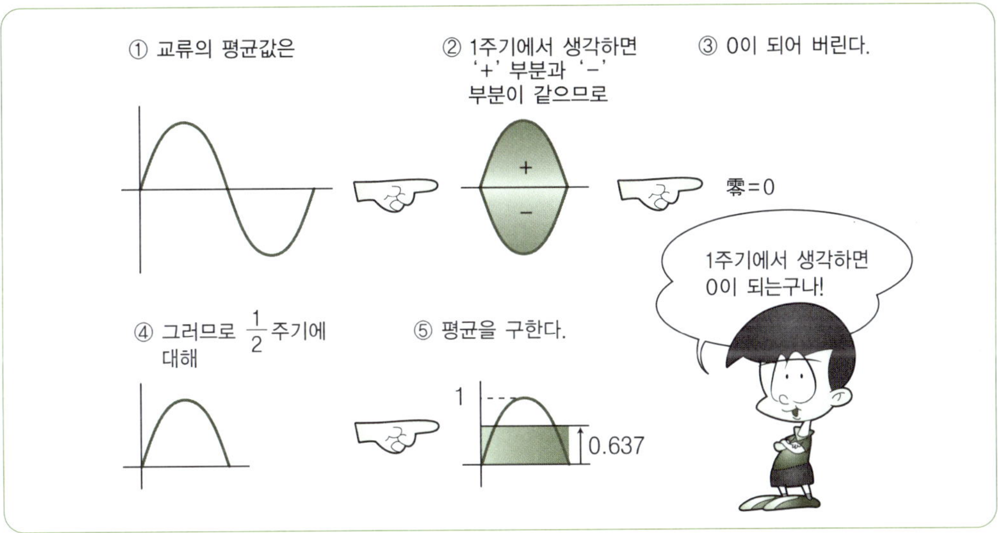
① 교류의 평균값은
② 1주기에서 생각하면 '+' 부분과 '−' 부분이 같으므로
③ 0이 되어 버린다.
+
−
零 = 0
1주기에서 생각하면 0이 되는구나!
④ 그러므로 $\frac{1}{2}$ 주기에 대해
⑤ 평균을 구한다.
1
0.637

평균값을 구하는 법

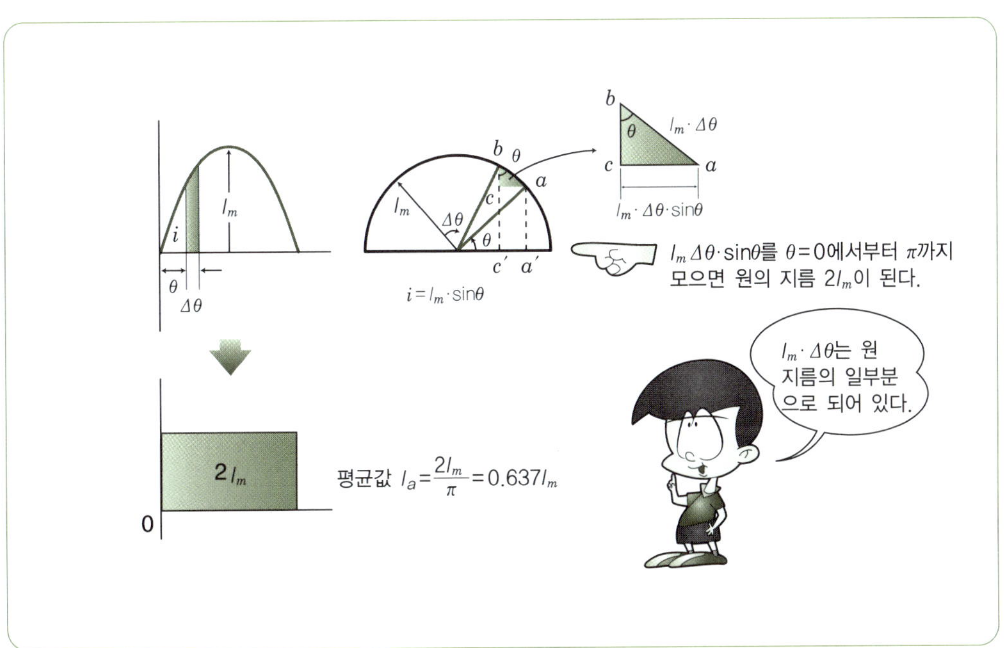
i
I_m
θ
$\Delta\theta$
b
θ
a
I_m
$\Delta\theta$
c' a'
$i = I_m \cdot \sin\theta$
b
θ
$I_m \cdot \Delta\theta$
c
a
$I_m \cdot \Delta\theta \cdot \sin\theta$
$I_m \Delta\theta \cdot \sin\theta$를 $\theta = 0$에서부터 π까지 모으면 원의 지름 $2I_m$이 된다.
$I_m \cdot \Delta\theta$는 원 지름의 일부분으로 되어 있다.
$2I_m$
0
평균값 $I_a = \dfrac{2I_m}{\pi} = 0.637 I_m$

03 회로계산의 주역 ··· 실효값

어떤 저항 R에 교류를 통해 발생하는 열에너지 W가 그 저항에 I_e[A]의 직류를 같은 시간 흘려보내 발생하는 열에너지와 같을 때, 이 I_e를 이 교류의 실효값이라고 하고 교류회로에서는 이 수치를 계산에 사용한다. 그야말로 회로계산의 주역이다.

실효값의 의미를 생각해 보자. 직류를 T[s] 동안 흘려보내면 열에너지는 다음과 같은 식으로 표시된다.

$$W = I_e^2 RT \ [\text{J}]$$

이와 마찬가지로 정현파 교류의 경우 주기 T[s]를 n개의 짧은 시간 ΔT로 분해해서 생각하면 발생하는 열에너지는 다음과 같다.

$$W = (i_1^2 \Delta t + i_2^2 \Delta t + i_3^2 \Delta t + \cdots + i_n^2 \Delta t)R \ [\text{J}]$$

$$I^2 RT = (i_1^2 + i_2^2 + i_3^2 + \cdots + i_n^2)\Delta t \cdot R$$

$$= (i_1^2 + i_2^2 + i_3^2 + \cdots + i_n^2)T/n \cdot R$$

$$\therefore I = \sqrt{\frac{i_1^2 + i_2^2 + i_3^2 + \cdots + i_n^2}{n}}$$

따라서 교류의 실효값은 순시값을 자승한 평균의 제곱근이 된다. 즉 자승(2승)한다는 말은 전력식에서 전류를 자승하는 것과 동일하고, 평균값을 제곱근으로 하는 것은 자승값을 자승하기 전의 전류값으로 되돌림을 의미한다. 이와 같이 전력 계산식과 같은 전류로 되돌린 것이 실효값이다. 여기서 정현파 전류 $i = I_m \cdot \sin\omega t$의 $\sin\omega t$ 부분에 주목하고 $\sin\omega t$를 $\sin\theta$로 치환하여 자승하면 $\sin^2\theta$이 된다. 이것은 다음과 같이 변환할 수 있다.

$$\sin^2\theta = \frac{1}{2}(1 - \cos2\theta) = \frac{1}{2} - \frac{1}{2} \cdot \cos2\theta$$

그러면 제2항은 정현파이고 1주기의 평균은 0이 되며 제1항의 1/2만 남는다. 이것을 제곱근하면 실효값은 다음과 같다.

$$I = \sqrt{\frac{I_m^2}{2}} = \frac{I_m}{\sqrt{2}} = 0.707 I_m [\text{A}]$$

반대로 $I_m = \sqrt{2}I$이 되고 실효값을 $\sqrt{2}$배 하면 정현파 전류의 최대값이 된다. 이것은 매우 중요한 성질이다.

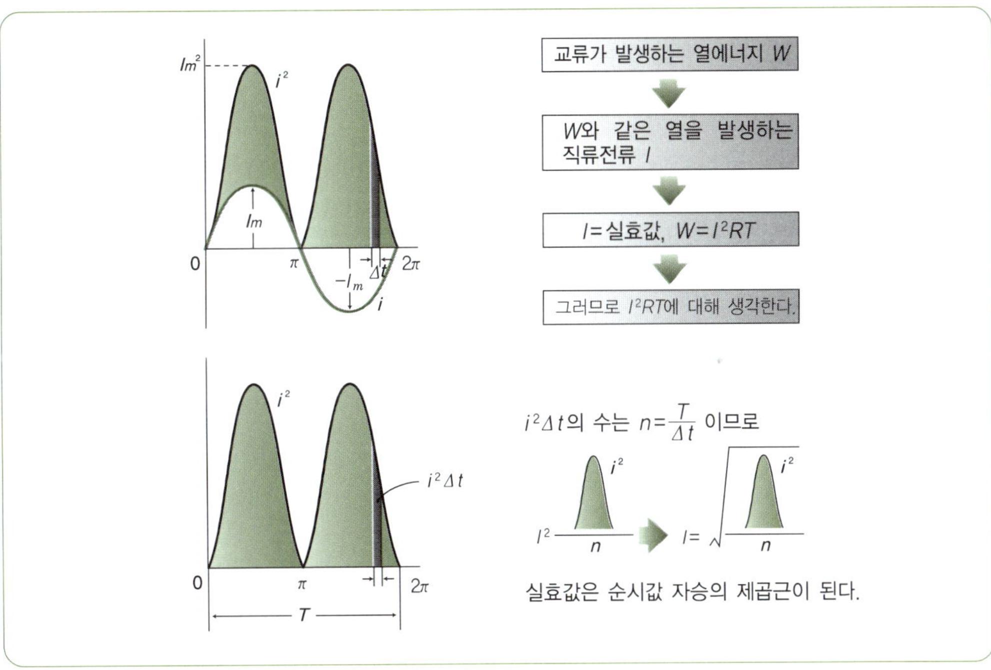

Im^2
i^2
Im
0
π
$-Im$
Δt
2π
i
교류가 발생하는 열에너지 W
W와 같은 열을 발생하는 직류전류 I
I=실효값, $W=I^2RT$
그러므로 I^2RT에 대해 생각한다.
i^2
$i^2\Delta t$
0
π
2π
T
$i^2\Delta t$의 수는 $n=\dfrac{T}{\Delta t}$ 이므로
i^2
$\dfrac{I^2}{n}$
$I=\sqrt{\dfrac{i^2}{n}}$
실효값은 순시값 자승의 제곱근이 된다.

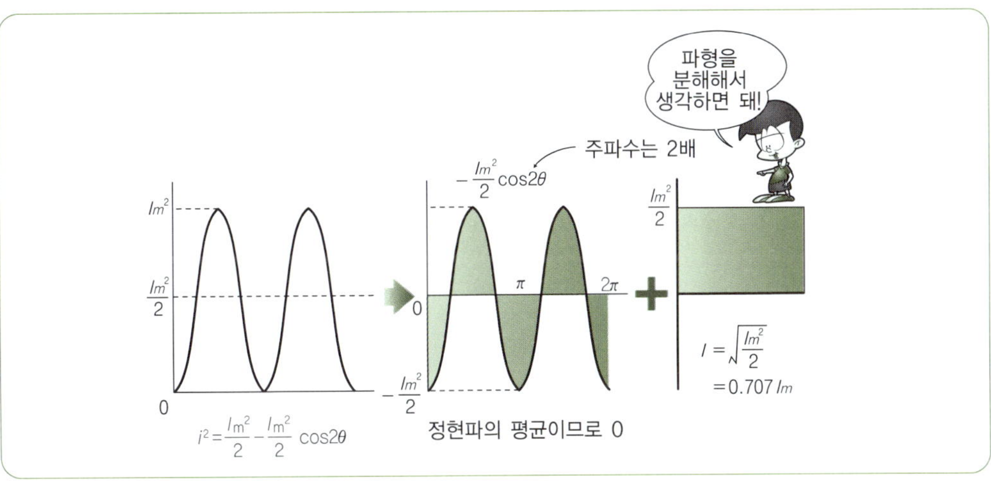

파형을
분해해서
생각하면 돼!
주파수는 2배
$-\dfrac{Im^2}{2}\cos2\theta$
$\dfrac{Im^2}{2}$
Im^2
$\dfrac{Im^2}{2}$
0
0
π
2π
$-\dfrac{Im^2}{2}$
$I=\sqrt{\dfrac{Im^2}{2}}$
$=0.707\,Im$
$i^2=\dfrac{Im^2}{2}-\dfrac{Im^2}{2}\cos2\theta$
정현파의 평균이므로 0

04 교류에서의 두 사람 관계 … **위상차**

발전기에서 코일 a에 대해 θ[rad]만큼 나아간 코일 b와 θ[rad]만큼 뒤쳐진 코일 c를 생각해 보자. a, b, c 모두 동일한 각속도 ω를 갖고 있기 때문에 각각의 기전력은 다음과 같이 표시된다.

$$e_a = E_m \sin \omega t$$
$$e_b = E_m \sin (\omega t + \theta)$$
$$e_c = E_m \sin (\omega t - \theta)$$

이때 a, b, c의 ωt, $(\omega t + \theta)$, $(\omega t - \theta)$를 위상이라고 한다. 통상적으로 $(\omega t + \theta)$형을 기본으로 한다. ωt는 $\theta = 0$이라고 생각하면 된다. 그리고 그 위상의 차이는 위상차 θ_0이다. 위상차는 상차(相差) 또는 위상각이라고도 하는데 모두 같은 말이다.

따라서 e_a와 e_b에서는

$$\theta_0 = 0 - \theta = -\theta$$

e_a와 e_c에서는

$$\theta_0 = 0 - (-\theta) = \theta$$

로 되어 $\theta_0 > 0$이면 나아가고, $\theta_0 < 0$이면 뒤쳐지며, $\theta_0 = 0$이면 동상(同相)이라고 한다. 즉 다음과 같이 말할 수 있다.

① e_a는 e_b보다 위상이 θ만큼 뒤쳐져 있다.

② 반대로 말하면 e_b는 e_a보다 위상이 θ만큼 나아가 있다.

③ 마찬가지로 e_c는 e_a보다 위상이 θ만큼 나아가 있다.

이때 주파수는 모두 같다는 점에 유의한다.

위상 관계는 전압과 전류와의 관계에 대해서도 마찬가지라고 말할 수 있다. 예를 들면 전압에 대해 위상이 θ만큼 뒤쳐져 있는 전류를 지연전류라고 하고 나아가 있는 전류를 진행전류라고 한다.

너는 θ만큼 뒤쳐졌어!
아니야, 네가 θ만큼 나아갔어!
a군
b군
위상각
θ
0
(지구는 둥글다)
① a군을 sinωt 라고 하면
   b군은 sin(ωt+θ)가 되어
   위상이 θ 만큼 나아가 있다.
② b군의 입장에서 보면
   a군은 위상이 θ 만큼 뒤쳐져 있다.

전압과 전류의 위상

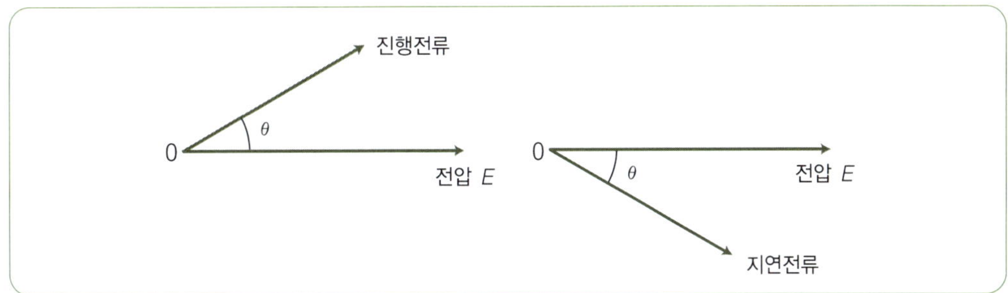

진행전류
θ
0
전압 E
0
θ
전압 E
지연전류

 05 회전인가, 정지인가? ··· 벡터

시간이나 온도 등과 같이 크기만으로 방향을 생각할 수 없는 양을 스칼라량이라고 하고 힘이나 속도, 전류 등과 같이 크기와 방향을 가진 양을 벡터량이라고 한다. 벡터량은 $\dot{E}(\vec{E})$ 나 $\dot{i}(\vec{I})$와 같이 기호 위에 점(도트)이나 화살표를 붙여서 표시한다. 아무 것도 붙이지 않을 때는 그 벡터의 크기(절대값)를 나타낸다.

$e = E_m \sin\omega t$의 정현파 전류는 E_m을 최대값, 각속도를 ω로 하여 시계 반대방향으로 회전하고 있다. 이것을 회전 벡터라고한다. 회전 벡터가 있는 시점 t에서 Y축으로 투영하는 것은 전압 e의 값으로 나타내고 있다.

이 정현파 교류 e에 의해 흐르는 전류 $i = I_m \sin(\omega t - \theta)$나 회로의 일부분에 나타나는 전압 등은 모두 주파수가 동일하고 위상차가 있을 뿐이다. 그러므로 전차를 타고 맨 앞에 있는 차량에서 맨 뒤에 있는 차량을 보는 것처럼 전압 e에서 전류를 보면 위상차가 언제나 동일하고 또한 전압의 크기에 비례해서 전류의 크기도 변화하고 있으므로 정지된 것으로 취급할 수 있어 계산하기에 매우 편리하다. 이것을 정지 벡터라고 한다.

이 경우의 전압 e를 기준 벡터라고 하고 수평축상에서 일치하게 한다. 그리고 각 벡터의 크기를 실효값으로 하면 실용상 간단하게 여러 가지를 계산할 수 있다. 이와 같이 벡터로 전압과 전류의 관계를 나타낸 것을 벡터도라고 한다.

벡터량은 벡터도의 X축과 Y축에 투영한 선분으로 나누어 생각할 수 있고 전력 등 여러 가지의 계산을 하는 데 도움이 된다.

회전 벡터는 정지 벡터를 각속도 ω로 회전시킨 것이라 말할 수 있다.

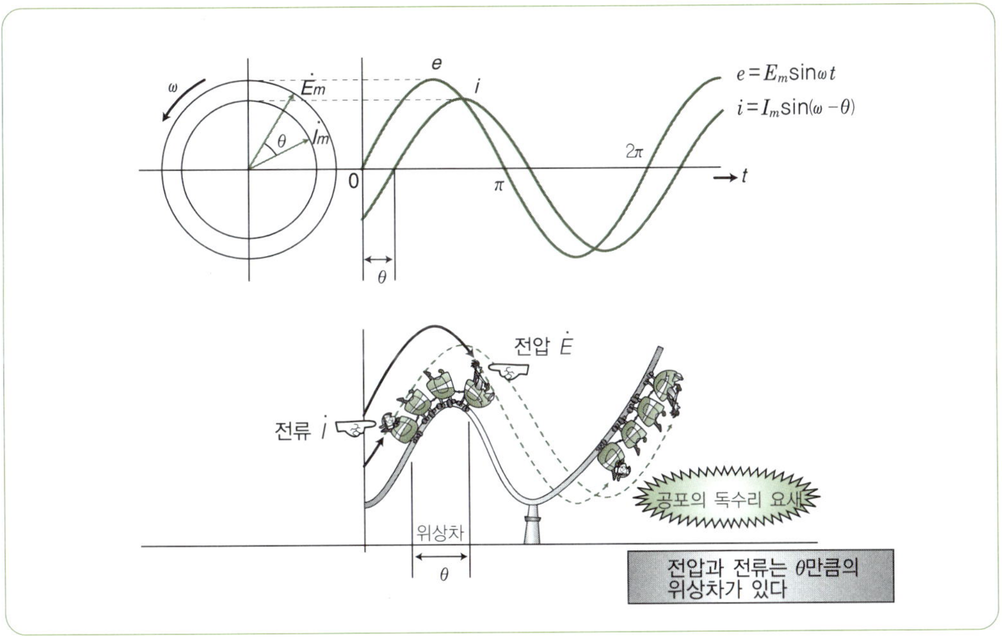

$e = E_m \sin \omega t$
$i = I_m \sin(\omega - \theta)$
$\dot{E}_m$
$\dot{I}_m$
θ
ω
e
i
2π
π
t
0

전압 $\dot{E}$
전류 i
위상차
θ
공포의 독수리 요새
전압과 전류는 θ만큼의
위상차가 있다

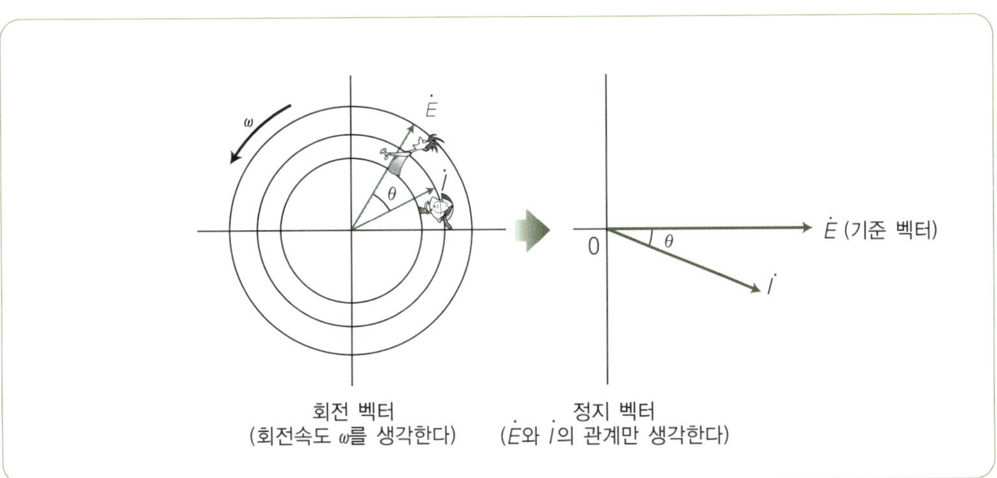

ω
$\dot{E}$
i
θ
$\dot{E}$ (기준 벡터)
θ
i
0
회전 벡터
(회전속도 ω를 생각한다)
정지 벡터
($\dot{E}$와 i의 관계만 생각한다)

06 백터도를 수로 나타낸다 … **복소수**

벡터도는 정현파 교류를 이해하는 데에 편리하지만 이것을 그대로 수치로 설명하려고 하면 어렵다. 그러므로 벡터도를 복소수라는 새로운 방법으로 표시한다.

복소수는 X축과 Y축을 가진 직각좌표에서 벡터 $\dot{I}$의 X축, Y축에 대한 투영량을 각각 a, b로 하고 Y축상의 값에는 j를 붙였다.

이렇게 하면 복소수 $\dot{I}=a+jb$로 표시되고 $\dot{I}$의 크기 및 X축에 대한 각도는 다음과 같다.

$$I=\sqrt{a^2+b^2}$$

$$\theta=\tan^{-1}\frac{b}{a}$$

복소수 $a+jb$에서 a를 실수부, b를 허수부라고 하고 j는 $\sqrt{-1}$로 나타낸다. $j=\sqrt{-1}$의 연산은 매우 중요하므로 잘 기억해 둔다. 그 외의 복소수 계산은 대수 계산과 동일하다.

$$j=\sqrt{-1}$$

$$j^2=(\sqrt{-1})^2=-1$$

$$j^3=j^2\times j=-1\times\sqrt{-1}$$

$$j^4=j^2\times j^2=1$$

허수는 4승을 해야 비로소 정수 1이 된다. 그리고 정수 1에 대해 j를 곱하면 벡터도에서는 90° 씩 시계 반대방향으로 이동해 간다는 점도 이해해 두자.

복소수 계산

07 곱셈은 이것이 편리하다 … 극좌표

복소수(벡터) $\dot{I}=a+jb$에서 $a=I\cos\theta$, $b=I\sin\theta$라고 나타낼 수 있다. 따라서 다음과 같다.

$$\dot{I}=a+jb=I(\cos\theta+j\sin\theta)$$

여기서,

$$\cos\theta+j\sin\theta=\varepsilon^{j\theta}$$

라는 공식을 이용한다. 이것을 오일러의 공식(Euler's formula)이라고 한다. 이 공식은 매우 중요하고 많이 사용된다. 식에서 ε를 '엡실론'이라고 읽고 자연로그의 밑수이며 $\varepsilon=2.71828\cdots$이다.

오일러의 공식을 이용하면 벡터는 다음과 같다.

$$\dot{I}=I\varepsilon^{j\theta}=I\angle\theta$$

여기서, $I=\sqrt{a^2+b^2}$, $\theta=\tan^{-1}\dfrac{b}{a}$이다.

즉 $I\varepsilon^{j\theta}$는 크기가 I이고 그 진행 위상각(편각이라고도 한다)이 θ의 벡터를 나타내고 있다. 지연일 경우에는 $I\varepsilon^{-j\theta}=I\angle-\theta$라고 쓴다. 이와 같이 표시한 벡터를 극좌표 표시라고 한다.

극좌표 표시에서 벡터 $\dot{I}_1=I_1\varepsilon^{j\theta_1}$, $\dot{I}_2=I_2\varepsilon^{j\theta_2}$라고 하면 지수법칙에 의해 다음과 같이 계산할 수 있다.

$$\dot{I}_1\times\dot{I}_2=I_1\varepsilon^{j\theta_1}\times I_2\varepsilon^{j\theta_2}=I_1\,I_2\,\varepsilon^{j(\theta_1+\theta_2)}$$

$$\dot{I}_1\div\dot{I}_2=I_1\varepsilon^{j\theta_1}\div I_2\varepsilon^{j\theta_2}=I_1\,I_2\,\varepsilon^{j(\theta_1-\theta_2)}$$

즉 $\dot{I}_1\times\dot{I}_2$에서 절대값은 각각의 절대값의 곱(나누기) $I_1\times I_2$로, 그 위상각은 각각의 위상각의 합(차) $\theta_1+\theta_2$로 된다. ( )는 나눗셈의 경우이다. 이와 같이 벡터를 극좌표 표시로 계산하면 곱셈·나눗셈이 매우 간단해진다.

또한, $\varepsilon^{j\theta}=\cos\theta+j\sin\theta$의 절대값은 $\sqrt{\cos^2\theta+\sin^2\theta}=1$이므로 $\varepsilon^{j\theta}$를 곱하면 절대값의 크기는 그대로이고 위상차를 θ만큼 진행하게 된다. 이 $\varepsilon^{j\theta}$를 단위 벡터라고 한다.

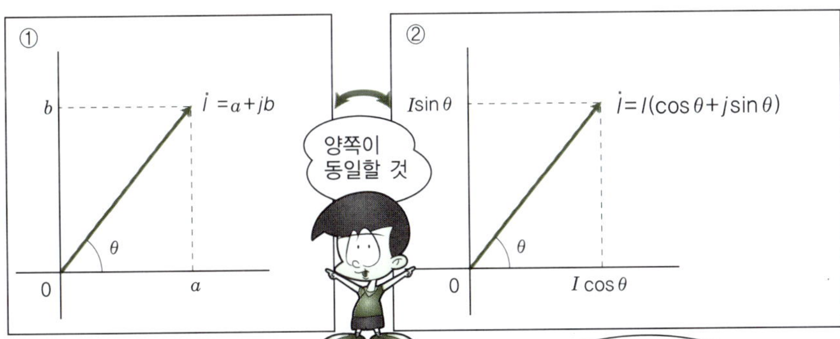

③ 오일러의 법칙

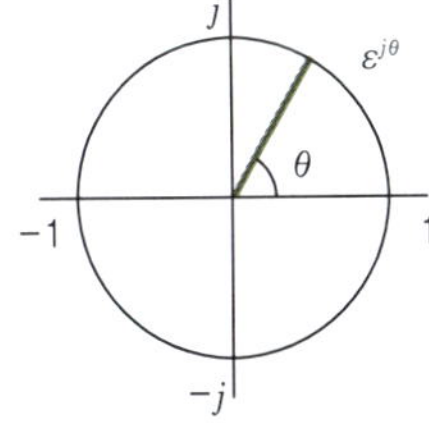

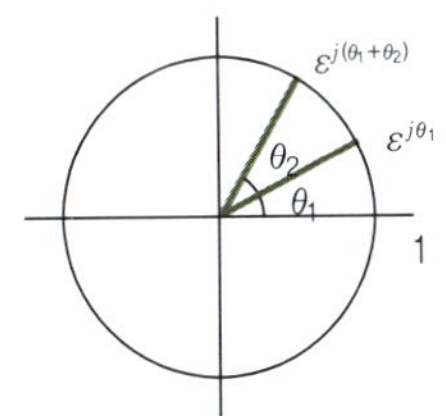

$\varepsilon^{j\theta}$는 크기 1의 원이기
때문에
$\dot{I}=I\varepsilon^{j\theta}$가 된다.

지수법칙에서
$\varepsilon^{j\theta_1}\times\varepsilon^{j\theta_2}=\varepsilon^{j(\theta_1+\theta_2)}$

 08 3종의 신기 … 벡터 계산

지금까지 정현파 교류에 대해 다음과 같이 여러 가지의 방법을 설명해 왔다.

① 삼각법(함수)으로 표시($\sin\omega t$ 또는 $\sin\theta$)

② 복소수로 표시($a+jb$)

③ 극좌표로 표시($\varepsilon^{j\theta}$)

회로계산에서 위의 표시법들은 해답을 구함에 있어 어느 하나를 선택하는 편리한 도구 (Tool)이다. 그리고 결과는 모두 같다. 그러므로 이제부터 진행될 회로계산에서 여러분이 어떤 도구를 선택할지는 자유이다. 우선은 어떤 도구 하나를 익혀서 즐겨 사용함이 중요하다.

각각의 방법에는 특징이 있으므로 구분해서 사용해도 된다. 예를 들면

① 삼각법은 중학교 때부터 공부했으므로 가장 친해지기 쉽고 벡터와 삼각형의 취급법은 비슷하다.

② 복소수는 계산하는 데 자신이 있다면 별 고민없이 대수 계산과 동일하게 풀 수 있고 복잡한 회로계산에서는 가장 유리하다.

③ 극좌표는 위상차를 바로 구할 수 있기 때문에 위상차에 관계된 회로계산에서는 매우 편리하다.

하지만 위의 방법은 모두 벡터를 다루기 때문에 벡터도로 나타내는 것이 중요하다. 본서도 한정된 지면이기는 하나 가능한 한 벡터도로 나타내기로 한다.

정현파 교류 계산에서 시간 t(정현파 함수)를 포함하지 않는 계산은 편의적인 계산방법 이고 어디까지나 보통(정상 상태)일 경우의 간편한 계산법이라는 점도 기억해 두자. 사족 (蛇足)이기는 하나 전기회로의 본질적인 계산은 정계수 미분방정식을 푸는 것이다.

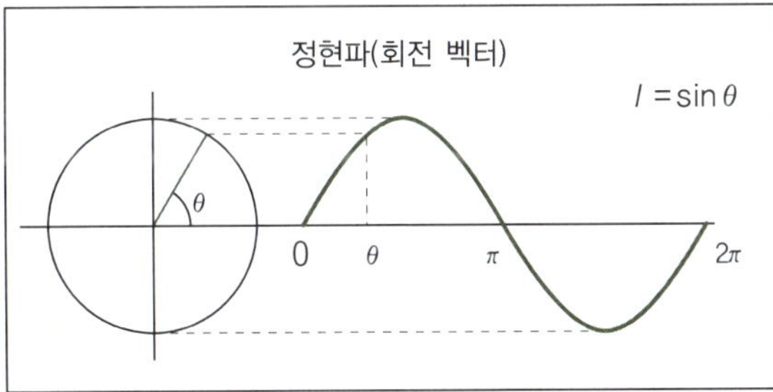

정현파(회전 벡터)
$I = \sin\theta$
θ
0
θ
π
2π

① 계산은 정지 벡터가 편리하다.
② 계산방법을 잘 구분해서
   사용한다.

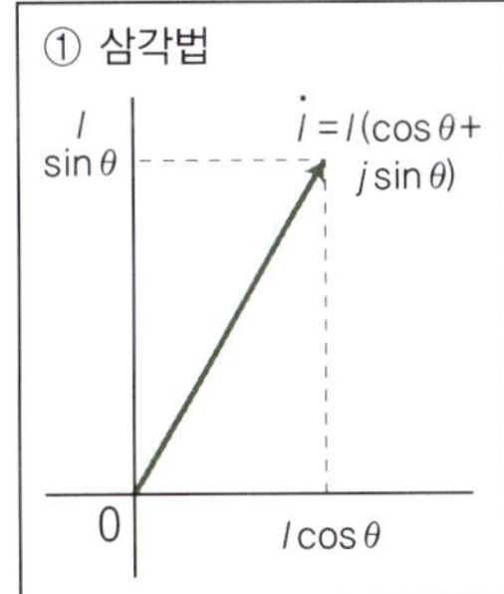

① 삼각법
$I \sin\theta$
$\dot{i} = I(\cos\theta + j\sin\theta)$
0
$I\cos\theta$

=

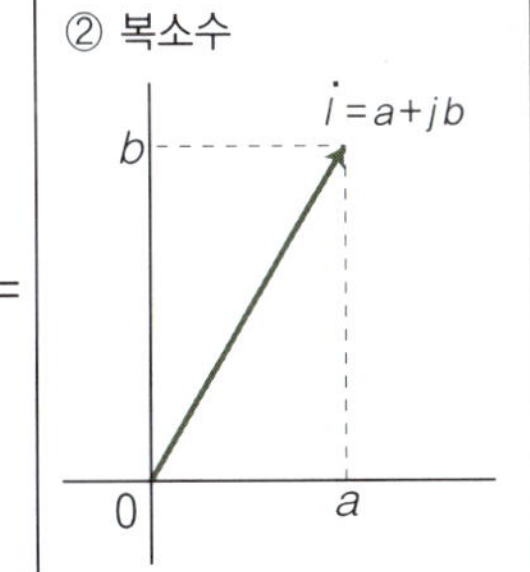

② 복소수
$\dot{i} = a + jb$
b
0
a

=

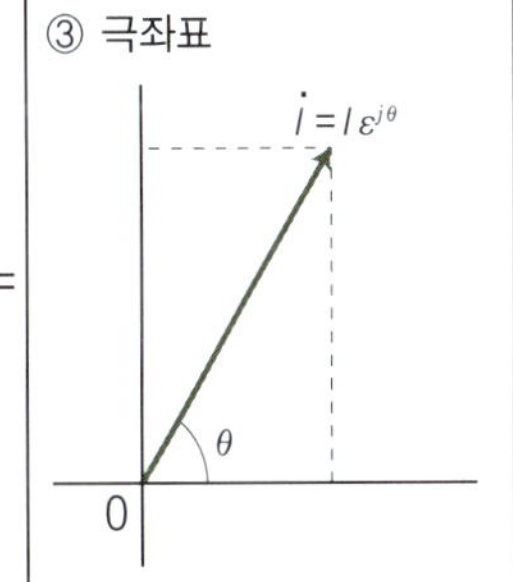

③ 극좌표
$\dot{i} = I\varepsilon^{j\theta}$
θ
0

09 직류와 비교해 보자! … R만의 회로

　전압 E, 전류 I, 저항 R의 회로는 옴의 법칙으로부터 $E=RI$이다. 하지만 지금까지는 직류를 전제로 생각해 왔다. 정현파 교류회로에서는 과연 성립할까? 평균해서 0이 되지 않을까 염려된다.

　이에 교류에서 옴의 법칙을 확인해 보자. 저항 R에 정현파 전압 $e=E_m \sin \omega t$를 가하면 전류 i는 다음과 같은 관계가 성립한다.

$$i = \frac{e}{R} = \frac{E_m}{R} \sin \omega t = I_m \sin \omega t$$

여기서 전류의 최대값은 $I_m = \dfrac{E_m}{R}$이 된다.

즉, i는 e와 동상(同相) 정현파이다.

　그리고 전압 e와 전류 i의 실효값은 $E=E_m/\sqrt{2}$, $I=I_m/\sqrt{2}$이므로 이것을 I_m의 식에 대입하면 다음과 같다.

$$I = \frac{\sqrt{2}E}{\sqrt{2}R} = \frac{E}{R} \quad \text{변형하면} \quad E=RI$$

　즉 실효값으로 나타냈을 경우 그 크기는 옴의 법칙과 같은 식으로 되어 있다. 그리고 이 관계를 벡터 기호로는 다음과 같이 표시한다.

$$\dot{I} = \frac{\dot{E}}{R} \qquad \therefore \dot{E} = R\dot{I}$$

　실효값의 설명에서도 실효값은 교류회로 계산의 주역이라고 했는데 이와 같이 전압과 전류의 실효값에서 옴의 법칙 형태를 사용할 수 있다는 것은 매우 중요하다. 거꾸로 말하면 실효값이 아니라 평균값을 사용했을 경우에는 옴의 법칙을 그대로 사용할 수 없는 것이다.

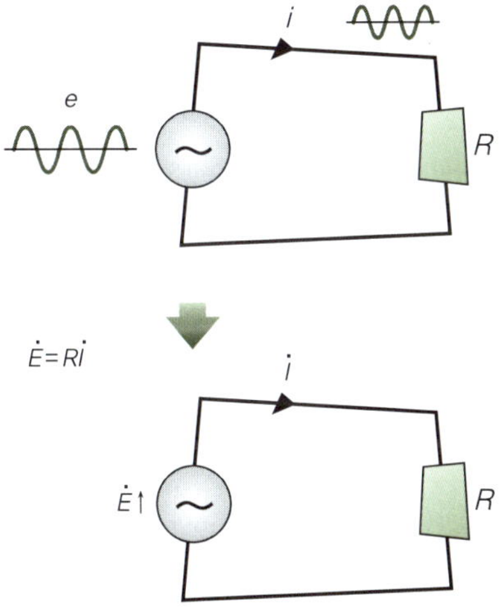

벡터도

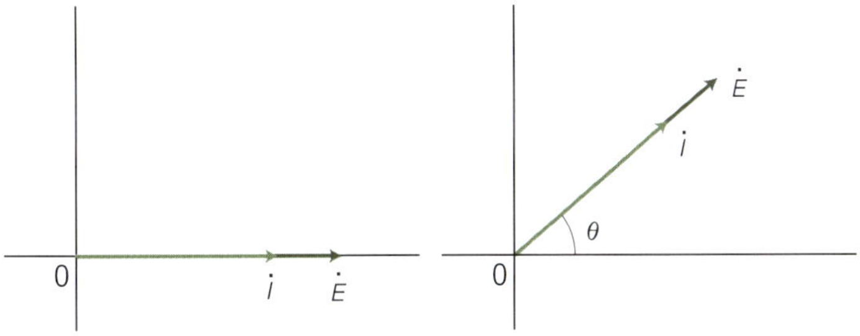

*R만의 회로에서는 전압과 전류에 위상차가 없다.
즉 동상(同相)이다.

 10 왜 늦을까? ··· L의 회로 전류

자기 인덕턴스 L의 성질에 대해서는 앞 장에서 설명했는데 여기서는 L에 정현파 전압 e를 인가했을 경우의 전류를 생각해 보자.

정현파 전압 e를 가하고 정현파 전류 i를 인덕턴스 L의 회로로 흘려보낸다. i는 항상 변화하고 있기 때문에 L의 작용에 의해 자기유도 기전력 v가 발생한다.

이것을 자기유도 기전력 v의 식에 적용해 보자. 기전력은 미분식이고 짧은 시간에서의 전류 변화율 di/dt에 비례한다.

$$v = L\frac{di}{dt}$$

여기서 v는 키르히호프의 법칙상 e와 동상이고 반대방향이며 크기는 동일하다. 즉 $e - v = 0$ 또는 $e = v$이다.

정현파 전류 i는 최대값이 됐을 때 전류의 변화율은 0이므로 이때의 v는 0이 된다. 변화율에 주목하면 이 전류는 마치 하늘을 향해 공을 던져 가장 높이 올라간 지점($t = \pi/2$)은 공이 아래로 떨어지기 시작하는 변환점으로 되는 것과 동일하다.

그러므로 이번에는 인가한 전압 e를 기준으로 해서 생각하면 i의 곡선은 e는 최대에서 i는 0, e는 0에서 i는 최대가 된다. 즉 인덕턴스의 전류 i는 전압 e보다 $\pi/2$가 지연된다. 반대로 말하면 전압은 전류보다 $\pi/2$가 진행됨을 나타낸다.

이것을 수식으로 나타내면 다음과 같다.

$$e = E_m \sin \omega t$$

$$i = I_m \sin\left(\omega t - \frac{\pi}{2}\right)$$

$$e - v = 0$$

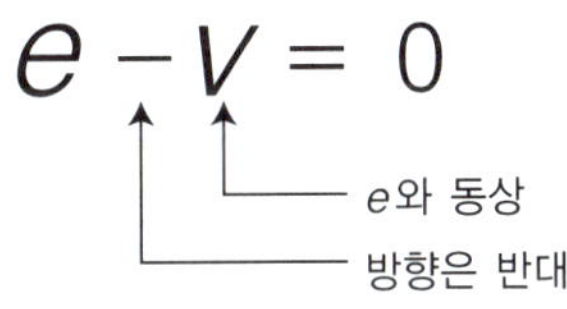

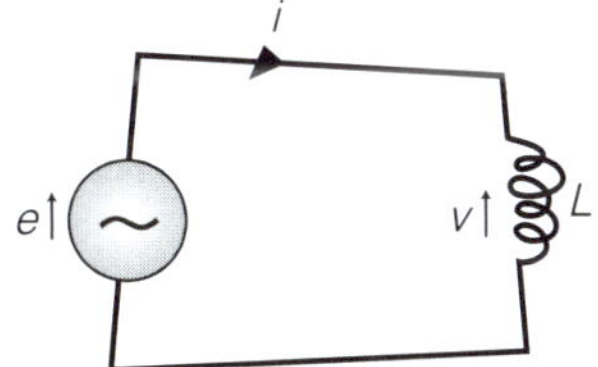

코일은 전류가 감소하려고 하면 전압을 발생해서 감소하지 않게 한다. 반대로 전류가 증가하려고 하면 증가하지 않게 한다.

사실 전류가 흐르면 자속이 생기고 패러데이의 법칙상 전압이 발생한다.

코일 안에서는 전압을 내어 전류를 응원한다.
그러므로 전압은 π/2만큼 위상이 나아간다.

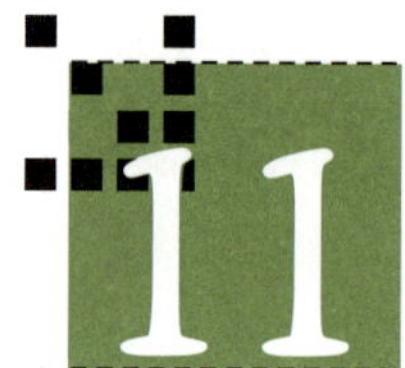 11 왜 ω가 붙을까? ··· **리액턴스** ωL

L의 유도 기전력 v는 e에 대해 방향이 반대이고 L만의 회로에서는 저항 $R=0$이기 때문에 $e-v=Ri=0$, 즉 $e=v$로 e와 v는 동상이고 크기도 같다는 내용을 앞에서 설명했다.

교류회로에서는 인덕턴스 L을 그대로 사용하지 않는다. 인덕턴스의 전류 I는 $\pi/2$ 뒤쳐져 있음을 알았는데, L회로에서의 전압과 전류는 평균값과 실효값으로서 어떤 관계에 있는지 생각해 보자.

우선 반(半)주기에서 전류는 $+I_m$에서부터 $-I_m$까지 변화하기 때문에 그 변화량은 $I_m-(-I_m)=2I_m$이다. 반주기는 $(1/2)f$이므로 1초간 전류변화 비율의 평균 di/dt는 다음과 같다.

$$\frac{di}{dt}=\frac{2I_m}{\dfrac{1}{2f}}=4fI_m$$

그리고 전압 $e=v$의 평균값은 $(2/\pi)V_m$이고 이것도 반주기의 값이기 때문에 전류변화로 인한 자기유도 기전력의 평균 V_a는 다음과 같다.

$$V_a=\frac{2V_m}{\pi}=L\frac{di}{dt}=4fLI_m$$

$$\therefore\ V_m=2\pi fLI_m$$

이 식에 실효값 $V=V_m/\sqrt{2}$, $I=I_m/\sqrt{2}$를 대입하면

$$V=2\pi fLI=\omega LI=X_LI$$

여기서 $X_L=\omega L$을 유도 리액턴스라고 하여 단위 Ω(옴)으로 표시하고 교류회로에서는 주로 X_L을 사용한다. 이것을 벡터로 표시하면 다음과 같다. 전류 측에 j가 붙어 있으므로 전류는 전압보다 $\pi/2$만큼 위상이 뒤쳐졌음을 나타내고 있다.

$$\dot{V}=jX_L\dot{I}=j\omega LI$$

결과만 보면 아주 단순하다.

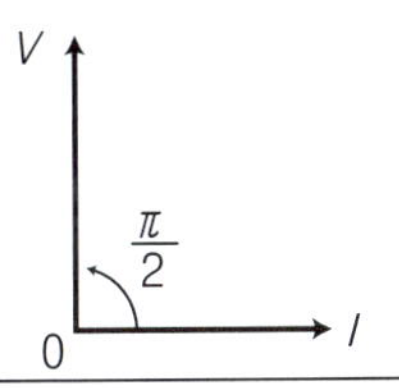

같음

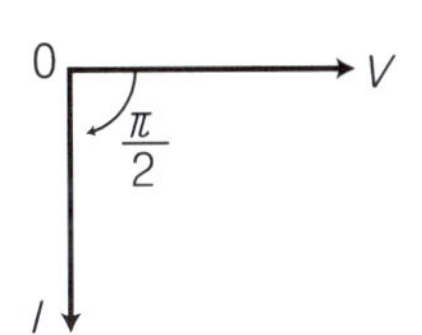

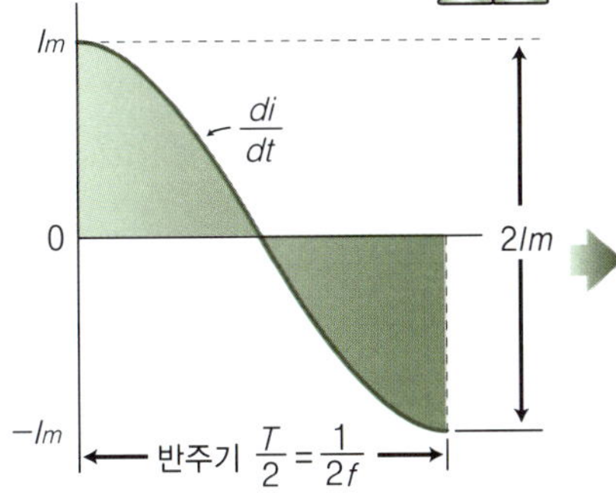

① 1초간 변화율의 평균

$$= \dfrac{\text{전류의 변화량}}{\text{반주기}}$$

$$= \dfrac{2I_m}{\dfrac{1}{2f}} = 4fI_m = \dfrac{d_i}{d_t}$$

② L 자기유도 기전력의 평균 V_a

$$V_a = L\,\dfrac{di}{dt} = 4fLI_m$$

전압의 평균 $V_a = \dfrac{2}{\pi}V_m$

L의 기전력 $V_a = L\,\dfrac{di}{dt} = 4fLI_m$

$$\dfrac{2}{\pi}V_m = 4fLI_m$$

$$V_m = 2\pi fLI_m$$

$$= \omega LI_m$$

$$= X_L I_m$$

$\omega = 2\pi f$ $X_L = \omega L = $ 유도 리액턴스

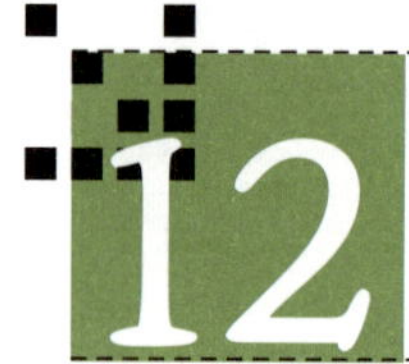

12 왜 진행할까? ··· C의 회로전류

    정전용량 C의 콘덴서에 정현파 전압 e를 인가했을 경우를 생각해 보자. L의 설명과 비교해 보면 알기 쉬울 것이다.

    정현파 전압 e를 인가하고 정현파 전류 i를 정전용량 C의 회로로 흘려보내면 전하 q가 축적된다. 축적되는 전하 q는 다음과 같다.

$$q = CV = CV_m \sin \omega t$$

여기서, 전하 q는 v와 동상이며 최대값은 CV_m이다. 즉, 전하 q는 정현파에 의해 변화하고 있다. 전류는 $i = dq/dt$이고 전하 q의 변화율은 전류를 나타낸다. dq/dt는 L의 식과 마찬가지로 미분식이고 짧은 시간에서의 전하 변화율을 말한다.

    이것을 정전용량 i의 식에 적용시켜 보자. 전하 $q = CV$라는 점에 유의하면 다음과 같다.

$$i = C\frac{di}{dt} = \frac{dq}{dt}$$

L의 식 $e = L(di/dt)$에서 전류 i가 전압 e보다 $\pi/2$ 지연된 것과 마찬가지로 L의 식 e에는 콘덴서로 흐르는 전류 i를, L의 식 i에는 전하 q를 각각 적용하면 전하 q는 전류 i보다 $\pi/2$ 지연된다. 반대로 말하면 전류 i는 전하 q보다 $\pi/2$ 만큼 위상이 진행한다. 그리고 전압 e와 전하 q는 동상이므로 전류 i는 전압 e보다 $\pi/2$ 만큼 위상이 진행한다. 콘덴서의 전류에 관한 3단 논법이다.

    이것을 수식으로 나타내면 다음과 같다.

$$e = V_m \sin \omega t$$

$$i = I_m \sin\left(\omega t + \frac{\pi}{2}\right)$$

즉, 이 전류는 콘덴서에 전하를 비축하기 위해 흐르기 때문에 충전전류라고 한다.

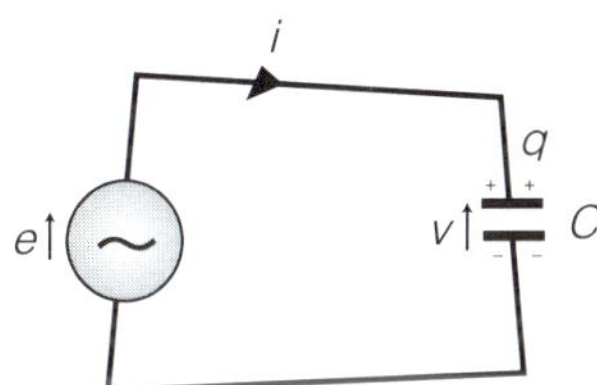

콘덴서는 교류전압이 '+'일 때 전하 q를 비축하고 '−'일 때 방출한다. 이때 전하 q의 변화량이 전류이다.

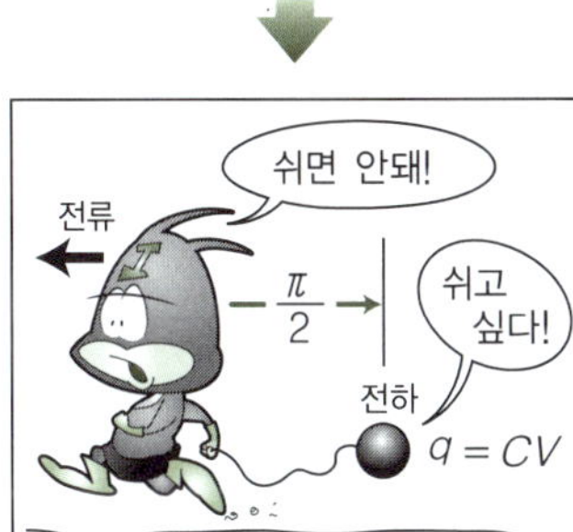

전류가 전하를 잡아당기고 있다. 그러므로 전류는 π/2 만큼 위상이 진행한다.

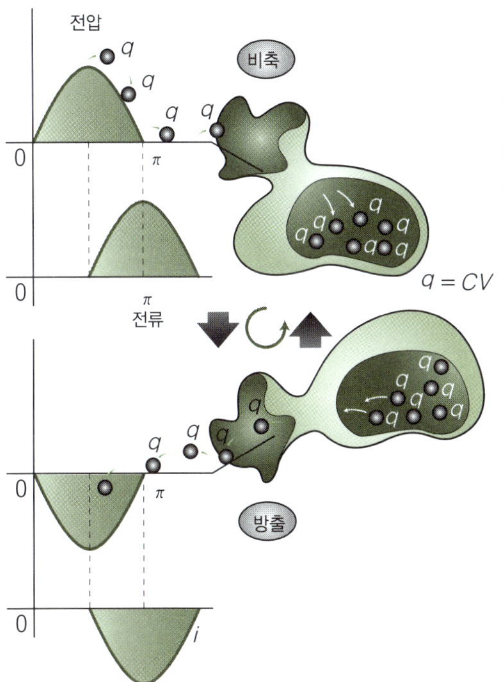

13 L과 어떻게 다를까? $\cdots$ $1/\omega C$

다음은 ω에 관한 이야기이다. 정전용량의 전압계산도 L의 경우와 기본적으로는 동일하다. 단, 전류를 기본으로 생각한다.

전하에 의해 콘덴서의 양끝에 나타나는 전압 v는 e에 대해 반대방향이지만 e와 v는 동상이고 크기도 같다.

전류 i는 $\pi/2$ 나아가 있으므로 벡터적으로 정전용량 C는 복소수 $-j$의 성격을 갖고 있고 v를 $\pi/2$ 지연시켜서 e와 v를 동상으로 하고 있다.

그러면 C회로에서의 전압과 전하에 대해 생각해 보자. 1/4주기에서 전하는 0에서부터 CV_m까지 변화한다(1/2주기에서 생각하면 0에서부터 0이 되어 버리기 때문이다). 그리고 그 변화량은 CV_m이다. 1/4주기는 $(1/4)f$이므로 1초 동안에 나타나는 전하 변화율의 평균은 다음과 같다.

$$\frac{dq}{dt} = \frac{CV_m}{\dfrac{1}{4f}} = 4fCV_m$$

그리고 전류 i의 평균값 I_a는 $(2/\pi)I_m$이므로

$$I_a = \frac{2I_m}{\pi} = C\frac{dq}{dt} = 4fCV_m$$

$$\therefore\ I_m = 2\pi fCV_m$$

이 식에 실효값 $V = V_m/\sqrt{2}$, $I = I_m/\sqrt{2}$를 대입하면

$$I = 2\pi fCV = \omega CV = V/X_c$$

여기서, $X_c = 1/\omega C$를 용량 리액턴스라고 하고 L과 마찬가지로 단위 $[\Omega]$으로 표시한다. 그리고 이것을 벡터로 나타내면 다음과 같다. $-j$가 붙어 있으므로 전류는 전압보다 $\pi/2$ 만큼 위상이 나아가 있다.

$$\dot{V} = -jX_c\dot{I} = -j\frac{1}{\omega C}\dot{I}, \qquad \dot{I} = j\omega C\dot{V}$$

이것으로 인덕턴스 L과 마찬가지라는 점을 확인할 수 있다.

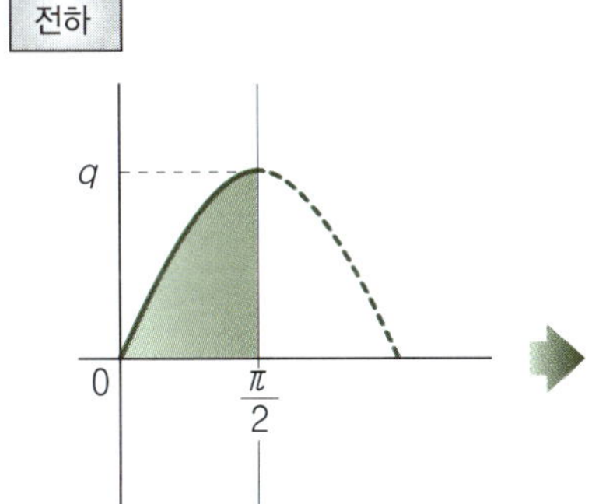

각주파수 $\omega = 2\pi f$
용량 리액턴스 $X_C = \dfrac{1}{\omega C}$

전하의 변화가 전류로 변신하는 흐름

시간	$0 \sim \dfrac{\pi}{4}$
전하의 변화량	$0 \sim CV_m$
평균 변화량	$\dfrac{CV_m}{\dfrac{T}{4}} = 4fCV_m = I_a$
전류 평균값	$I_a = \dfrac{2I_m}{\pi}$
전류 최대값	$I_m = \dfrac{\pi}{2} I_a$ $= 2\pi fCV_m$
실효값	$I = 2\pi fCV$ $= \omega CV$ $= \dfrac{V}{X_C}$

14 회로의 기본 … **옴의 법칙(Ⅱ)**

어떤 회로에 교류전압 $\dot{E}$[V]를 인가했을 때의 전류를 $\dot{I}$[A]라고 하면 직류회로와 마찬가지로 옴의 법칙이 성립한다.

$$\dot{I}=\frac{\dot{E}}{\dot{Z}}, \qquad \dot{E}=\dot{Z}\dot{I}$$

여기서, $\dot{Z}$을 임피던스라고 한다. 단위는 저항과 마찬가지로 $[\Omega]$이다. 직류회로와 다른 점은 통상 전압과 전류 사이에 위상차가 있다는 사실이다.

옴의 법칙을 구체적으로 벡터 표시해 보자.

$$\dot{E}=\dot{Z}\dot{I}$$
$$\dot{Z}=Z\varepsilon^{j\theta}=(Z\cos\theta)+j(Z\sin\theta)$$
$$=R+jX$$

단, $R=Z\cos\theta,\ X=Z\sin\theta$

여기서 $\dot{Z}$을 벡터 임피던스라고 한다. 실수부 R은 저항분을 나타내고 허수분 X는 리액턴스분을 나타낸다. j가 양의 값이므로 $X>0$이면 유도성(인덕턴스의 성질)으로, $X<0$이면 용량성(정전용량의 성질)으로 된다.

그리고 $\dot{Z}$의 역수 $\dot{Y}$를 벡터 어드미턴스(Vector Admittance)라고 부른다.

$$\dot{Y}=\frac{1}{\dot{Z}}=g+jb$$

실수부 g를 컨덕턴스(Conductance), 허수부 b를 서셉턴스(Susceptance)라고 한다. 단위는 지멘스[S]로 나타낸다.

만일 옴의 법칙에 대해 고민하는 분은 옴의 법칙(Ⅰ)로 돌아가 확인한다.

소년 	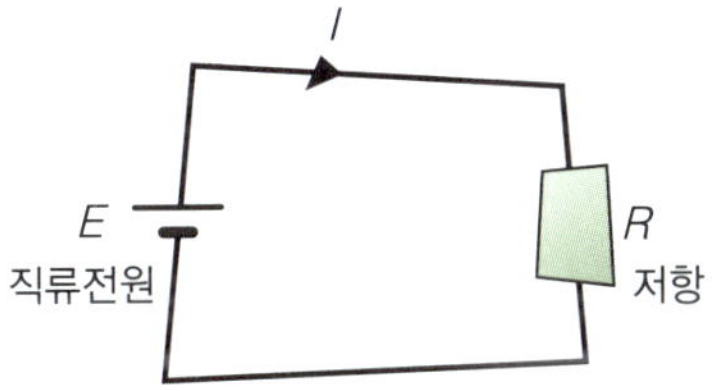 I E 직류전원 R 저항	$E = RI$ [V]
어른 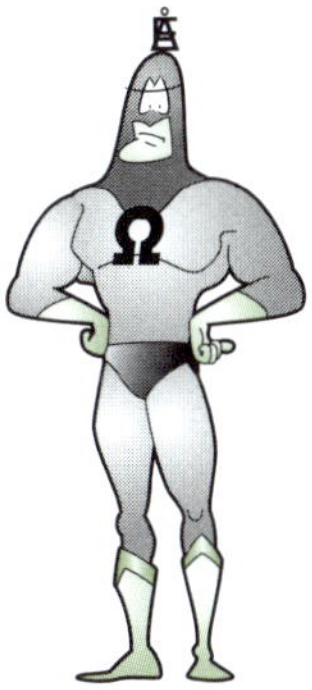	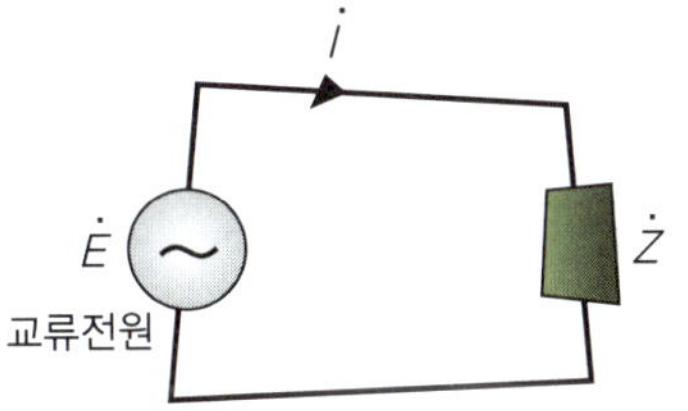 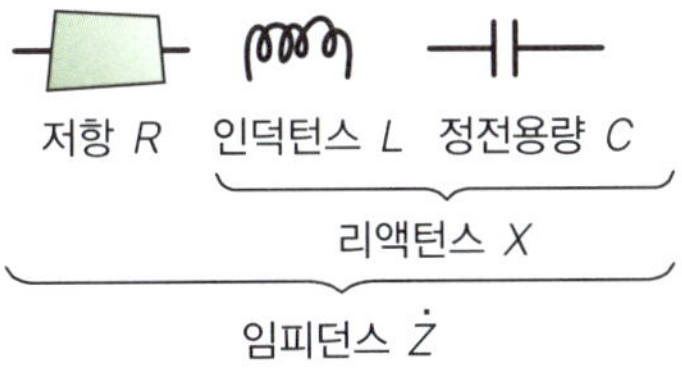 i $\dot{E}$ 교류전원 $\dot{Z}$ 저항 R 인덕턴스 L 정전용량 C 리액턴스 X 임피던스 $\dot{Z}$	$\dot{E} = \dot{Z}i$ [V] $\dot{Z} = Z\varepsilon^{j\theta}$ $\quad = R + jX$ [Ω] $X = \omega L - \dfrac{1}{\omega C}$ 각주파수 $\quad \omega = 2\pi f$ $X > 0$ 유도성 $X < 0$ 용량성
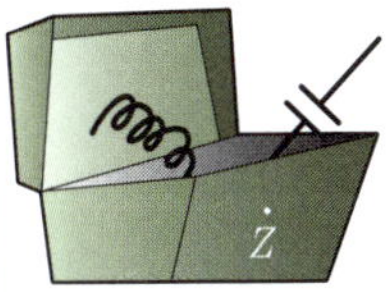 도구상자	어드미턴스 $\dot{Y} = \dfrac{1}{\dot{Z}} = g + jb$ [S] g : 컨덕턴스 b : 서셉턴스	

15 전력도 변화한다! … 교류전력

직류회로의 전력 P는 전압을 E, 전류를 I라고 하면 $P=EI$[W]로 표시된다. 교류에서는 전압 e든 전류 i든 정현파로 변화하기 때문에 전력도 마찬가지로 변화하고 직류에서는 생기지 않는 현상도 일어난다.

정현파 전압 $e=\sqrt{2}E\sin\omega t$, 전류 $i=\sqrt{2}I\sin(\omega t-\theta)$일 때의 전력 $P=ei$를 구해 보자. E와 I는 실효값이다. 여기서는 $\cos(A-B)-\cos(A+B)=2\sin A\sin B$라는 공식을 사용한다. $A=\omega t$, $B=\omega t-\theta$이다. 결과는 다음과 같다.

$$P=ei=\sqrt{2}E\sin\omega t\times\sqrt{2}I\sin(\omega t-\theta)$$
$$=2EI\{\sin\omega t\times\sin(\omega t-\theta)\}$$
$$=EI\cos\theta-EI\cos(2\omega t-\theta)$$

여기서 알 수 있는 점은 다음과 같다.

① $EI\cos\theta$는 시간 t를 포함하고 있지 않기 때문에 시간에 대해 일정한 값이다.

② $EI\cos(2\omega t-\theta)$는 $2\omega t$를 포함하기 때문에 전압과 전류에 대해 2배 주파수의 정현파이고 따라서 1주기의 평균은 0이 된다.

③ 순시의 교류전력은 ①−②이다.

따라서 교류전력의 평균값은 ②의 평균값=0이므로 다음과 같다.

$$P=EI\cos\theta\ [\text{W}]$$

실효값을 사용한 결과, 식이 매우 간단해졌다. 이 식에서 $\cos\theta$를 역률이라고 한다. θ는 전압과 전류의 위상차이고 위의 식에서는 위상차가 지연($-\theta$)이었다. 진행일 경우에도 $\cos(-\theta)=\cos\theta$이기 때문에 같은 식을 사용할 수 있다. 역률은 %로 취급한다. 그리고 θ는 역률각이라고도 한다.

또한, ②는 정현파이기 때문에 값이 '+'일 경우와 '−'일 경우가 있다. 이것은 전원과 회로의 부하 사이에서 에너지를 주고받음을 의미한다. 저항분은 전력에 의해 열을 발생하기 때문에 ②의 식에서는 회로의 L과 C가 무엇인가를 하고 있다고 상상할 수 있다.

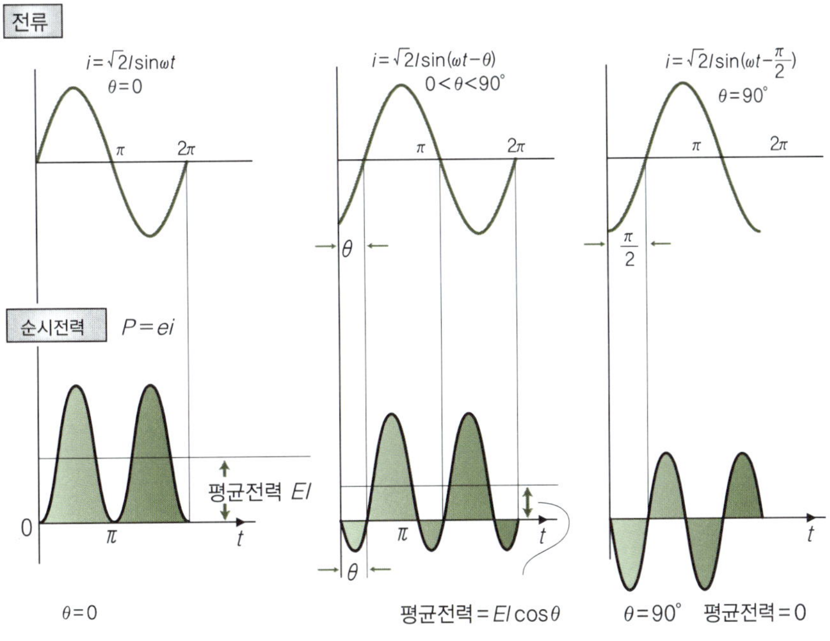

전압

$$v = \sqrt{2}\,V\sin\omega t$$

전류

$$i = \sqrt{2}\,I\sin\omega t$$
$$\theta = 0$$

$$i = \sqrt{2}\,I\sin(\omega t - \theta)$$
$$0 < \theta < 90°$$

$$i = \sqrt{2}\,I\sin\left(\omega t - \frac{\pi}{2}\right)$$
$$\theta = 90°$$

순시전력 $P = ei$

평균전력 EI

$\theta = 0$

평균전력 $= EI\cos\theta$

$\theta = 90°$ 평균전력 $= 0$

① 전력은 전압·전류의 2배 주파수로 변화하고 있다.
② 순시전력 $P =$ 평균전력 $-$ 전력의 정현파분
$$= EI\cos\theta - EI\cos(2\omega t - \theta)$$
$\theta = 0$에서 $P = EI\cos\theta$, $\theta = 90°$에서 $P = 0$

16 교류전력을 분해하면? ··· 피상전력, 전력, 무효전력

교류전력은 $P=EI\cos\theta$로 표시됐다. 이 식에서 EI를 피상전력(Apparent power)이라고 하고 단위는 볼트암페어[VA]를 사용한다. 단위를 좀더 단독으로 사용했으면 좋겠다는 생각도 든다.

이 피상전력을 기본으로 교류전력은 오른쪽 그림과 같이 「피상전력」, 「전력」, 「무효전력」으로 분해할 수 있다. 전력은 일을 하고 무효전력은 일을 하지 않지만 무효전력도 회로의 전압을 제어하기도 하는 작용이 있으므로 「무효」라는 명칭은 약간 어색한 느낌도 있다.

$EI=$ 피상전력

$EI\cos\theta=$ 전력 P(유효전력이라고 하는 경우도 있다)

$EI\sin\theta=$ 무효전력 Q(단위로 바[Var]를 사용한다)

따라서 전력과 무효전력은 직각관계에 있으므로 다음과 같은 식이 성립한다.

$[$피상전력$]^2=[$전력$]^2+[$무효전력$]^2$

그리고 전류 분해도에서는 다음과 같이 말한다.

$I\cos\theta=$ 유효전류(전류의 유효분이라고도 한다)

$I\sin\theta=$ 무효전류(전류의 무효분이라고도 한다)

유효분과 무효분도 직각관계이다. 이와 마찬가지로 전압에 대해서도 $E\cos\theta$를 유효전압(전압의 유효분), $E\sin\theta$를 무효전압(전압의 무효분)이라고 한다. 이로써 다음과 같은 식도 이끌어낼 수 있다.

$$\text{역률}=\frac{\text{전력}}{\text{피상전력}}=\frac{P}{EI}=\frac{EI\cos\theta}{EI}\cos\theta$$

전력 = 전압 × 유효전류 = 전류 × 유효전압

무효전력 = 전압 × 무효전류 = 전류 × 무효전압

그러므로 전기회로 계산에서는 그 상황에 따라 위의 식을 잘 구분해서 사용함이 중요하다.

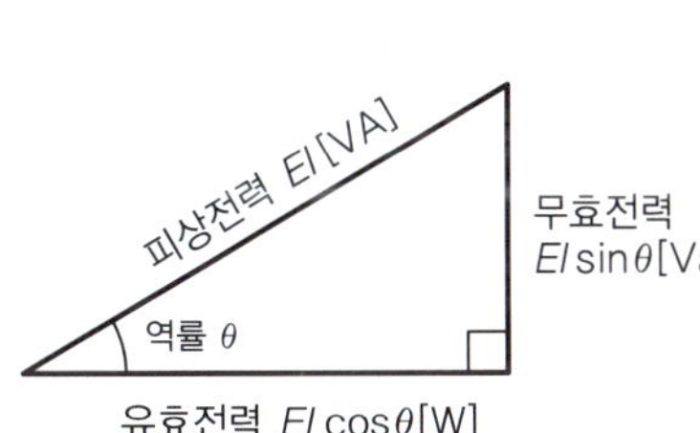
피상전력 EI[VA]
무효전력
$EI\sin\theta$[Var]
역률 θ
유효전력 $EI\cos\theta$[W]

피타고라스의 정리를
사용할 수 있군!
a
c
b
$a^2 = b^2 + c^2$

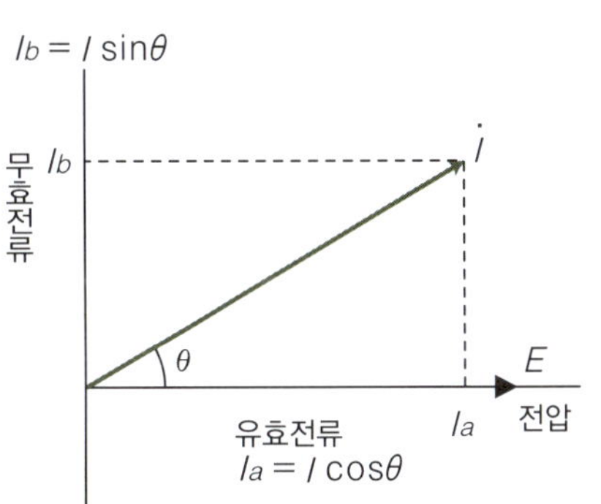
$I_b = I\sin\theta$
무효전류
I_b
$\dot{I}$
θ
E
유효전류
$I_a = I\cos\theta$
I_a
전압

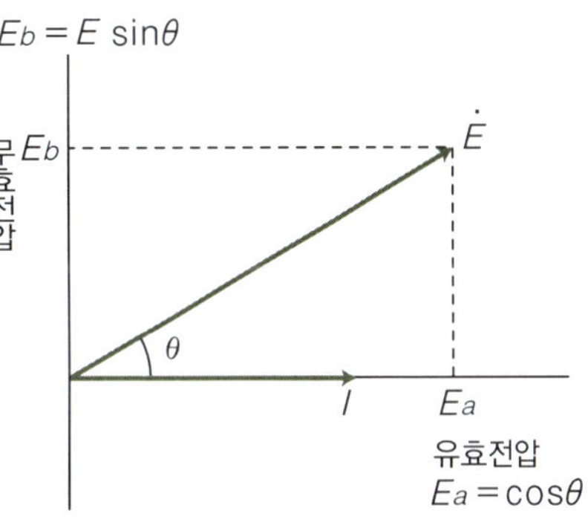
$E_b = E\sin\theta$
무효전압
E_b
$\dot{E}$
θ
I
E_a
유효전압
$E_a = \cos\theta$

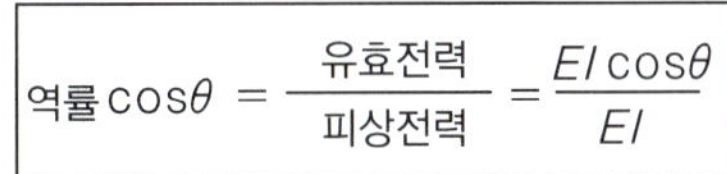
역률 $\cos\theta = \dfrac{\text{유효전력}}{\text{피상전력}} = \dfrac{EI\cos\theta}{EI}$

계산에 따라
구분해서
사용해 보자.

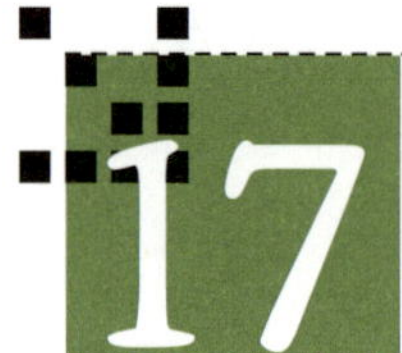 17   3자 대면 … 전력, 임피던스, 역률의 관계

저항 r과 리액턴스 x의 직렬회로에 실효값 E의 정현파 전압을 인가했을 때 그 전류의 실효값을 I로 한다. 이때의 전력을 P, 무효전력을 Q라고 하면 다음과 같은 관계가 성립한다.

$$P = EI\cos\theta$$

$$Q = EI\sin\theta$$

그리고 전압과의 관계에서

$$E\cos\theta = rI$$

$$E\sin\theta = xI$$

$$\dot{E} = \dot{Z}\dot{I} = \sqrt{(r^2 + x^2)} \cdot \dot{I}$$

따라서

$$P = EI\cos\theta = I^2 r$$

$$Q = EI\sin\theta = I^2 x$$

이 식으로부터 전력은 저항에 의해 소비되고 무효전력은 리액턴스에 의해 소비됨을 알 수 있다.

또한, 전류 I를 벡터 표시해 보면 다음과 같다.

$$\dot{I} = \frac{\dot{E}}{\dot{Z}} = \frac{\dot{E}}{Z\varepsilon^{j\theta}} = \frac{\dot{E}}{Z}\,\varepsilon^{-j\theta}$$

역률각 θ는 임피던스 $\dot{Z}$에 의해 정해진다.

$\dot{Z} = r + jx$라고 하면 다음과 같다.

$$\tan\theta = \frac{x}{r}, \qquad \cos\theta = \frac{r}{Z} = \frac{r}{\sqrt{r^2 + x^2}}$$

이것으로 역률각 θ를 임피던스각이라고도 한다.

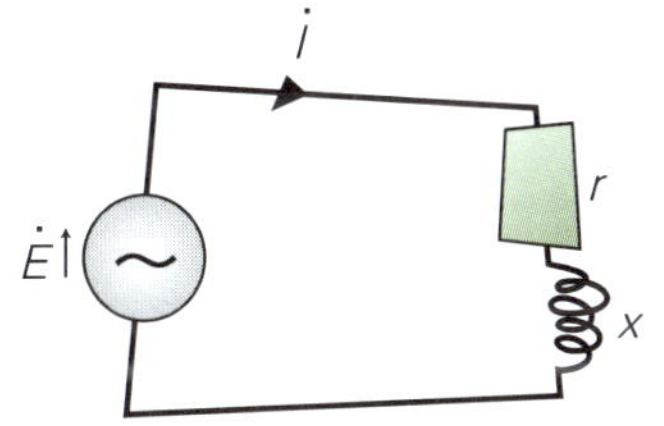

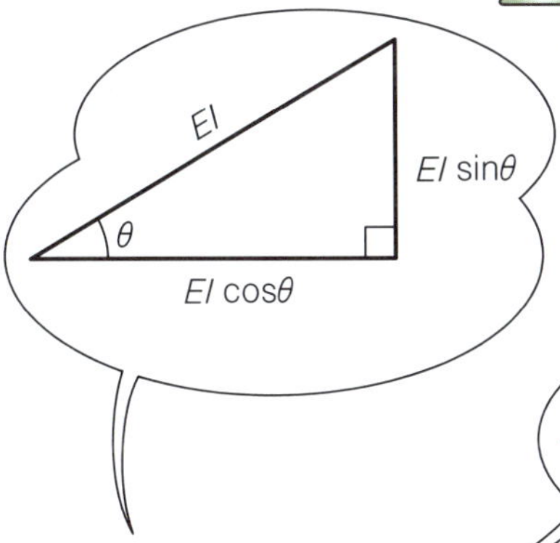

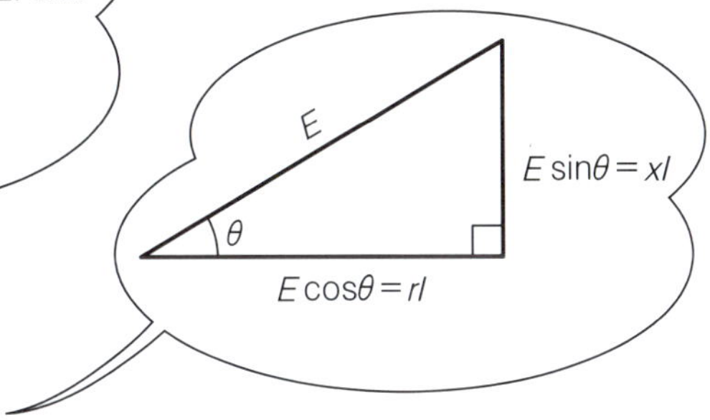

$$P = EI\cos\theta = I^2 r$$
$$Q = EI\sin\theta = I^2 x$$

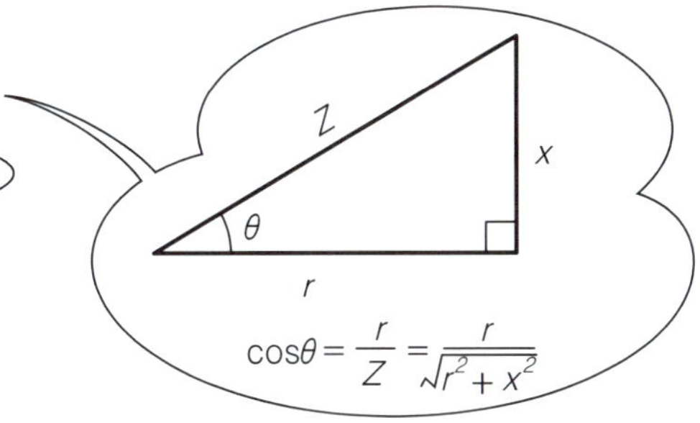

$$\cos\theta = \frac{r}{Z} = \frac{r}{\sqrt{r^2 + x^2}}$$

18 할 수 있다!··· 전력의 벡터표시

정현파 교류에서의 순시값은 복소수를 사용해서 전압 $\dot{E}=\sqrt{2}E\varepsilon^{j\omega t}$, 전류 $\dot{I}=\sqrt{2}I\varepsilon^{j(\omega t-\theta)}$와 같이 표시할 수 있다. 그러면 이 전압과 전력을 곱해서 전력을 구할 수 있는지 살펴보기로 하자.

$$\dot{E}\dot{I}=\sqrt{2}E\varepsilon^{j\omega t}\times\sqrt{2}I\varepsilon^{j(\omega t-\theta)}$$
$$=2EI\varepsilon^{j(2\omega t-\theta)}$$

이 식은 피상전력 EI의 2배 값이 2배의 주파수, 위상차 θ의 정현파로 되어 지금까지의 식과는 전혀 다르다. 즉 벡터 표시로써 전력의 순시값은 구할 수 없다. 그러나 순시값이 아니라 평균값이라면 구하는 방법이 있다. 그것도 아주 편리한 방법이다.

그것은 공역복소수를 사용하는 방법이다. 공역복소수는 허수부분의 +, − 부호를 반대로 하는데, 예를 들면 $\dot{A}=a+jb$일 경우 $\bar{\dot{A}}=a-jb$가 된다. $\dot{A}$의 머리에 바(−) 기호를 붙인다(표시는 알파벳 머리에 올라가야 함. 적당한 표시가 없어 임시로 표기함).

그러면 전류 I의 공역복소수 $\bar{\dot{I}}=I\varepsilon^{-j(\omega t-\theta)}$로 해서 E와 I의 곱을 만든다. 이때 계수는 실효값만으로 한다.

$$\dot{E}\bar{\dot{I}}=E\varepsilon^{j\omega t}I\varepsilon^{-j(\omega t-\theta)}=EI\varepsilon^{-j\theta}$$

$$=EI\cos\theta+jEI\sin\theta$$

실수부는 유효전력 P, 허수부는 무효전력 Q를 나타내고 있다. 다음은 전압의 공역복소수로 계산해 보자.

$$\bar{\dot{E}}\dot{I}=E\varepsilon^{-j\omega t}I\varepsilon^{j(\omega t-\theta)}=EI\varepsilon^{-j\theta}$$

$$=EI\cos\theta-jEI\sin\theta$$

무효전력 Q의 부호가 반전하고 있다. 즉 지연 무효전력을 $+j$로 할 때는 $\dot{E}\bar{\dot{I}}$, $-j$로 할 때는 $\bar{\dot{E}}\dot{I}$로 해서 계산한다.

이와 같이 해서 공역복소수를 활용하면 전력에 대해서도 $P+jQ$라는 벡터 표시를 할 수 있다. 단, 이것은 전력 순시값이 아니다. 그 점이 전압이나 전류의 벡터 표시와 기본적으로 다른 부분이므로 주의한다.

전압 $\dot{E}=\sqrt{2}\varepsilon^{j\omega t}$

전류 $\dot{I}=\sqrt{2}I\varepsilon^{j(\omega t-\theta)}$

전압 $\dot{E}\dot{I}$를 구해보자.

$$\dot{E}\dot{I}=\sqrt{2}\varepsilon^{j\omega t}\times\sqrt{2}\varepsilon^{j(\omega t-\theta)}$$
$$=2EI\varepsilon^{j(2\omega t-\theta)}$$
$$=???$$

$\dot{I}$의 공역복소수 $\bar{\dot{I}}=I\varepsilon^{-j(\omega t-\theta)}$

$$\dot{E}\bar{\dot{I}}=E\varepsilon^{j\omega t}\times I\varepsilon^{-j(\omega t-\theta)}$$
$$=EI\cos\theta+jEI\sin\theta$$
$$=유효전력+j\,무효전력$$

# 19 회로의 마술(Magic) … 공진(共振) 현상

RLC의 직렬회로를 생각하면 그 합성저항 Z의 리액턴스는 인덕턴스와 정전용량이 만드는 리액턴스의 차가 된다. 이때 양쪽의 리액턴스가 같을 경우에는 외관상 저항 R만의 회로와 같아진다. 따라서 공급전압 E는 모두 R에 인가되어 전류는 전압과 동상이고 최대로 된다. 이와 같은 현상을 직렬 공진이라고 하고 이 경우의 주파수를 공진 주파수라고 한다. 공진 주파수는 그 회로 고유의 L과 C에 의해 결정되기 때문에 고유 주파수라고도 하고 다음과 같은 식으로 표시된다.

$$\text{공진 주파수 } f = \frac{1}{2\pi\sqrt{LC}}$$

주파수 f를 변화시키면 회로의 Z이 변화하고 전류도 변화한다. 이때 주파수와 전류와의 관계를 공진 곡선이라고 한다. 공진 시에는 전류가 최대로 되기 때문에 L과 C의 단자전압도 최대가 되고 때로는 공급전압보다도 커지므로 전압공진이라고도 한다. 공진 시에 L과 C의 단자전압이 전원전압의 몇 배로 되는가를 나타내는 데 Q라는 값을 사용한다.

$Q = \omega L / R = 1/\omega CR$로 나타내고 R이 작을수록 값이 커진다. 이와 같이 Q는 공진회로의 예리함을 나타낸다.

교류회로의 계산에서 통상 주파수는 일정하나 어떤 영향으로 공진이 발생하면 그 전압에 의해 회로를 소손(燒損)시키기도 한다. 반대로 전자회로에서는 전압을 크게 할 수 있으므로 전압증폭회로라고 하는 곳에 사용하기도 한다.

직렬회로와 마찬가지로 RLC의 병렬회로에서도 공진이 있다. 이것을 병렬공진이라고 하고 이때 전류는 전압과 동상이고 최소가 되므로 반공진(Anti-resonance) 또는 LC의 전류가 회로의 전류보다도 커지므로 전류공진이라고도 한다.

또한 저항분을 포함하지 않는 L과 C만의 회로에서 주파수를 변화시키면 공진과 반공진이 번갈아 나타난다. 나타나기도 하고 사라지기도 하고 그야말로 회로의 마술을 보고있는 듯하다.

RLC 직렬회로

임피던스 $\dot{Z} = R + j\left(\omega L - \dfrac{1}{\omega C}\right)$

$\omega L = \dfrac{1}{\omega C}$ 이면

$\dot{Z} = R$

$\omega L = \dfrac{1}{\omega C}$ 는 $2\pi fL = \dfrac{1}{2\pi fC}$

공진주파수 $f = \dfrac{1}{2\pi\sqrt{LC}}$

RLC 회로에서 주파수 f 를 변화시키면

R 로만 되어 버린다.

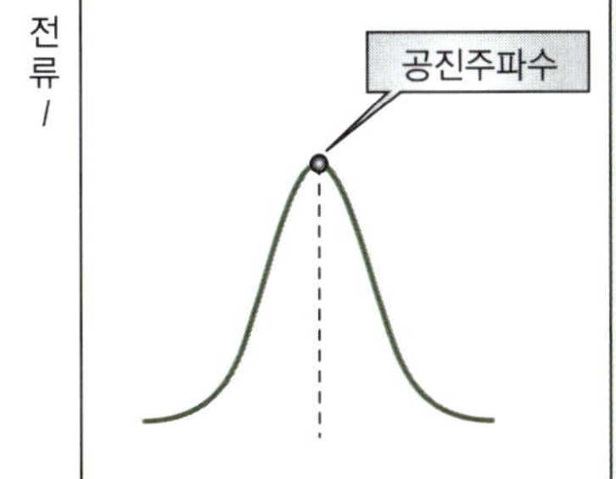

공진일 때는 전류 $I = \dfrac{V}{R}$

이때 L 과 C 의 단자전압은

$$V_L = \omega L I = \omega L \dfrac{V}{R} = QV$$

$$V_C = \dfrac{1}{\omega C} I = \dfrac{1}{\omega C} \dfrac{V}{R} = QV$$

공진회로의 예리함 $Q = \dfrac{\omega L}{R} = \dfrac{1}{\omega CR}$

쉬어가기

제3장
회로의 법칙

본 장에서는 여러 가지의 수수께끼를 풀기 위해 중복되기도 하고 뒤집기도 하고 변환하기도 한다. 여러분은 탐정이 된 기분으로 읽었으면 한다. 언뜻 보기에 복잡한 어려운 사건(회로)도 약간의 요령을 알면 간단히 풀 수 있다. 전기회로를 풀어 헤치는 7가지 도구는 탐정이 지니는 돋보기나 자석 등에 비교될 수 있다.

 01 푸는 것은 당신!? … 키르히호프의 법칙

옴의 법칙도 확실히 이해했고 여러 가지 전기회로의 기본도 이해했다. 그래서 연습장을 꺼내어 시험삼아 전기회로에 관해 계산하고 싶은 사람도 있을 것이다.

하지만 잠깐! 저항과 전원이 복잡하게 접속된 회로는 옴의 법칙만으로는 안 된다. 이와 같이 복잡한 회로, 즉 회로망의 계산을 간단히 풀어주는 법칙이 있다. 가장 대표적인 것이 키르히호프의 법칙(Kirchhoff's Law)이다. 키르히호프의 법칙은 다음과 같은 2가지의 법칙으로 이루어져 있다.

① 제1법칙 : 전기회로 중 임의의 접속점으로 유입하는 전류의 합은 0이다.

② 제2법칙 : 전기회로 중 임의의 폐회로(Closed circuit) 전압의 총합과 전압강하의 총합은 같다.

이 법칙을 이해하면 여러분의 전기회로 계산 실력이 현저히 향상될 것이다.

제1법칙에서 유입하는 전류의 합이 0이라는 것은 어느 접속점에 대해 들어오는 전류를 플러스(+), 나가는 전류를 마이너스(−)라고 하고 이것을 모두 더하면 제로가 된다는 말이다.

제2법칙에서는 우선 전기회로 중 임의의 폐회로에 대해 이해해 보자. 이것은 1장의 맨 처음에서 공부했듯이 닫힌 회로(루프)를 말한다. 즉 회로의 어느 점에서 출발했다가 다시 같은 점으로 되돌아오는 회로이다. 나가기만 하는 것은 회로가 아니다. 그리고 회로의 방향을 스스로 결정하고 전압과 전류는 스스로 정한 방향을 '+'로 한다. 다음은 그 루프에 대해 전압의 합계=전압강하의 합계로 하여 식을 만든다.

키르히호프의 법칙에 입각해서 방정식을 만들면 각 부분의 미지의 전류보다 하나가 더 많은 식을 만들 수 있다. 방정식은 미지수의 수만큼 있으면 되므로 하나를 생략할 수 있으나 제1법칙의 식은 생략하지 않도록 하자. 그리고 이 연립방정식을 풀면 각 전류를 구할 수 있으며 그 식을 푸는 것은 여러분이다. 키르히호프의 법칙은 방정식을 만들어 주지만 풀어 주지는 않는다.

① 제1법칙

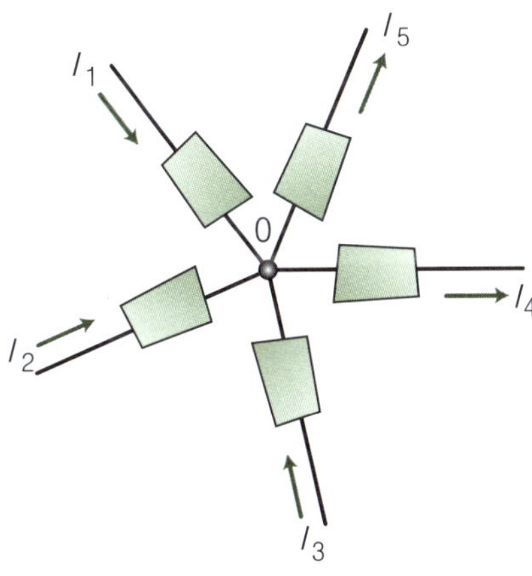

$$I_1 + I_2 + I_3 - I_4 - I_5 = 0$$

유입 유출

② 제2법칙

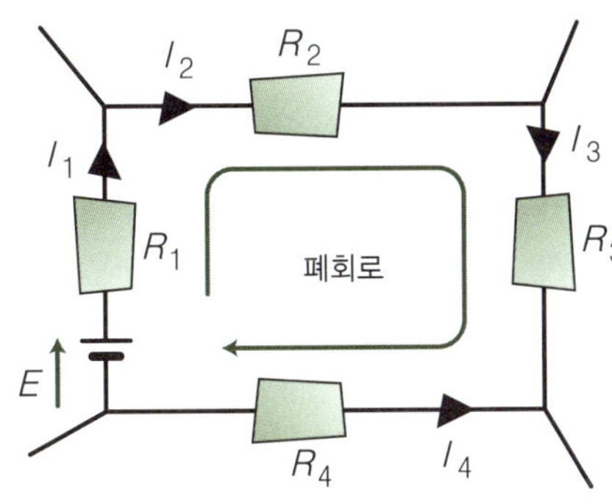

$$E = I_1 R_1 + I_2 R_2 + I_3 R_3 - I_4 R_4$$

02 옴의 법칙이 곤란한 경우란? ··· 키르히호프 법칙 적용

오른쪽 그림을 보자. 회로 ab 사이의 합성저항 R을 구하고 싶은데 옴의 법칙을 사용해서 구할 수 있을까? 좀 어려울 것 같다.

독자에 따라서는 이 그림을 무엇인가로 변형할 수 있을 것이라고 생각하는 분도 있을 지 모른다. 그렇다. ①의 그림은 ②의 그림과 같이 다시 그릴 수 있다. 이와 같은 형을 브리지 회로라고 한다. 아직 설명하지 않았지만 브리지 회로는 어떤 평형조건에 따라 한가운데 10[Ω]의 저항에는 전류가 흐르지 않는 경우가 있다. 유감스럽지만 이 회로는 평형조건을 충족시키지 않으므로 한가운데에도 전류가 흐른다.

즉 이와 같은 회로는 옴의 법칙을 사용하여 저항의 직렬·병렬 접속회로로 해서 계산할 수 없다.

이런 경우에 키르히호프의 법칙을 적용하면 간단히 방정식을 세울 수 있고, 그 결과 얻어지는 가지 전류로부터 $R=E/I_1$으로서 ab간의 저항을 구할 수 있다. 물론 ①의 그림 상태에서도 ②의 그림과 같이 방정식을 만들 수 있다.

이 방정식을 보고 「제1법칙이 들어가지 않았다.」고 알아차린 사람도 있을 것이다. 이것을 정식으로 말하면 폐로 방정식이라고 하고 각 가지로 흐르는 개개의 전류가 아니라 폐로(루프) 전류에 의해 방정식을 세운다. 이와 같은 경우 제 1법칙은 제2법칙에 포함된 형태로 방정식이 만들어진다. 즉 키르히호프 법칙에 의한 방정식에는 2가지 방법이 있다.

좀더 구체적으로 키르히호프 법칙의 정석도 포함해서 이후에 자세히 설명하기로 한다.

① 그림

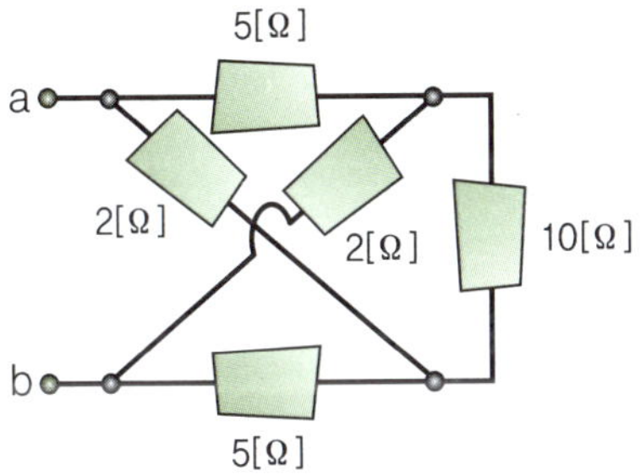

② 그림

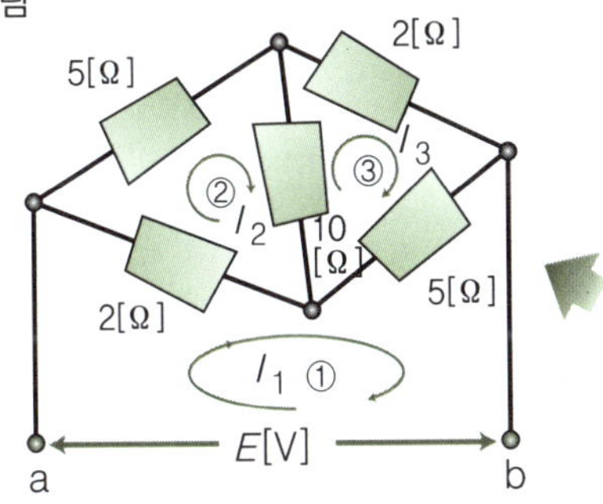

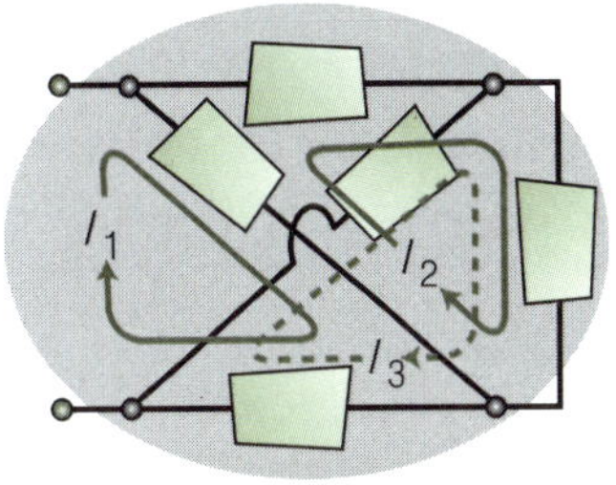

키르히호프로 방정식을 만든다.

①에서 $2(I_1 - I_2) + 5(I_1 - I_3) = E$

②에서 $5I_2 + 10(I_2 - I_3) + 2(I_2 - I_1) = 0$

③에서 $2I_3 + 5(I_3 - I_1) + 10(I_3 - I_2) = 0$

해답 합성저항 $R = \dfrac{E}{I_1}$

03 브리지의 4번 타자 … **휘트스톤 브리지**

앞서 브리지 회로를 소개했으므로 이번에는 휘트스톤 브리지(Wheatstone Bridge)에 대해 설명한다. 이 회로에 대해서는 7장의 측정기 중에서도 구체적으로 소개되는데 주로 저항측정에 사용되는 회로로서 결과를 정확하게 얻을 수 있다.

회로 그림에서 저항 G로 흐르는 전류 I_G를 구한다. 이것은 앞서 서술했듯이 키르히호프의 법칙으로 구할 수 있다.

다음은 전류 I_G가 0이 되기 위한 조건을 생각해 보자. 키르히호프의 법칙에서 구한 전류 $I_G=0$에서 저항과의 관계를 구하면 구할 수는 있지만 좀더 간단한 방법을 설명한다.

R_1에서 R_2로 흐르는 전류를 I_1, R_4에서 R_3으로 흐르는 전류를 I_2라고 한다. AB간의 전압은 E이므로 $I_G=0$일 때 옴의 법칙 $E=RI$로부터 R_1과 R_2가 분담하는 전압은 그 저항치에 비례한다. 즉 $E_1 : E_2 = R_1 : R_2$이다. 그러므로 저항 각각의 전압강하를 E_1, E_2, E_4, E_3이라고 할 때 $E_1=E_4$라면 C점과 D점은 전위가 같아지고 따라서 전위차가 없기 때문에 전류가 흐르지 않는다.

이 관계는 $E_1 : E_2 = E_4 : E_3$이고 이것은 저항에 비례하므로 $R_1 : R_2 = R_4 : R_3$이 된다. 이것이 저항 G로 전류가 흐르지 않는 조건이다. 이 비례식을 다시 쓰면 $R_1R_3 = R_2R_4$가 된다.

이와 같이 저항 G로 전류가 흐르지 않는 조건을 평형조건이라고 한다. 저항 G에 전류계(전류가 흐르고 있는 지의 여부를 조사하는 전류계를 검류계라고 한다)를 두어 전류가 흐르지 않음을 알았다. 예를 들어 R_3의 값을 구하고자 할 경우에는 평형조건을 사용하여 다음과 같은 식에서 저항 R_3를 구할 수 있다.

$$R_3 = \frac{R_4}{R_1} R_2$$

휘트스톤 브리지

C
R_2
R_1
I_G
I_1
B
A
G
I_2
R_4
R_3
D
E
C와 D의 전위차가 없을 때
I_G는 0이 된다.

I_G=0일 때를 생각해 보자

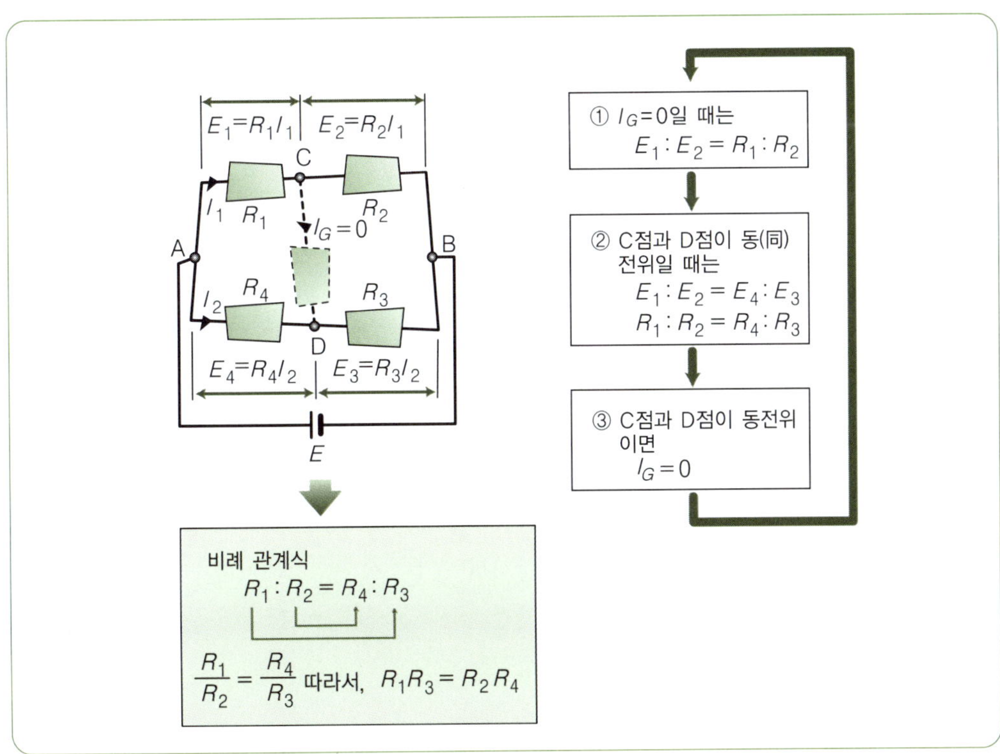

$E_1 = R_1 I_1$
$E_2 = R_2 I_1$
C
I_1 R_1
R_2
$I_G = 0$
A
B
I_2 R_4
R_3
D
$E_4 = R_4 I_2$
$E_3 = R_3 I_2$
E

① I_G=0일 때는
$E_1 : E_2 = R_1 : R_2$

② C점과 D점이 동(同)
전위일 때는
$E_1 : E_2 = E_4 : E_3$
$R_1 : R_2 = R_4 : R_3$

③ C점과 D점이 동전위
이면
$I_G = 0$

비례 관계식
$R_1 : R_2 = R_4 : R_3$
$\dfrac{R_1}{R_2} = \dfrac{R_4}{R_3}$ 따라서, $R_1 R_3 = R_2 R_4$

04 키르히호프의 정석(Ⅰ) ··· **가지전류의 산출**

이제 키르히호프의 법칙을 적용해서 실제로 연립방정식을 만들어 보자. 다음과 같은 순서로 진행한다.

(1) 각 가지로 흐르는 전류를 스스로 가정한다.

예를 들면 그림에 나타내는 바와 같이 각 가지로 흐르는 전류를 $\dot{I}_1$, $\dot{I}_2$, $\dot{I}_3$로 하고 방향도 포함해서 스스로 가정한다. 흐르는 방향에는 화살표를 붙여두자. 이때 전류방향에 대해서는 여러분의 자유이다. 각 가지마다 화살표가 붙어있는지 체크하자.

(2) 키르히호프의 제2법칙을 결정하는 폐로(루프)를 정한다. 그림에서는 ①, ②, ③의 폐로를 생각할 수 있다.

① $\dot{I}_1\dot{Z}_1 + \dot{I}_3\dot{Z}_3 = \dot{E}$

② $\dot{I}_2\dot{Z}_2 - \dot{I}_3\dot{Z}_3 = 0$

③ $\dot{I}_1\dot{Z}_1 + \dot{I}_2\dot{Z}_2 = \dot{E}$

그런데 ①+②=③이 되기 때문에 그 중 2개를 만들면 충분하고 나머지 1개는 생각할 필요가 없다. 이렇게 해서 선정된 회로를 독립된 폐로라고 한다.

(3) 회로 중 임의의 점에 대해 키르히호프의 제1법칙을 적용한다. 그림에서는 A점에 적용해 봤다.

(4) 다음은 폐로에 대해 키르히호프의 제2법칙을 적용한다. 이때 회로를 한 바퀴 도는 방향과 전류가 흐르는 방향이 동일하면 그 전류에 의한 전압강하에 '+'를, 반대이면 '−'를 붙여 식의 좌변(혹은 우변)에 쓰고 기전력도 마찬가지로 한 바퀴 도는 방향과 동일하면 '+'를, 반대이면 '−'를 붙여 우변(좌변)에 쓴다. 이 '+'와 '−'를 혼돈하지 말자.

이것으로 방정식이 만들어진다. 다음은 당신이 방정식을 풀 차례이다. 계산 결과, 전류에 '−'가 붙는 일이 있다. 이것은 당신이 가정한 전류의 방향이 반대였음을 말한다. 이와 같이 계산 결과가 당신의 가정을 친절하게 정정해 준다.

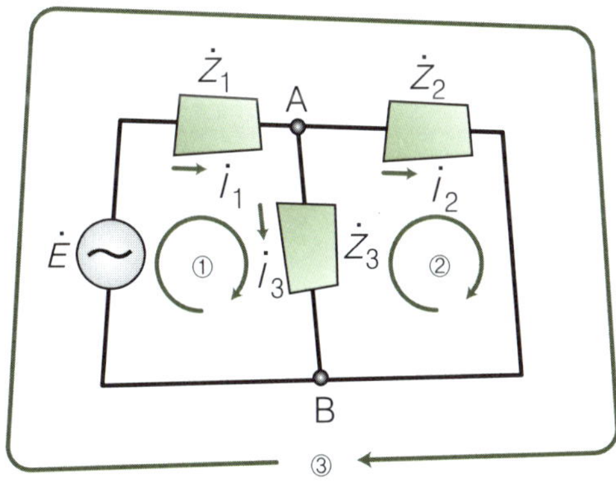

제1법칙 (A점) $\quad i_1 - i_2 - i_3 = 0$

제2법칙

① $i_1\dot{Z}_1 + i_3\dot{Z}_3 = \dot{E}$

② $i_2\dot{Z}_2 - i_3\dot{Z}_3 = 0$

③ $i_1\dot{Z}_1 + i_2\dot{Z}_2 = \dot{E}$

①+②=③

05 키르히호프의 정석(Ⅱ) … 루프전류에 의한 방법

앞에서는 가지전류 $\dot{I}_1$, $\dot{I}_2$, $\dot{I}_3$를 가정하고 A점에 키르히호프의 제1법칙 $\dot{I}_1 - \dot{I}_2 - \dot{I}_3 = 0$이라고 했다. 이 식을 변형하면 $\dot{I}_3 = \dot{I}_1 - \dot{I}_2$가 된다. 즉 ①과 ②의 루프에는 각각 $\dot{I}_1$, $\dot{I}_2$라는 루프전류가 흐르고 있고 $\dot{Z}_3$에 흐르는 전류는 $\dot{I}_1$과 $\dot{I}_2$가 포개진 것, 즉 $\dot{I}_1 - \dot{I}_2$의 전류가 흐른다고 생각할 수 있다.

여기서 ①과 ②의 루프에 키르히호프의 제2법칙을 적용하면 다음과 같은 식이 성립한다.

$$\dot{I}_1 (\dot{Z}_1 + \dot{Z}_3) - \dot{I}_2 \dot{Z}_3 = \dot{E}$$
$$-\dot{I}_1 \dot{Z}_3 + \dot{I}_2 (\dot{Z}_2 + \dot{Z}_3) = 0$$

이 2개의 방정식을 풀면 $\dot{I}_1$과 $\dot{I}_2$를 구할 수 있다.

이와 같이 회로 내의 전류는 가지전류가 아니고 몇 개의 루프전류가 서로 겹친 것이라고 해도 계산할 수 있다. 하지만 $\dot{Z}_3$에 흐르는 가지전류를 구할 때는 $\dot{I}_3 = \dot{I}_1 - \dot{I}_2$라는 계산이 필요하다. 즉 루프전류에 의한 키르히호프의 제2법칙은 그 식 안에 $\dot{I}_3 = \dot{I}_1 - \dot{I}_2$라는 제 1법칙을 포함하고 있다는 말이다.

생각해 보면 제 1법칙은 어느 점에 유입된 전류가 반드시 다른 가지로 나가게 되고 각 가지의 전류는 서로 겹치기 때문에 루프전류를 생각하는 것은 그 시점에서 제 1법칙이 충족되고 있다는 말이 된다.

이때 생각하는 루프는 독립된 루프이므로 그림의 경우 2개이면 충분하다. 방정식이 1개 적은 것은 매력적이나 가지전류의 경우와 비교하면 방정식은 약간 복잡해졌다.

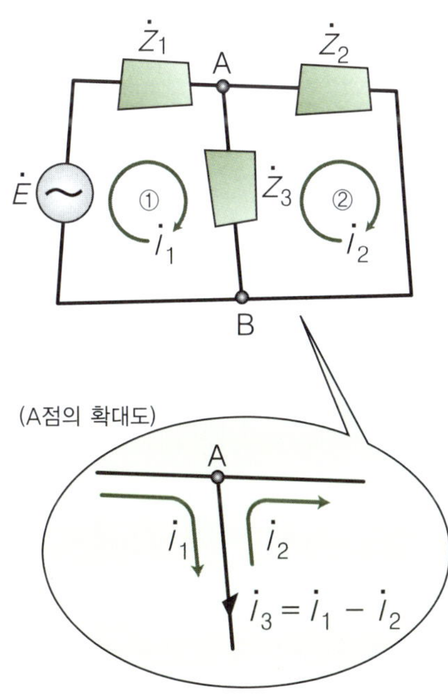

(A점의 확대도)

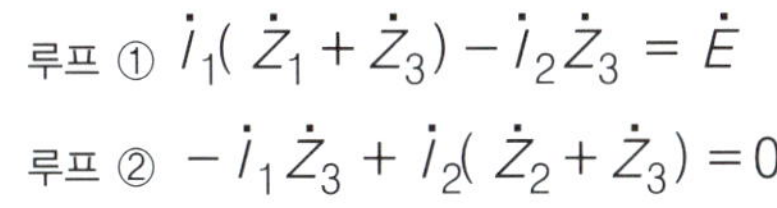

루프 ① $\dot{i}_1(\dot{Z}_1 + \dot{Z}_3) - \dot{i}_2\dot{Z}_3 = \dot{E}$

루프 ② $-\dot{i}_1\dot{Z}_3 + \dot{i}_2(\dot{Z}_2 + \dot{Z}_3) = 0$

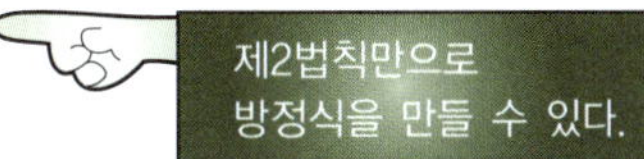

06 더하고 더하고 더해서 … **중첩의 정리**

루프전류를 설명하는 곳에서 키르히호프의 제1법칙은 루프전류가 서로 겹친 것임을 돋보기로 살펴봤다. 사실 이것은 전류와 전압 모두에 적용된다. 그리고 직류와 교류 어느 것에든 적용된다.

왜 그럴까? 옴의 법칙 $E=RI$에서 전압은 전류에 비례한다. 전류는 전압에 비례한다고도 말할 수 있다. 즉 전압을 2배 하면 전류도 2배가 되고 전압을 n배 하면 전류도 n배가 된다. 이 n배라는 것은 비례를 뜻하고 곱셈이다. 그리고 곱셈은 n회 플러스한다는 말과 같다.

즉 $nE=n\times RI$는 $RI+RI+\cdots+RI$로 RI를 n회 더해 합한 것이다. n은 자유롭게 선택하기 때문에 n보다 1 적은 $(n-1)$의 횟수를 생각해서 $(n-1)E=E_2$, 맨 처음의 E를 E_1으로 하면 다음과 같다.

$$E_1+E_2=RI_1+RI_2$$

여기서 I_1, I_2는 E_1, E_2일 때 각각의 전류이다. 이것을 중첩의 정리라고 한다.

이것을 정식으로 말하면 「다수의 기전력을 포함하는 회로망 각 점의 전위 또는 전류의 분포는 이들 기전력이 각각 단독으로 존재할 경우의 전위 또는 전류의 합과 같다.」이다. 어려울 것 같지만 간단히 말해서, 기전력이 몇 개 있을 경우 그 전류는 기전력 1개씩의 전류를 구하고 그것을 덧셈하면 된다. 두 사람이 협력하면 세 사람 정도의 역할을 하기도 하고 반대로 1.5인분 정도의 역할을 하기도 하는 경우가 있지만 전압과 전류는 정직해서 두 사람이면 두 사람이지 그 이상도 그 이하도 아니다.

기전력의 수만큼 서로 겹쳐져 있다.
회로는 회로가 서로 겹쳐진 것이다. 겹치면 무거워!
회로
회로
$E = RI$
$E = RI$
$E = RI$
$E = RI$
E
E
E
E
E

I_1
I_2
R_1
R_2
R_3
I_3
E_1
E_2
I'_1
I'_2
R_1
R_2
R_3
I'_3
E_1
I''_1
I''_2
R_1
R_2
R_3
I''_3
E_2

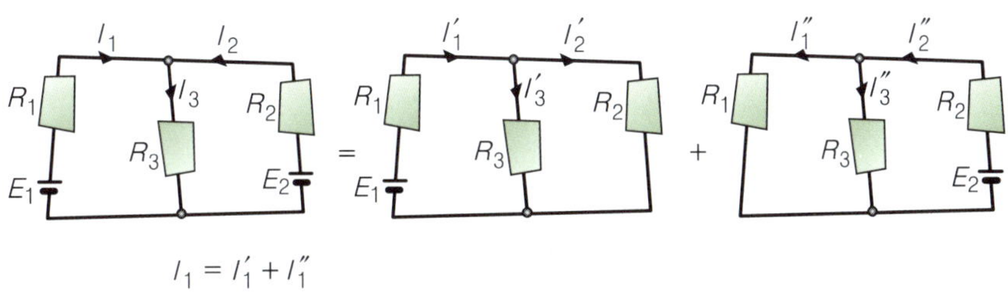

$$I_1 = I'_1 + I''_1$$

 07 반대의 반대 ··· 테브난의 정리

(1) 어떤 복잡한 회로가 있고 거기서 ab라는 2개의 단자가 나와 있는 경우를 생각하자. 이 단자에는 기전력 E_{ab}가 나타나 있다고 한다. 여기에 저항 R을 접속했을 경우의 전류를 생각하는데, 그 전에 이 단자에 E_{ab}를 부정하는 기전력 E_1을 접속한다. 그러면 ab 사이에는 전압이 없기 때문에 저항 R을 접속하더라도 전류가 흐르지 않는다.

(2) 다음은 이 회로와 동일한 회로이고 그 안에는 기전력이 없다고 하자. E_1이 있는 곳에 E_1과 반대 방향의 기전력 E_2가 있는 회로를 생각한다. 그때의 전류는 ab 사이에서 본 회로망의 합성저항을 R_{ab}라고 하면 단순히 $I=E_2/(R_{ab}+R)$이 되고 E_2는 E_{ab}와 크기가 같으므로 $I=E_{ab}/(R_{ab}+R)$과 같아진다.

(3) 이번에는 이 2개의 회로를 겹쳐보자. 그러면 E_1과 E_2는 방향이 반대이기 때문에 기전력이 없는 것과 같다. 그리고 E_1에서는 전류가 흐르고 있지 않기 때문에 중첩의 정리에서 $0+I=I$가 된다.

(4) 즉 반대의 반대를 겹치는 셈이다. 이 R을 임피던스 Z으로 치환하면 다음과 같이 말할 수 있다.

「어떤 회로망에 있는 임의의 2개 단자를 a, b라고 하고 ab 사이에 나타나는 전압을 $\dot{E}_{ab}$라고 하면 그 ab 사이에 임피던스 $\dot{Z}$을 접속했을 경우 $\dot{Z}$에 흐르는 전류는 $\dot{I}=\dot{E}/(\dot{Z}_0+\dot{Z})$이다. 여기서 $\dot{Z}_0$는 회로망에 포함되는 모든 기전력을 제외하고 ab 단자에서 본 합성 임피던스이다.」

이것이 테브난의 정리(Thevenin's Theorem)이다. 이 정리에 의하면 아무리 복잡한 회로라도 어느 단자에 임피던스 $\dot{Z}$을 접속할 경우 접속하기 전에 그 단자의 전압을 알고 있으면 그림과 같이 가장 단순한 회로로 계산할 수 있다고 한다.

① 어느 회로망에 전압 E_{ab}가 나타나 있는
　단자가 있었다.

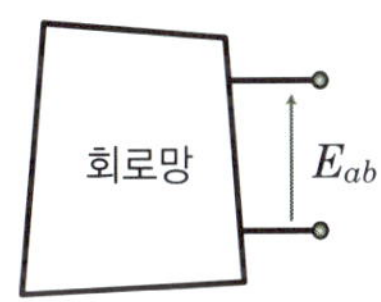

② 누군가가 E_{ab}와 반대되는 기전력 E_1을
　연결했기 때문에 R에는 전류가 흐르지 않았다.

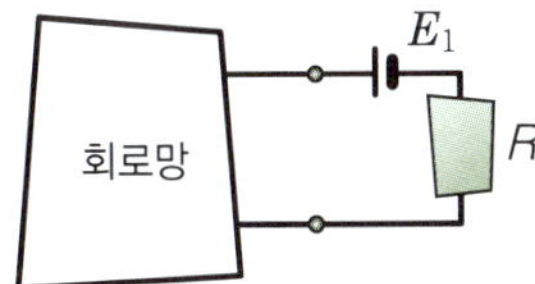

③ 그 다음에는 또 누군가가 E_1과 반대되는 E_2를
　연결했더니 전류가 흘렀다.

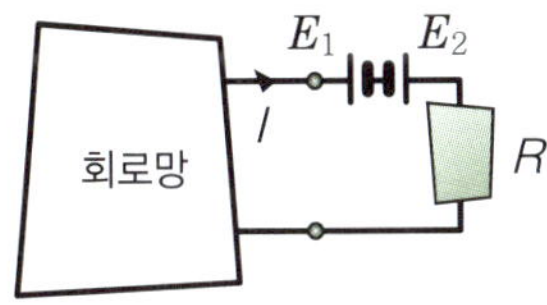

④ 즉 말하자면 반대의 반대로, E_1과 E_2는 없었던 것이 됐다.

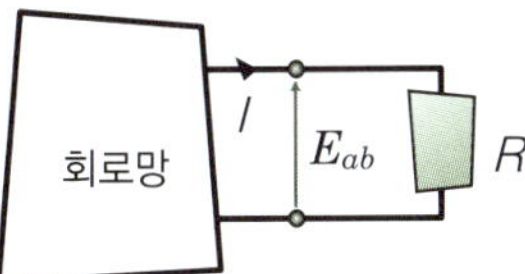

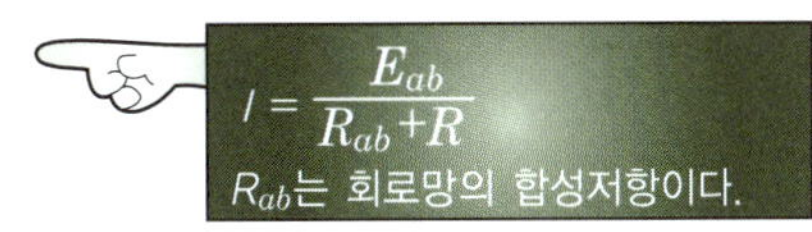

08 무엇을 보상할까? … 보상의 정리

보상의 정리(Compensation's Theorem)를 설명한다. 보상이란 예를 들어 무엇인가를 잘못해서 파손했을 경우 그 손해를 금액 등으로 보충하는 것을 말한다. 그러면 전기회로에서는 무엇에 대해 무엇을 보충할까?

전기회로의 기본은 기전력과 저항, 전류이므로 이 3가지에 관계된 것을 상상할 수 있다. 구체적으로 말하면 저항이 변했을 때 나타나는 전류의 변화에 대해 저항의 변화에 대응하는 기전력을 보충하는 것과 같다. 사실 보충하고 있다.

보상의 정리는 변하기 전의 저항 R과 변한 후의 저항 $R+R_0$를 생각하고 중첩의 정리를 적용해서 $R_0 I$를 부정하는 기전력을 삽입해 보면 테브난 정리와 마찬가지로 증명할 수 있다. 그 논법은 다음과 같다.

① 전류 I가 흐르고 있는 가지의 저항 R이 $R+R_0$로 증가했다.

② 여기서 $R_0 I$와 같은 기전력 E_1을 삽입하면 R_0의 전압강하를 부정하기 때문에 전류분포는 변하지 않는다.

③ 또한 이 기전력과 역방향의 기전력 E_2를 삽입하여 기전력이 없는 상태로 되돌려준다. 이 기전력을 보상 기전력이라고 한다.

④ 그렇게 하면 ③의 기전력 E_2에 의한 전류는 R_0만큼 변화했을 때 각 부위로 흐르는 전류와 같아진다.

그러면 정리된다. 저항 R을 임피던스 Z까지 확장하여 설명할 수 있기 때문에 다음과 같이 된다.

「회로망 중의 어느 임피던스 $\dot{Z}$에 전류 $\dot{I}$가 흐르고 있을 때 이 $\dot{Z}$이 $\dot{Z}+\dot{Z}_0$로 변화했기 때문에 생기는 각부의 전류변화는 회로망 중의 기전력을 전부 제거하고 $\dot{Z}+\dot{Z}_0$과 직렬로 $\dot{Z}_0\dot{I}$의 기전력을 $\dot{I}$와 반대방향으로 넣었을 경우에 흐르는 전류와 같다.」

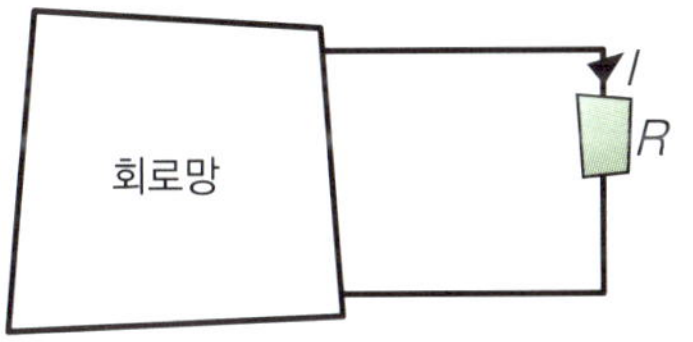

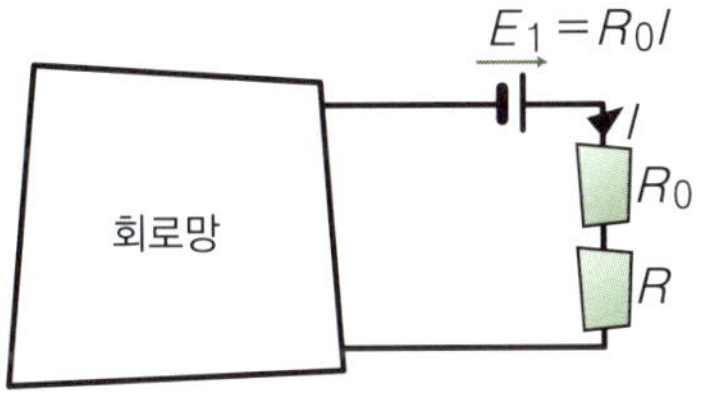

저항 R_0가 증가하더라도 그것을 부정하는 기전력이 있으므로 전류 I는 변하지 않는다(원래 그대로).

+

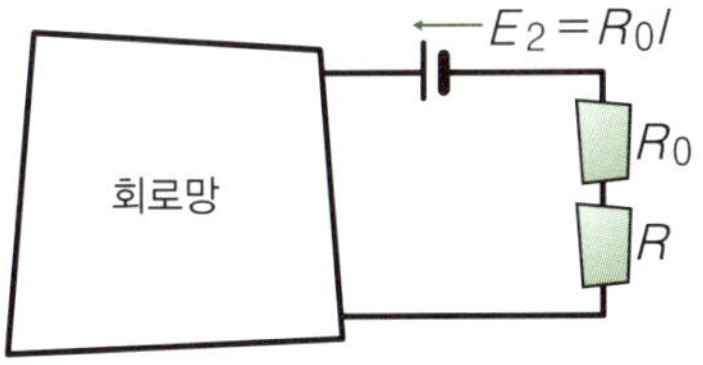

+

E_1을 부정하는 E_2(보상 기전력)를 넣으면 변화분을 구할 수 있다.
[보상의 정리]

$R + R_0$의 전체 전류

$R + R_0$의 전체 전류

09 셜록 홈즈(Sherlock Holmes) ··· 상반(가역)의 정리

상반(相反)의 정리는 가역(可逆)의 정리라고도 한다. 「상반」은 어려운 단어이므로 일반 사전에는 실려있지 않을 수도 있다. 간단히 말하면 「역관계에서 동일한 것」이라는 뜻이고 수학적으로는 역수의 의미가 있다. 상호 인덕턴스와 비슷하다. 예를 들면 두 사람 A와 B가 있고 A는 B를 범인이라고 생각하고 반대로 입장을 바꾸어 B는 A를 범인이라고 생각하고 있는 것과 같은 상황이다.

그러므로 회로에서는 가지 A에 기전력 E를 넣어 가지 B로 전류 I가 흘렀다고 하면, 반대로 가지 B에 기전력 E를 넣으면 가지 A로 전류 I가 흐른다는 말이다.

이 정리도 옴의 법칙과 키르히호프의 법칙에서 유도되는데 그 과정은 약간 복잡하다. 그래서 그림과 같은 휘트스톤 브리지의 평형조건을 충족시키는 경우를 생각한다. 평형을 이루고 있기 때문에 중앙에 있는 저항 R_G의 전류 I_G는 0이다. 그러면 이 회로를 휙 뒤집어 보자. 그리고 R_G로 기전력을 이동하더라도 저항 r에 흐르는 전류는 0이다. 이것은 브리지의 평형조건 $R_1R_3=R_2R_4$가 원래의 회로에서 성립하면 뒤집은 회로에서도 성립하기 때문에 당연하다. 속았다고 생각하는 사람도 있겠지만 속은 것이 아니다. 이것도 상반정리의 일부이다.

즉 「기전력이 없는 회로망 중의 어느 가지 A에 기전력 E를 넣었을 때 가지 B에 흐르는 전류 I_2는 반대로 같은 기전력을 가지 B에 넣었을 때 가지 A에 흐르는 전류 I_1과 같다.」는 말이다.

네가 범인이다!

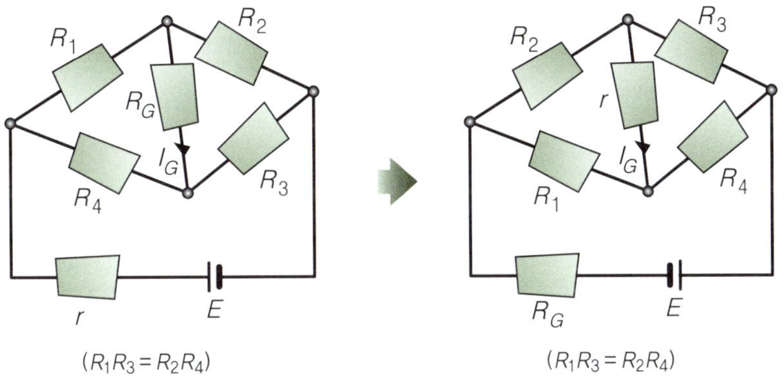

R_1
R_2
R_G
I_G
R_4
R_3
r
E
$(R_1 R_3 = R_2 R_4)$

R_2
R_3
r
I_G
R_1
R_4
R_G
E
$(R_1 R_3 = R_2 R_4)$

휙 뒤집혀질 때까지
잘 생각해 보자.

R_G

R_G가 있는 곳에 기전력을
가져가 보면 알기 쉽다.

10 같을 때가 가장 행복하다 … **최대전력의 정리**

수학적으로 최대 최소는 다음과 같이 정리된다.

① 두 수 x, y의 합 S가 주어질 때 그 두 수의 곱이 최대가 되는 것은 두 수가 서로 같을 때이다.

② 두 수 x, y의 곱 K가 주어질 때 그 두 수의 합이 최소가 되는 것은 두 수가 서로 같을 때이다.

이것만으로는 좀 이해하기 어려우므로 구체적으로 전력에 대해 생각해 보자. 전압 E의 내부저항 r의 전원에 부하저항 R을 연결할 때 그 부하의 소비전력이 최대가 되는 조건을 생각한다. 부하의 전력 $P=I^2 R$이고 전류 $I=E/(r+R)$로부터 전력식을 구할 수 있다.

이 분수식이 최대가 되는 R을 생각한다. 분수식의 분자는 E^2이고 일정하기 때문에 분모가 최소이면 전력 P는 최대가 된다. 분모에 대해 R과 r^2/R의 곱 r^2은 일정하다. 그러므로 그 합 $(R+r^2/R)$이 최소로 되는 것은 그 두 수가 같을 때, 즉 $R=r^2/R$일 때이다. 여기서 $R=r$일 때 전력은 최대이고 그 값은 $P=E^2/4r$이 된다.

이것을 정리하면 「기전력 E, 내부저항 r의 전압원에서 끄집어 낼 수 있는 최대전력은 $E^2/4r$이고 부하저항이 r과 같을 때이다.」이고, 이것을 최대전력의 정리라고 한다. 예를 들어 「케이크를 두 사람이 공평하게 나눌 경우 두 사람 모두에게 같은 크기(절반씩)의 케이크가 배분됐을 때 싸우지 않고 두 사람 모두 가장 행복하다.」라고 말하는 것과 비슷하다.

부하저항 R과 전원측이 저항 r과 리액턴스 x로 이루어지는 임피던스일 경우에는 그 절대치 $|\dot{Z}|$과 부하저항 R이 같을 때 이 법칙이 성립한다. 이 경우 임피던스 Z은 부하저항 R의 단자에서 본 전원측의 전체 합성임피던스를 사용한다.

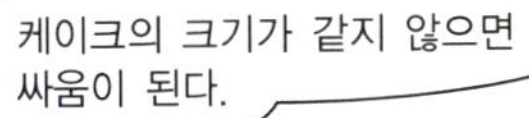

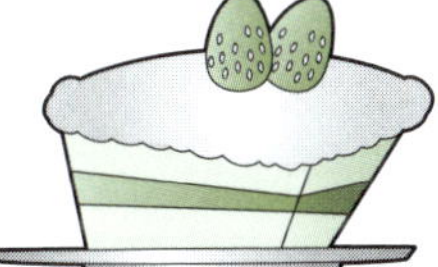

$$P = I^2 R$$

$$= \frac{E^2 R}{(r+R)^2}$$

$$= \frac{E^2}{\dfrac{r^2}{R} + 2r + R}$$

$$R \times \frac{r^2}{R} = r^2 = \text{일정}$$

$(R + \dfrac{r^2}{R})$ 이 최소로 되면 P는 최대가 된다.

따라서 $R = \dfrac{r^2}{R}$ $\therefore R = r$이면 최대

이때, $P = \dfrac{E^2 R}{(2R)^2} = \dfrac{E^2}{4R} = \dfrac{E^2}{4r}$

※ r이 $\dot{Z} = r + jx$이면, $R = Z = \sqrt{r^2 + x^2}$ 일 때 최대

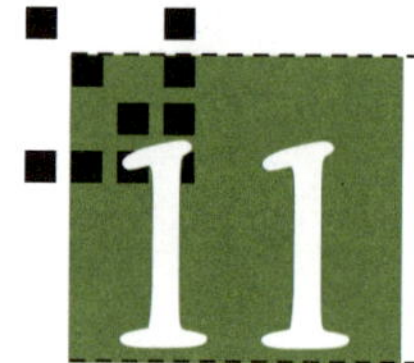 11 낮의 반대는 밤 … 회로계산의 상대성

전압과 전류의 관계는 옴의 법칙으로 나타내는데, 컨덕턴스 $G=1/R$을 사용해서 $E=RI$ 를 $I=E/R=EG$라고 표현해도 같은 의미이다. 이와 같이 옴의 법칙에서는 $R \Leftrightarrow G$, $E \Leftrightarrow I$, $I \Leftrightarrow E$로 교환할 수 있다. 이와 같은 관계를 상대성이라고 한다. 마치 지구의 낮과 밤의 관계와 같다.

상대적인 관계에는 다음과 같은 것이 있다.
① 전압 $E \Leftrightarrow$ 전류 I
② 전류 $I \Leftrightarrow$ 전압 E
③ 저항 $R \Leftrightarrow$ 컨덕턴스 G
④ 임피던스 $Z \Leftrightarrow$ 어드미턴스 Y
⑤ 직렬 $\Leftrightarrow$ 병렬
⑥ 병렬 $\Leftrightarrow$ 직렬
⑦ 단락 $\Leftrightarrow$ 개방
⑧ 개방 $\Leftrightarrow$ 단락

그리고 한쪽이 성립하는 정리나 일정한 관계는 상대적인 관계에 대해서도 성립한다. 그러므로 통상 회로계산은 전압이 일정한 것으로 보고 전류를 계산하는데, 전류가 일정하다고 보고 전압을 계산하는 방법도 있다. 이것을 각각 전압원, 전류원이라고 부른다.

상반의 정리에서는 우선 가지 A에 기전력 E를 삽입했을 경우 다른 한쪽 가지 B의 전류 I에 대해 가지 B에 기전력 E를 삽입하면 맨 처음 가지 A의 전류가 I로 된다는 말이었다. 이에 대해 우선 한쪽의 가지 A에서 전류 I가 유입됐을 경우 다른 한쪽 가지 B의 전위차 E에 대해 가지 B로 전류 I를 유입시키면 맨 처음 가지 A의 전위차는 E가 된다. 이때 전압원은 전류원으로, 직렬은 병렬로, 그리고 단락은 개방으로 되어 있다.

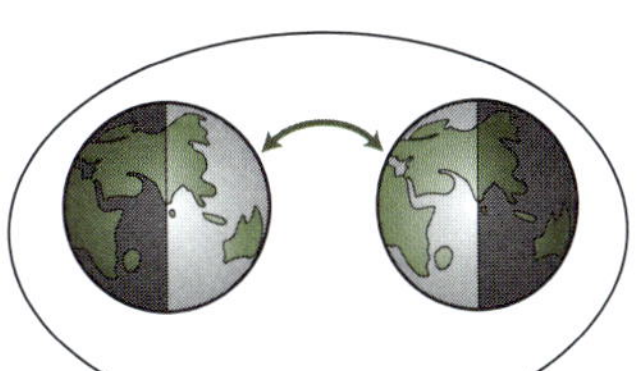

구분	저항 R	컨덕턴스 G
옴의 법칙	$E = RI$	$I = GE$
직렬	$R = R_1 + R_2$	$G = \dfrac{G_1 G_2}{G_1 + G_2}$
병렬	$R = \dfrac{R_1 R_2}{R_1 + R_2}$	$G = G_1 + G_2$

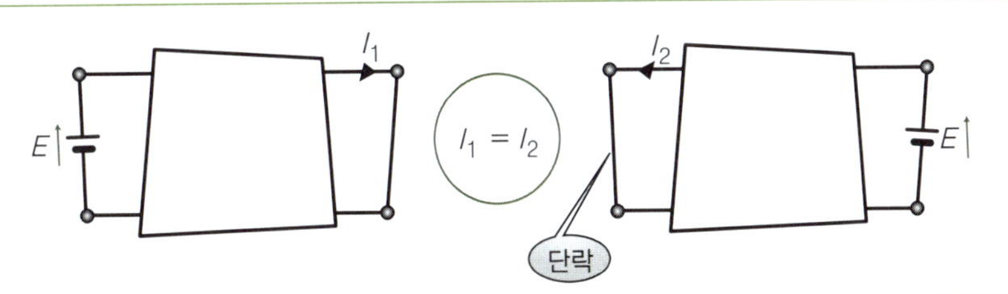

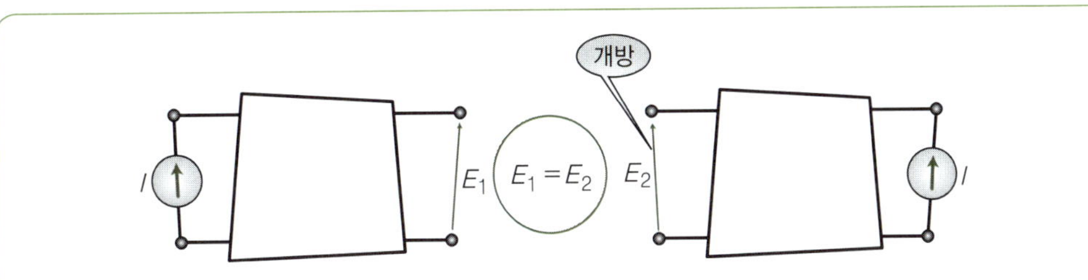

12 접기도 하고 잇기도 하고 … 대칭회로

전류와 전류분포 등 외부에 미치는 영향이 같은 2개의 회로를 등가(等價)라고 하고 이와 같은 회로나 저항을 등가회로, 등가저항이라고 한다. 합성저항을 구하는 것도 일종의 등가 저항을 구하는 것이다. 그리고 이와 같이 구하는 것을 등가변환이라고 한다.

회로계산을 간단히 하거나 테브난 정리를 사용할 때에는 몇 개의 저항으로 성립된 회로의 등가저항을 구할 필요가 있다. 키르히호프의 법칙을 적용하지 않더라도 등가저항을 구할 수 있는 방법이 있으므로 몇 가지를 소개한다.

그림 ①을 잘 보자. ab간에 좌우 대칭으로 되어 있다. 이와 같을 경우 ab를 잇는 선으로 회로를 꺾어 접어서 합성저항을 구할 수 있다. 계속 접어보자. 그리고 전류분포도 좌우 대칭이므로 분기할 때마다 전류를 1/2로 해 가면 간단히 구해진다.

그림 ②는 입체적이어서 잘 꺾어 접히지 않을 것 같다. 하지만 ab를 잇는 선이 대상임을 알 수 있다. 이 경우에도 전류분포는 대상이 된다. a점에서는 가지가 3개 나와 있기 때문에 전체 전류를 I라고 하면 각 가지에는 1/3씩 흐르게 된다. 그러므로 전류분포에서 볼 때 전위가 바뀌지 않는 점은 떨어져 있어도 연결된다. 그러면 cde와 fgh를 각각 동(同)전위로서 묶을 수 있다. 이렇게 해서 결국은 간단한 회로가 된다. 대칭 회로는 인간사회와 비슷하다. 떨어져 있어도 마음이 맞으면 맺어진다.

이와 같은 예는 별로 많지 않은데 대칭회로의 특징으로서 기억해 두자.

그림 ① 꺾어 접은 경우

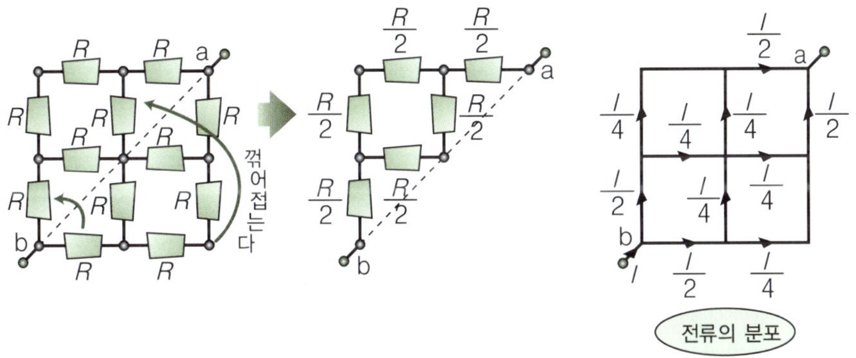

전류의 분포

그림 ② 동(同)전위를 잇는 경우

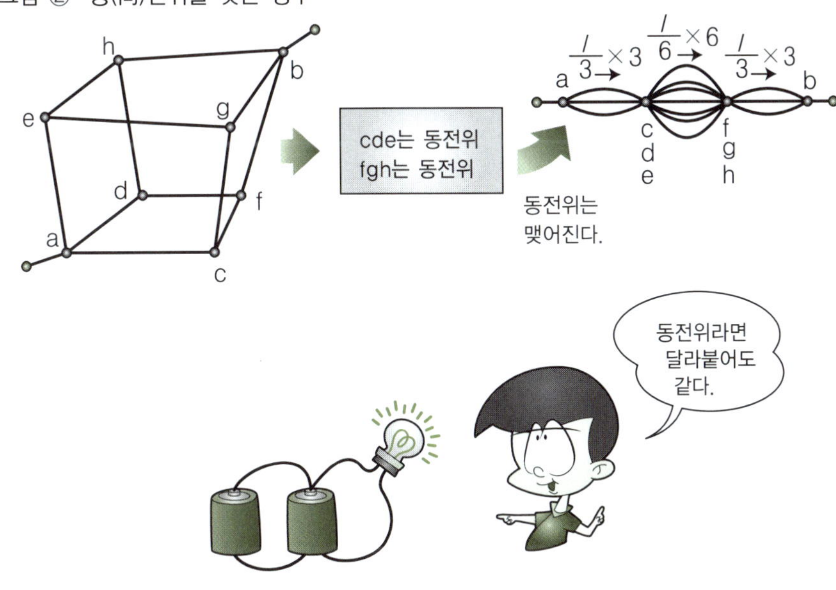

 13 비밀공개 … △−Y 변환

키르히호프의 법칙을 설명한 부분에서 옴의 법칙으로 저항을 구할 수 없는 예를 설명했다. 사실 △형 회로가 포함되어 있으면 직렬·병렬의 계산만으로는 등가저항을 산출하기가 어렵다. 이 경우 단자 abc에서 본 조건을 등가인 Y 회로로 변환할 수 있다면 직렬·병렬을 계산할 수 있고 계산도 아주 간단해진다.

△에서 Y로 변환할 때는 각각 단자 간의 합성저항을 내고 그것으로 방정식을 푸는 것처럼 R_a, R_b, R_c를 구한다. 이것을 푸는 과정은 좀 길므로 그 결과만 오른쪽 그림에 써 둔다. 전문서적에는 기억하기 쉽게 「Y 접속 각 상(相)의 저항(예를 들면 R_a)은 그 저항을 사이에 둔 △접속 양(兩)저항의 곱을 △저항 3변의 합으로 나눈 것」이라고 적혀 있다.

아니, 이것도 기억하지 못하겠다는 사람이 있을 지 모른다(외워도 잊어버리기 쉬운 공식이다). △−Y 변환은 여러모로 용도가 있으므로 외워두길 바라며 특별히 외우는 비법을 소개한다. 이 방법은 정도(正道)가 아니므로 은밀히 해 두자.

우선 그림과 변환식을 잘 살핀다. R_a를 사이에 둔 형에 r_a와 r_c가 있다. 그리고 r_a와 r_c는 병렬로 되지 못하고 그 사이에 r_b가 끼어 들어가 있다. 그러므로 r_a와 r_c 병렬저항식의 분모에 r_b가 끼어 들어가 있다고 외우자. 놀랍게 앞에 나온 식으로 되어 있다.

식에서 알 수 있듯이 접속 3변의 저항이 같을 경우 Y 접속의 R은 $r/3$이 된다. 이것이야말로 r을 3개 병렬저항으로 했을 경우의 합성저항과 같다.

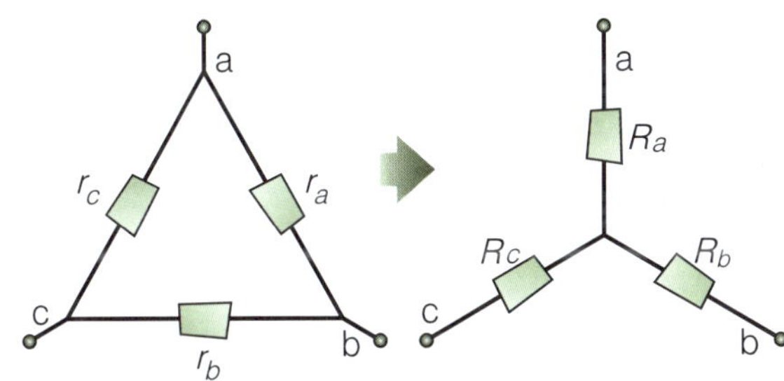

$$R_a = \frac{r_a \, r_c}{r_a + r_b + r_c}$$

$$R_b = \frac{r_b \, r_a}{r_a + r_b + r_c}$$

$$R_c = \frac{r_c \, r_b}{r_a + r_b + r_c}$$

비밀의 암기법

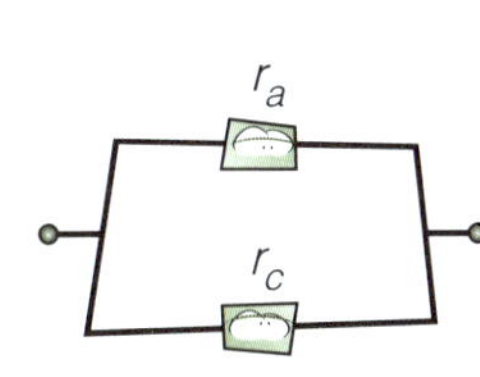

병렬저항은

$$R_a = \frac{r_a \, r_c}{r_a + r_c}$$

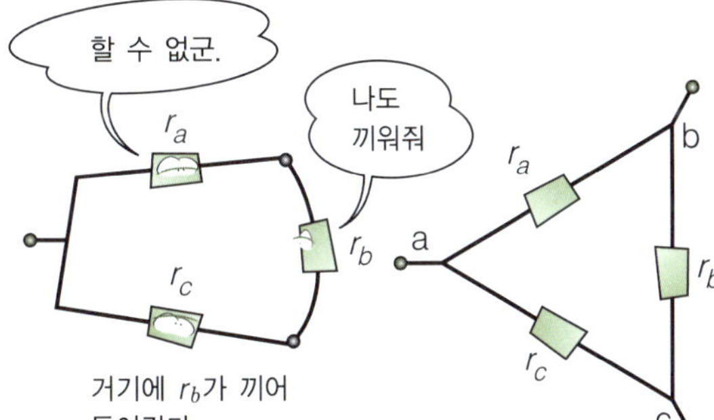

거기에 r_b가 끼어
들어갔다.

할 수 없지!
분모에라도 끼워줄까?

$$R_a = \frac{r_a \, r_c}{r_a + r_b + r_c}$$

14 상대성을 사용하자 … Y−△ 변환

△−Y 변환을 한 다음에는 반대로 Y−△ 변환을 해 보자. △−Y 변환을 할 때와 마찬가지로 r_a, r_b, r_c를 구하면 되는데 이것을 해결하려면 시간이 걸린다. 본래 직렬·병렬계산으로 풀 수 없어 간단히 한 것을 원래의 어려운 형태로 하기 때문에 힘들다. 그 결과를 보면 무엇인가를 닮은 느낌이 들기도 하지만 여전히 복잡하다.

사실 Y−△ 변환은 상대성을 사용해서 생각하면 간단히 이해할 수 있다. 즉 저항 R대신에 컨덕턴스 G를 사용한다. 그러면 Y−△ 변환의 g값은 △−Y 변환의 r이 있는 곳을 G로 치환하면 구할 수 있다. 단, 분모의 $r_a r_c$는 $G_A G_B$로 둔다. 그리고 $R = 1/G$로 하면 저항값으로 변환할 수 있다. 그림 안에 푸는 과정도 기록했듯이 아주 간단한 계산이다. 그러므로 △−Y 변환식만 기억하면 된다. 일단 정확하게 계산한다.

이것으로 Y−△ 변환과 △−Y 변환이 구해졌다. 계산실력은 실제로 많이 계산해 보는 것이 최선이다.

끝으로 등가저항을 구하는 방법을 정리한다.
회로의 특징에 따라 구분해서 사용한다.
① 옴의 법칙에 따라 직렬·병렬 계산을 한다.
② 브리지의 평형조건을 사용할 수 있는 지 체크한다.
③ 회로의 대칭성을 사용할 수 있는 지 체크한다.
④ △−Y 변환을 한다.
⑤ 키르히호프의 법칙을 사용한다.

$$R_a = \frac{r_a\, r_c}{r_a + r_b + r_c}$$

$$g_a = \frac{G_A\, G_B}{G_A + G_B + G_C}$$

$r_a = \dfrac{1}{g_a}$ 이므로

$$r_a = \frac{G_A + G_B + G_C}{G_A\, G_B}$$

$$= \frac{\dfrac{1}{R_A} + \dfrac{1}{R_B} + \dfrac{1}{R_C}}{\dfrac{1}{R_A}\dfrac{1}{R_B}}$$

$$= \frac{R_A R_B + R_B R_C + R_A R_C}{R_C}$$

쉬어가기

제 4 장

3상 교류회로

마침내 주인공이 등장한다. 사실 전기회로에서는 3상 교류회로의 활약이 크다. 3상 교류는 정현파 교류가 발전된 형이므로 결코 어렵지 않다. 그리고 정현파 교류에는 없던 뛰어난 여러 가지의 성질이 있다. 대형 발전소, 철탑의 전선, 모터에는 모두 3상 교류가 사용되고 있다. 본 장에서 3상 교류의 성질을 차분하게 음미해 보자.

01 3상 교류의 수수께끼 … 대칭 3상 교류회로

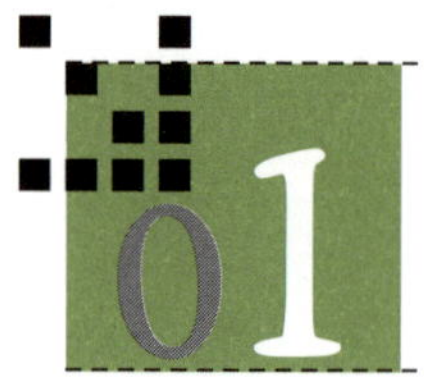

단상 교류는 단일 교류 전원에 대해 생각했다. 이에 대해 주파수가 동일하고 위상이 다른 기전력이 접속되어 있는 교류방식을 다상 교류방식이라고 한다. 그 중에서 전력회사의 발전소나 송전선, 배전선 등에 사용되고 있는 방식은 3상 교류방식인데 이 방식은 기전력이 3개 있고 다상 교류를 대표한다.

3상 교류에서 각각의 기전력 크기가 같고 서로 이웃한 위상차가 모두 같은 경우를 대칭 3상 교류라고 한다. 기전력이나 위상차가 같지 않을 경우에는 비대칭 3상 교류라고 하는데 여기서는 대칭 3상 교류회로에 대해 그 성질을 차례로 살펴보기로 한다. 아울러 2상 교류에 대해 생각해 보면, 크기가 같고 위상차가 $90°$일 경우에는 $[90°+270°]$로 되어 위상차가 같지 않으므로 비대칭 종류로 들어가고, 위상차가 $180°$일 경우에는 $[180°+180°]$로 되어 대칭을 이룬다.

① **3상 교류의 위상차**

그러면 3상 교류의 위상차를 생각해 보자. 원래 교류전압은 정현파 교류를 소개하는 곳에서 설명했듯이 코일의 회전으로써 발생한다. 코일의 1회전은 $360°$ 즉 $2\pi[\text{rad}]$로 원래의 장소로 돌아가기 때문에 이것이 반복된다. 따라서 2π 중에서 서로 이웃한 위상차가 같으려면 $360 \div 3 = 120°$ 즉 $2\pi/3[\text{rad}]$가 각 상 간의 위상차로 된다.

② **3상 교류의 접속**

3상 교류의 기전력과 부하(임피던스)를 접속하는 방법에는 별형(Y형·스타형)과 환상형(△형·델타형)으로 이 두 종류가 있다. 3상 교류에서도 Y와 △가 나온다.
이제부터가 재미있다.

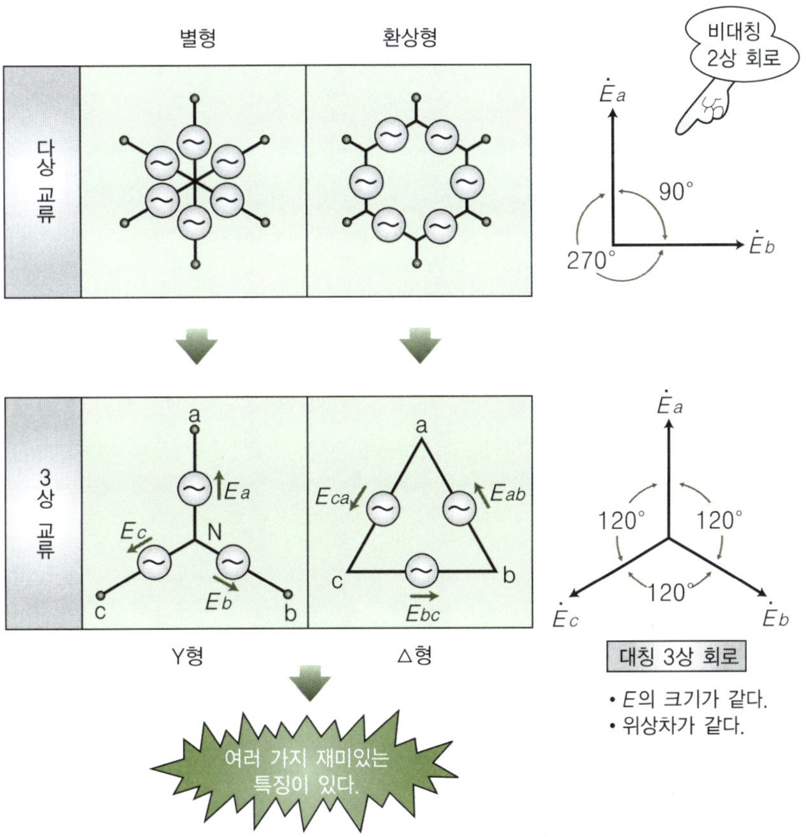

별형　　　　　　환상형

다상 교류

3상 교류

02 새롭게 등장 … 벡터 오퍼레이터 a

3상 교류전압에 대해 생각해 보자. 3상 기전력을 각각 E_a, E_b, E_c라고 하면 그 순시값의 차례는 위상차에 따라 abc의 순서로 나타난다. 즉 b는 a보다 $120°$ 늦고 c는 b보다 $120°$ 늦다. 그리고 외관상 a는 c보다 $120°$ 늦다. 그래도 기준을 a로 하고 나머지는 모두 위상이 뒤쳐져 있다고 생각하는 편이 낫다. 이것을 상순(相順, Phase sequence) 또는 상(相)회전 방향이라고 한다.

a상을 기준으로 해서 벡터도를 그려보자. 각 상 간의 위상차는 $2\pi/3$[rad]$(120°)$이므로 앞에 소개한 벡터도와 같다. 이때 전압의 크기를 1로 하고 벡터도를 살펴보자. 각각 $120°$ 씩 변화하고 있다. 그러고 보면 j는 벡터의 위상이 $90°$씩 나아가게 하는 작용을 했다. 마찬가지로 이 벡터도를 $120°$씩 변화시키는 작용자를 생각해서 이것을 a라고 한다. 상순을 상회전이라고 했는데 상순은 뒤에 설명하는 바와 같이 회전 벡터를 말한다. 작용자 a는 정지 스펙트럼상에서 표시하는 방법이고 j의 회전과 마찬가지로 시계 반대방향의 회전을 생각한다.

그러면 j와 마찬가지로 a를 곱하면 벡터가 $120°$ 진행(지연으로 표시하면 $240°$ 늦어짐)하고, a를 또 다시 곱해서 자승으로 하면 $240°$ 진행(지연으로 표시하면 $120°$ 늦어짐)된다. a 를 또 다시 곱해서 3승으로 하면 1로 돌아간다. 이 a를 벡터 오퍼레이터라고 부른다.

그리고 a는 $a = e^{j2\pi/3}$이라고 지수함수로 나타낼 수 있다. 그러므로 a로 나누면 위상이 $120°$ 늦어진다.

그리하여 크기 1의 3상 교류를 1, a^2, a로 표시할 수 있었다. 크기가 E라면 1, a^2, a에 E 를 곱하면 된다. 그리고 $1 + a^2 + a$ 즉, 이 3가지를 더하면 벡터는 0이 된다.

벡터 오퍼레이터 a는 벡터에 달라붙는다.

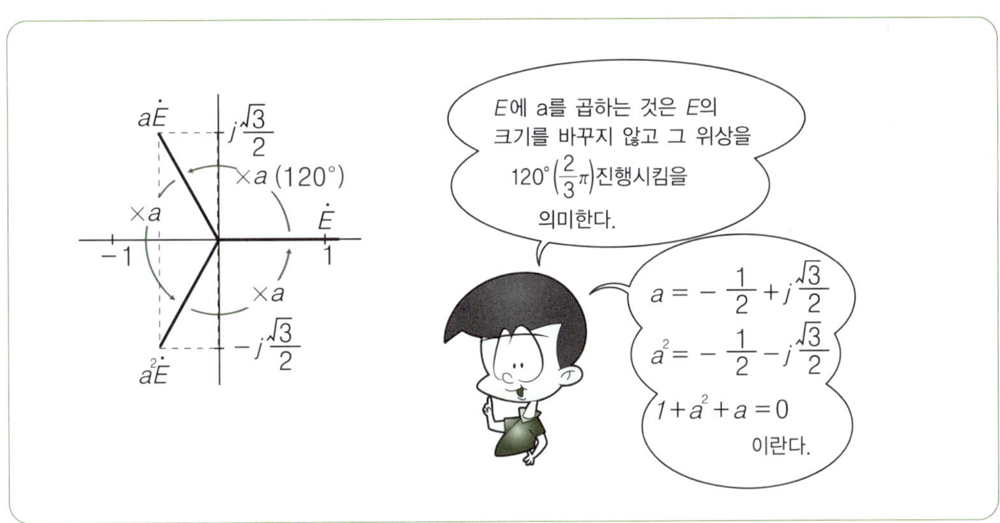
E에 a를 곱하는 것은 E의 크기를 바꾸지 않고 그 위상을 $120°\left(\dfrac{2}{3}\pi\right)$ 진행시킴을 의미한다.

$a = -\dfrac{1}{2} + j\dfrac{\sqrt{3}}{2}$
$a^2 = -\dfrac{1}{2} - j\dfrac{\sqrt{3}}{2}$
$1 + a^2 + a = 0$
이란다.

03 앞서기도 하고 뒤쳐지기도 하고 ··· 3상 전압과 전류와의 관계

기전력이 Y 결선일 경우의 3상 교류전원을 생각해 보자. 이때 각 상의 전압을 상전압이라고 하고 a, b, c 단자 간의 전압을 선간전압이라고 한다.

상전압과 선간전압과의 관계는 그림에 나타내는 바와 같이 각 상의 벡터적인 뺄셈이 된다. 즉 $\dot{V}_{ab} = \dot{E}_a - \dot{E}_b$이다. V_{ab}의 소문자 ab와 뺄셈의 관계를 잊지 않도록 한다. 선간전압은 벡터도와 같이

$$\text{선간전압} = \sqrt{3} \times \text{상전압}$$

이 되고 각 선간전압의 위상은 각 상전압보다도 30° $(\pi/6)$ 진행하고 있음을 알 수 있다. 그리고 이것은 전압 V_{ab}의 상전압을 △ 결선하고 대칭 3상회로와 등가(회로적으로 같다는 말이다)이다.

다음은 △ 결선된 대칭 3상 부하에 대칭 3상 전압을 인가했을 때의 전류를 생각해 보자. 각 상의 전류는 키르히호프의 제2법칙으로 간단히 구할 수 있다. 그리고 대칭 3상 부하이므로 각 상의 전류 즉, 상전류도 각각 120° $(2\pi/3)$의 위상차를 갖고 있다.

그리고 각 선의 전류, 즉 선전류는 키르히호프의 제1법칙에 의해 각 상전류의 벡터적인 뺄셈이 된다. 다시 말하면 a점에서는 $\dot{I}_a = \dot{I}_{ab} - \dot{I}_{ca}$가 된다. 따라서 벡터도에서

$$\text{선전류} = \sqrt{3} \times \text{상전류}$$

가 되고 각 선전류의 위상은 각 상전류보다도 30° $(\pi/6)$ 지연되고 있음을 알 수 있다.

그러면 전원이 Y결선이고 부하가 △결선일 때의 전압과 전류의 관계는 어떻게 될까?

다음은 그것들에 대해 차례로 생각해 보자.

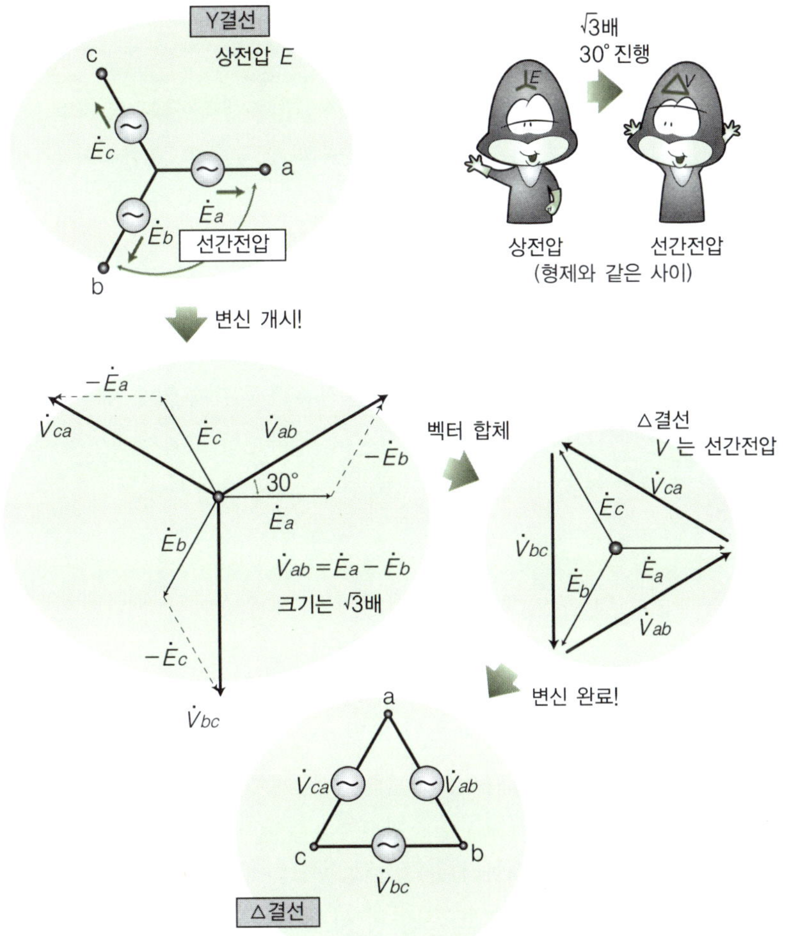

Y결선
상전압 E
c
$\dot{E}c$
a
$\dot{E}a$
$\dot{E}b$
선간전압
b
√3배
30° 진행
E
V
상전압
선간전압
(형제와 같은 사이)
변신 개시!
$-\dot{E}a$
$\dot{V}ca$
$\dot{E}c$
$\dot{V}ab$
$-\dot{E}b$
30°
$\dot{E}a$
$\dot{E}b$
$\dot{V}ab = \dot{E}a - \dot{E}b$
크기는 √3배
$-\dot{E}c$
$\dot{V}bc$
벡터 합체
△결선
V 는 선간전압
$\dot{V}ca$
$\dot{E}c$
$\dot{V}bc$
$\dot{E}b$
$\dot{E}a$
$\dot{V}ab$
변신 완료!
a
$\dot{V}ca$
$\dot{V}ab$
c
b
$\dot{V}bc$
△결선
크기 √3배, 위상 30° 진행
(전류의 경우) 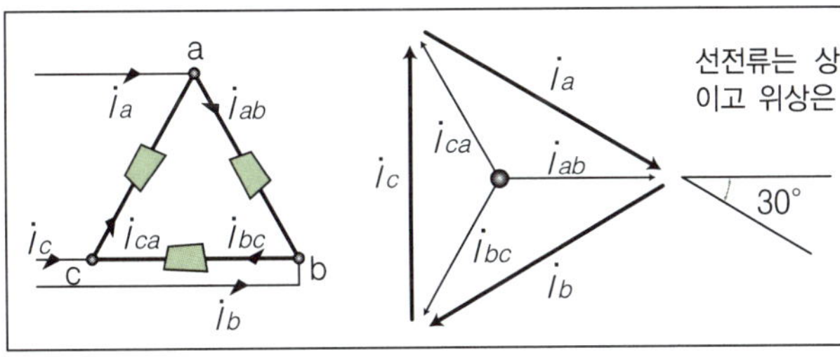
a
$\dot{I}a$
$\dot{I}ab$
$\dot{I}c$
$\dot{I}ca$
$\dot{I}bc$
c
b
$\dot{I}b$
$\dot{I}a$
$\dot{I}ca$
$\dot{I}ab$
$\dot{I}c$
$\dot{I}bc$
$\dot{I}b$
30°
선전류는 상전류의 √3배 크기
이고 위상은 30° 뒤쳐져 있다.

 이상하고 편리하다 … Y형 전원, Y형 부하

대칭 3상 회로에서 Y형 전원과 Y형 부하의 조합에 대해 생각한다. 점 N과 N′를 연결하는 회로를 생각해 보자. 키르히호프의 법칙으로부터 단상 교류의 조합이라는 것을 한눈에 알 수 있다.

그러면 N－N′의 전류를 구해 보자. 키르히호프의 법칙으로부터 상전류 $\dot{I}_a$, $\dot{I}_b$, $\dot{I}_c$를 덧셈하면 된다. 대칭 3상 회로이므로 $\dot{I}_a$, $\dot{I}_b$, $\dot{I}_c$는 크기가 같고 위상이 120° 씩 떨어져 있다. 즉 벡터 오퍼레이터를 소개하는 곳에서 설명했듯이 3개를 합하면 0이 된다.

다시 말하면 N－N′에는 전류가 흐르지 않는다. 전류가 흐르지 않으면 전선도 필요없다. 이러한 특징 때문에 전력회사의 발전소나 송전선 등에서 3상 교류방식이 사용되고 있다. 비대칭에서는 이렇게 되지 않는다(이에 관한 이야기는 뒤에 설명한다).

이때

$$선간전압 = \sqrt{3} \times 상전압(30° 진행)$$
$$선전류 = 상전류$$

가 되어 선간전압에 비해 선전류는 30° 지연된 형이 된다.

다음은 전원이 Y결선이고 부하가 △결선일 때 그 전압과 전류의 관계를 생각해 보자. 선간전압은 상전압보다 30° 진행되어 있고 그 전압이 각 부하에 가해진다(상전압이 아니라 선간전압이 인가되는 점에 주의한다). 선간전압과 동상의 상전류가 흘러 상전류가 30° 지연된 선전류로 된다. 즉 선간전압보다 30° 지연된 선전류이다. 선간전압은 상전압보다 30° 진행돼 있기 때문에 우선 30° 진행하고 다음에 30° 늦으면 결국은 동상(同相)이 된다. 이와 마찬가지로 전류의 크기는 선간전압이 $\sqrt{3}$배이고 선전류도 $\sqrt{3}$배이므로 $\dot{I}_a = 3\dot{V}_a/\dot{Z}$이 된다. 이것은 $\dot{Z}/3$의 부하를 Y결선한 것과 같다. 즉 선전류를 구할 경우 △결선부하는 $\dot{Z}/3$의 부하를 Y결선한 것과 등가라 할 수 있다.

$$\begin{bmatrix} \dot{I}_a + \dot{I}_b + \dot{I}_c = 0 \\ \text{따라서 } I_n = 0 \end{bmatrix}$$

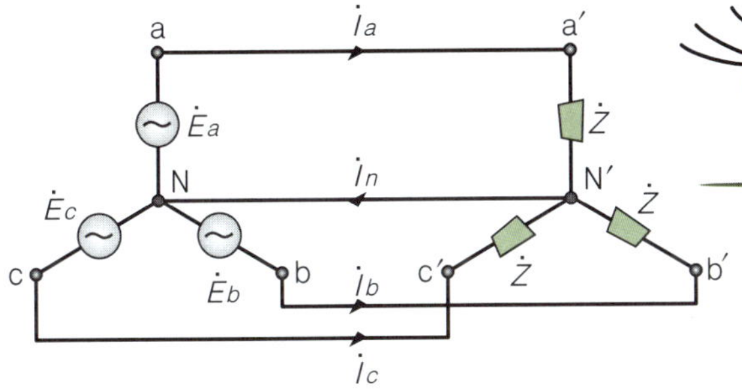

선전류는 선간전압보다 30° 더 지연된다.

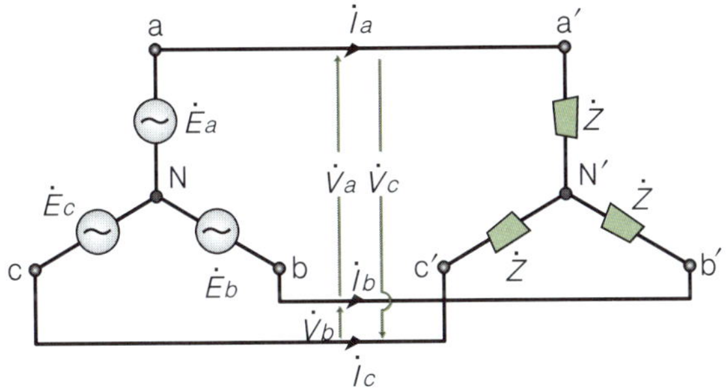

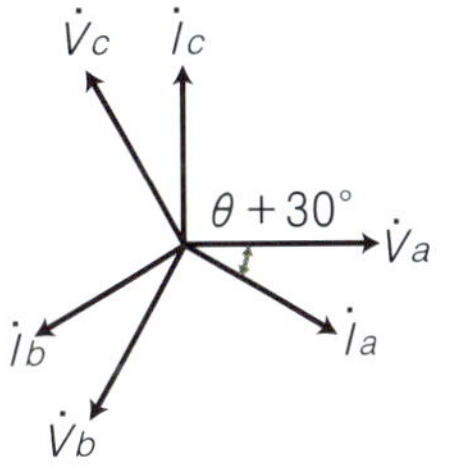

[△형 부하는 $\dfrac{\dot{Z}}{3}$의 Y형 부하와 등가이다]

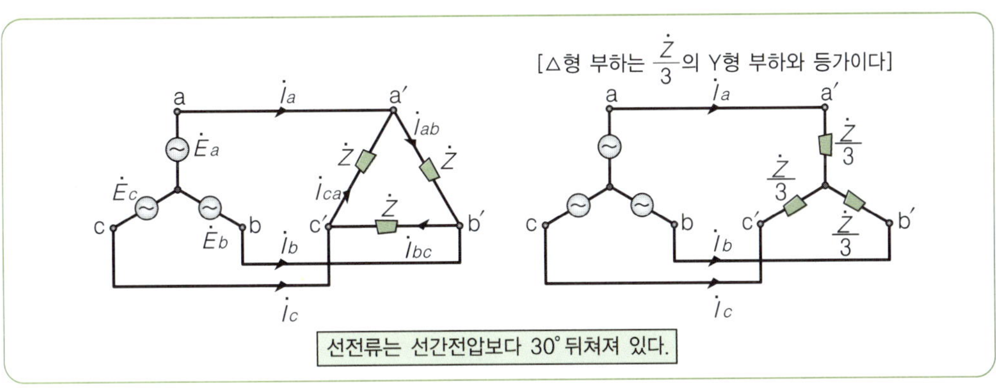

선전류는 선간전압보다 30° 뒤쳐져 있다.

 05 아주 간단하다 … △전원의 경우

그러면 대칭 △형 전원에 대칭 Y형 부하를 연결하는 경우를 생각해 보자. 이제 간단히 풀 수 있을 것이다. △전원을 Y전원으로 변환하여 생각하면 된다. 즉 크기가 $1/\sqrt{3}$이고 위상이 30° 지연된 Y전원을 생각하면 된다. 벡터도를 잘 살펴 이해해 두자.

끝으로 △형 전원과 △형 부하에 대해 살펴보자. △와 Y의 조합은 이것으로 끝이다. 우선 상전류인데 키르히호프의 법칙으로부터 선간전압(＝상전압과 같다)을 그 상의 임피던스로 나누면 된다. 좀더 상세히 생각해 보자.

우선 전원과 부하를 각각 Y형으로 변환한다.

① 전원은 선간전압의 $1/\sqrt{3}$배이고 위상이 30° 지연된 상전압

② 부하는 $\dot{Z}/3$ 크기의 Y결선

Y−Y이므로 상전류＝선전류이다. 따라서 선전류는 ①÷②이고 「크기 $\sqrt{3}$, 위상 30° 지연」이 된다. 이것을 △부하의 상전류로 변환하면 「선전류는 상전류의 $\sqrt{3}$배이고 30° 지연」의 반대로 되기 때문에 「크기 $1/\sqrt{3}$, 위상 30° 진행」이 된다. 따라서 「크기 $\sqrt{3}$, 위상 30° 지연」인 것을 「크기 $1/\sqrt{3}$, 위상 30° 진행」으로 하기 때문에 결국은 크기도 위상도 원래로 돌아가 버린다.

즉 △−△회로에서는 단순히 각 부하에 가해지고 있는 상전압을 그 상의 임피던스로 나누면 된다. 차례로 생각해 보면 아주 간단하다.

3상 교류회로의 계산은 보통 선간전압과 선전류를 구하는 계산이 대부분이다. 그래도 이따금 상전압과 상전류에 대해서도 떠올리기 바란다.

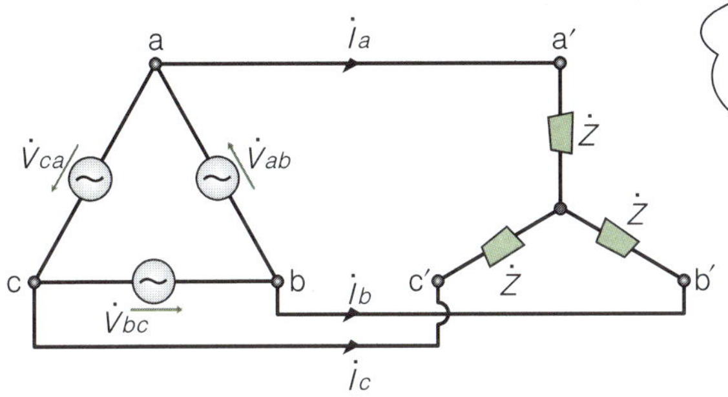

△형 전원을 Y형 전원으로 변환
① 상전압의 크기는 1/√3
② 위상은 30° 지연

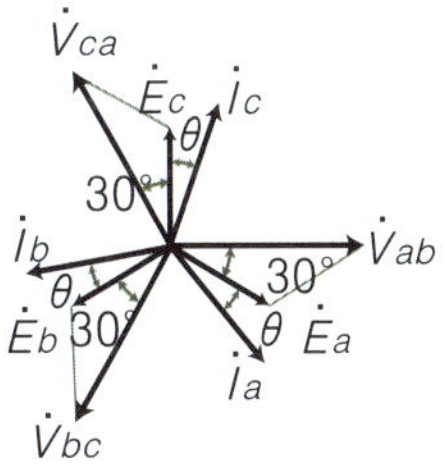

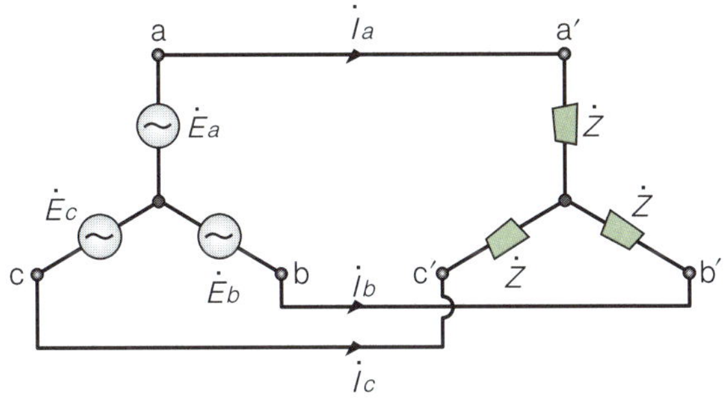

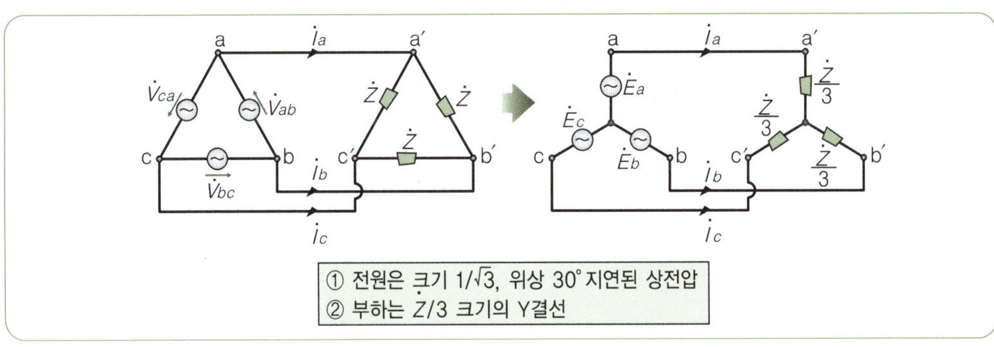

① 전원은 크기 1/√3, 위상 30° 지연된 상전압
② 부하는 $Z/3$ 크기의 Y결선

06 선전류로 구하는? … 3상 교류의 전력

    3상 교류는 단상 교류가 3개 결선된 것이기 때문에 그 전력은 각각의 단상 교류 전력 P_a, P_b, P_c를 인가한 것으로 된다. 단상 교류의 전력은 $P=VI\cos\theta$로 나타내고 V와 I는 실효값, $\cos\theta$는 역률, 전력 P는 평균전력 또는 유효전력임을 알아두자.

    이 방식은 일반적인 3상 교류의 경우, 즉 전원이나 부하가 대칭이 아닐 경우에도 성립한다. 그러면 전원도 부하도 대칭일 경우, 즉 대칭 3상 회로일 경우에는 어떨까? 이 경우 각 상의 실효값 E, 상전류의 실효값 I, 각 부하는 같으므로 다음과 같다.

$$P = 3 \times 상전압 \times 선전류 \times \cos(상전압과\ 상전류의\ 위상차)$$
$$= 3EI\cos\theta\ [\text{W}]$$

    그런데 대칭 3상 교류회로에서는 선간전압과 선전류를 사용하는 일이 많기 때문에 이것을 이용해서 전력을 나타내기로 한다.

  ① Y결선 : 상전압 $=1/\sqrt{3}\times$ 선간전압, 상전압 $=$ 선전류

  ② △결선 : 상전압 $=$ 선간전압, 상전류 $=1/\sqrt{3}\times$ 선전류

    그러므로 위의 식에 이 관계를 적용하면 Y결선일 경우에도, △결선일 경우에도

$$P = \sqrt{3} \times 선간전압 \times 선전류 \times \cos(상전압과\ 상전류의\ 위상차)$$
$$= \sqrt{3}VI\cos\theta\ [\text{W}]$$

로 되어 같은 결과가 나온다. 즉 선간전압과 선전류를 사용하면 결선방법은 염려하지 않아도 된다. 실제 선로에서는 선간전압과 선전류 쪽을 측정하기가 간단하다. 이것으로 3상 교류에 대한 계산이 훨씬 간단해졌다. 이 공식을 잘 기억하자.

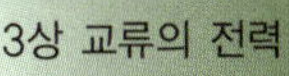

3상 교류의 전력

단상교류×3개
$P = 3EI\cos\theta$ [W]

선간전압과 선전류를 사용하면

3상 교류의 전력은
Y결선이든 △결선이든 선간
전압과 선전류를 사용하면
식이 같아진다.

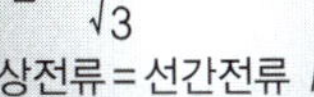

Y결선
$E = \dfrac{V}{\sqrt{3}}$
상전류 = 선간전류 I

△결선
$E = V$
상전류 = $\dfrac{\text{선간전류 } I}{\sqrt{3}}$

$P = 3 \times \dfrac{V}{\sqrt{3}} \times I \times \cos\theta$
$\quad = \sqrt{3}\, VI \cos\theta$

$P = 3 \times V \times \dfrac{I}{\sqrt{3}} \times \cos\theta$
$\quad = \sqrt{3}\, VI \cos\theta$

악수
$P = \sqrt{3}\, VI \cos\theta$

 07 모터의 요소 ··· **회전자계**

그림에 나타내는 바와 같이 자유롭게 회전할 수 있는 자석에 역시 자유롭게 회전할 수 있는 원통형 도체를 놓고 자석을 회전시키면 원통은 자석과 같은 방향으로 약간 늦게 회전한다. 이것은 유도전동기의 원리로, 자석이 회전함에 따라 그 안에 있는 자계도 회전하기 때문에 이것을 회전자계라고 한다.

자석 본체를 회전시키는 것은 쉬운 일이 아니고 또 실용적이지도 않다. 사실 이 회전자계를 발생시키려면 자석이 아니라 고정된 3상 권선에 3상 교류를 흘려보냄으로써 일으킬 수 있다.

전선에 전류를 흘려보내면 전류의 방향은 오른 나사가 나아가는 방향으로 되고 나사가 회전하는 방향으로 전류의 크기에 비례하는 자계가 발생한다. 이것을 「앙페르의 오른나사 법칙」이라고 한다. 그러면 코일 3개를 각각 120°씩 떨어져 배치하고 이 코일에 3상 교류전류를 흘려보낸다. 이때 코일 축(중심)에 생기는 자계는 각 전류의 순시값에 비례하기 때문에 전류와 마찬가지로 정현파로 변화한다. 그리고 코일 3개의 자계가 벡터로 합성되는데 이것을 합성자계라고 한다.

합성자계가 생기는 모습을 그림에 나타내는데 합성자계는 어떤 순간이든지 코일 1개가 만드는 최대 자계의 2/3배로 일정값이고 그 방향은 전류와 같은 일정 각속도 ω이며 코일에 흐르는 전류의 상순(相順, Phase sequence) 방향으로 회전한다. 이것이 회전자계이다.

이 속도를 동기속도 N이라고 하여 1분당 회전수로 표시한다. 전동기의 자극(磁極) 수는 전류가 유입해서 돌아오는 코일 1쌍에 대해 2극이 되고 속도는 주파수 f와 같기 때문에 극수를 p라고 하면 1분 간은 다음과 같이 나타낼 수 있다.

$$\text{동기속도 } N = \frac{120f}{p} \text{ [회/분]}$$

3상 교류는 전동기를 회전시키는 데 중요한 작용을 한다.

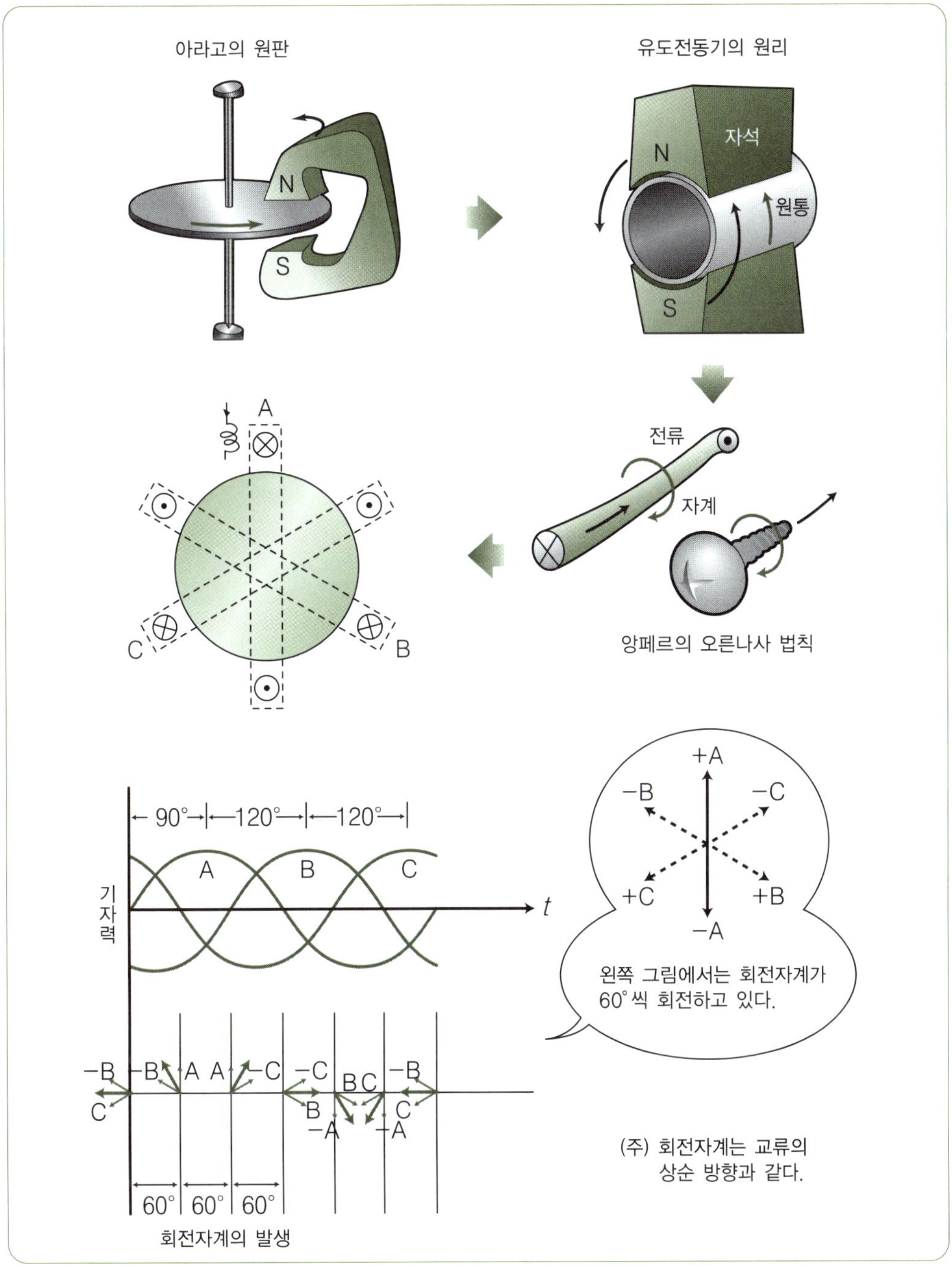

(주) 회전자계는 교류의
상순 방향과 같다.

 08 셰이딩(Shading)이란 무엇일까? ··· 단상 모터

3상 교류에서 회전자계가 생기는 것은 이해하기 쉽지만 단상 교류에서는 어떤가? 여러 가지의 방식이 있지만 우선 단상 교류에서 모터가 회전하는 원리부터 생각하자.

단상 교류에서 생기는 자계를 교번자계라고 하고 시간적으로 증감(增減)이 있을 뿐 모터가 회전을 시작하는 토크를 발생하지는 않는다. 그러나 이 교번자계를 벡터적으로 생각하면 서로 반대방향으로 회전하는 크기의 1/2인 회전자계로 나눌 수 있다. 따라서 정지상태에서는 시간이 아무리 흘러도 시동하지 않지만 외력에 의해 어떤 방향으로든지 시동해 주면 그 방향으로 동기속도 부근까지 가속하게 된다. 즉 단상 유도전동기는 자동 시동장치를 필요로 하며, 그 자동 시동장치에 따라 여러 가지의 종류가 있다.

① 셰이딩(일본어로 '쿠마도리'라고 함) 코일형

셰이딩(Shading)이란 무엇인가? 일본 프로레슬링에서 얼굴에 진한 화장을 한 선수가 있다. 그것을 쿠마(카부키에서 배우의 얼굴표정을 과장해서 분장할 때 청색, 홍색의 선을 그리는 것)라고 하고 활 모양으로 구부려 넣은 곳을 의미한다. 셰이드(Shade)는 섀도(Shadow)와 마찬가지로 그림자나 명암을 의미한다. 섀도 피칭이라고도 한다. 즉 통상적인 고정자[이것을 볼록(凸)극형이라고 한다]의 중심에서 벗어난 위치에 셰이딩 코일이라는 코일을 설치한다. 이 셰이딩 코일에서의 자속(磁束)은 주(主) 자속보다 늦기 때문에 이동자계가 발생하고 회전하기 때문에 토크가 발생한다.

② 콘덴서 시동형

주권선에 병렬로 시동권선(보조권선)을 설치하고 이 시동권선의 전류 위상을 콘덴서로 진행시켜 시동토크를 발생한다. 정격속도의 약 80[%] 정도가 되면 원심력 스위치로 시동권선을 분리한다. 콘덴서가 아니라 코일에 의한 방법도 있고 이것들을 총칭하여 분상(分相) 시동형이라고 한다.

단상 모터

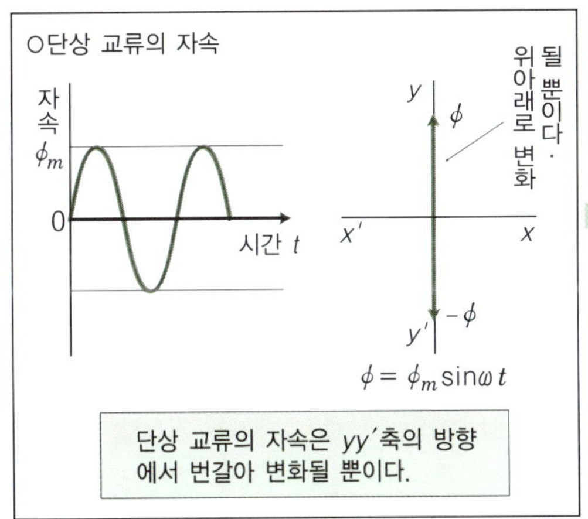

단상 교류의 자속은 yy'축의 방향에서 번갈아 변화될 뿐이다.

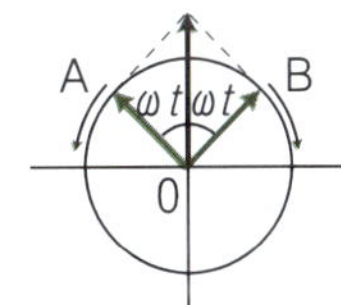

교번자속은 크기 $\phi_m/2$이고 반대방향으로 회전하는 회전자속으로 분해할 수 있다.

셰이딩 코일형

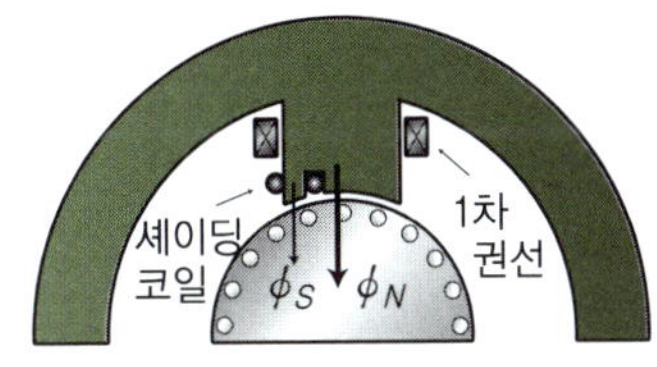

ϕ_N ···· 주자속
ϕ_S ···· 셰이딩 코일의 자속

콘덴서 시동형

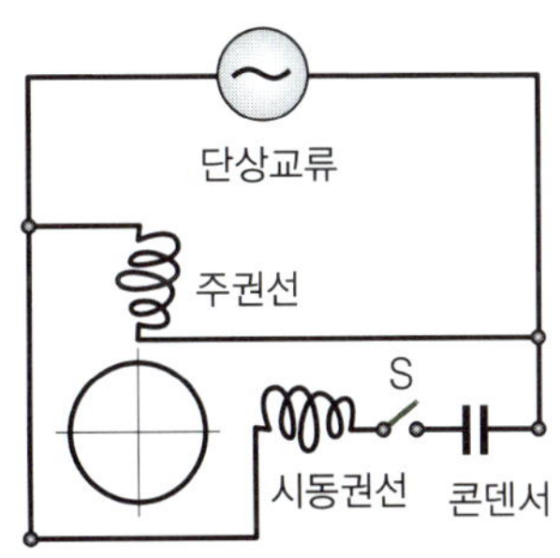

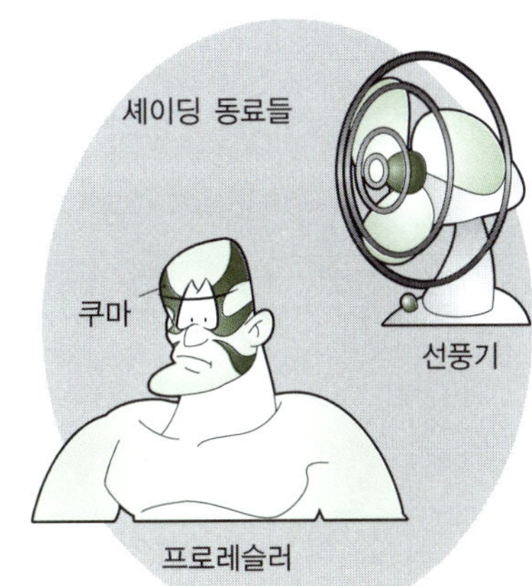

쉬어가기

제5장

전기회로 上급

전기회로는 3상 교류로 만족하면 안 된다. 지금부터 멋진 세계를 소개한다. 조금 어려운 부분이 있기도 하지만 본 장에서는 전기회로의 심오한 단편을 소개한다. 그 세계에 깜짝 놀랄 것이다. 단, 미리 수학을 조금 공부해 두면 이해하는 데 훨씬 도움이 될 것이다.

기본으로 돌아가자 ··· **불평형 3상회로**

대칭이 아닌 부하가 접속되어 있을 경우에는 지금까지 진행한 것처럼 간단히 회로에서 전류를 구할 수 없다. 그러나 불평형 3상회로도 단상회로를 조합한 것으로 생각하며 회로 계산의 원점인 키르히호프의 법칙을 적용하면 단상회로와 마찬가지로 전류분포나 전압분포를 구할 수 있다.

Y–Y 회로의 경우 계산함에 있어서는 우선 전류에 대한 키르히호프의 제1법칙을 중성점에 적용한다. 다음은 선간전압에 제2법칙을 적용한다. 이때 상전압과 선간전압과의 관계에 주의하며, 이제는 열심히 방정식을 풀면 된다.

회로 결선방식에 따라서는 부하의 Y–△변환을 구사한다. 그렇게 하면 계산이 매우 간단해지는 경우가 있다. 부하가 △결선일 경우에는 부하의 상전류를 구하고 나서 선전류로 변환하는 방법이 편리하다. 아무튼 지금까지 해온 회로계산의 연장선이므로 두려워할 것은 없다.

불평형 3상회로의 가장 큰 특징은 평형 3상회로와 달리 전원과 부하 각각의 중성점 사이에 전압이 나타난다는 점이다. 그러므로 부하의 중성점 전압을 $\dot{V}_0$로 두고, 전류 $\dot{I}_a$, $\dot{I}_b$, $\dot{I}_c$와 $\dot{V}_0$를 구하는 경우가 있다. $\dot{V}_0$로 두지 않을 경우에는 전원전압에서 부하의 단자전압을 빼면 중성점의 전압을 개별적으로 구할 수 있다. 그리고 전원과 부하의 중성점을 힘껏 잡아당겨 뒤집으면 언뜻 보기에 단순한 회로가 된다. 여기서 곧바로 V_0를 구할 수도 있어 아주 편리한 방법이다.→ 밀만의 정리(Millman's theorem)

또한 전원에 교류발전기가 있을 경우에는 발전기 내에 상호 임피던스 등이 있기 때문에 대칭 좌표법이라는 편리한 방법으로 해결한다.

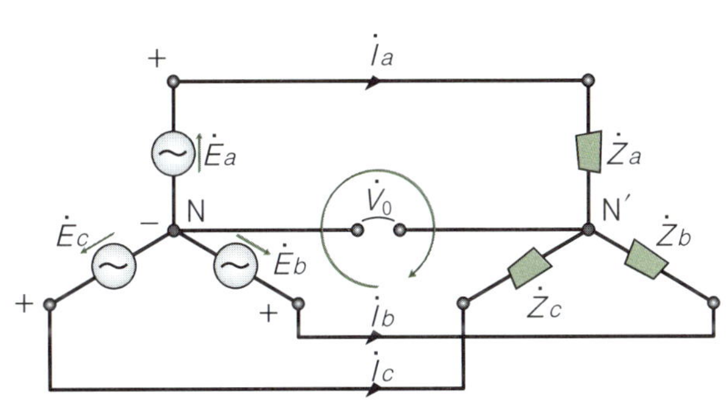

키르히호프의 법칙

$$\dot{I}_a + \dot{I}_b + \dot{I}_c = 0$$

$$\dot{Z}_a\dot{I}_a - \dot{Z}_b\dot{I}_b = \dot{E}_a - \dot{E}_b$$

$$\dot{Z}_b\dot{I}_b + \dot{Z}_c(\dot{I}_a + \dot{I}_b) = \dot{E}_b - \dot{E}_c$$

푸는 것은 스스로 한다.

중성점간의 전압 $\dot{V}_0 = \dot{E}_a - \dot{Z}_a\dot{I}_a$

밀만의 정리

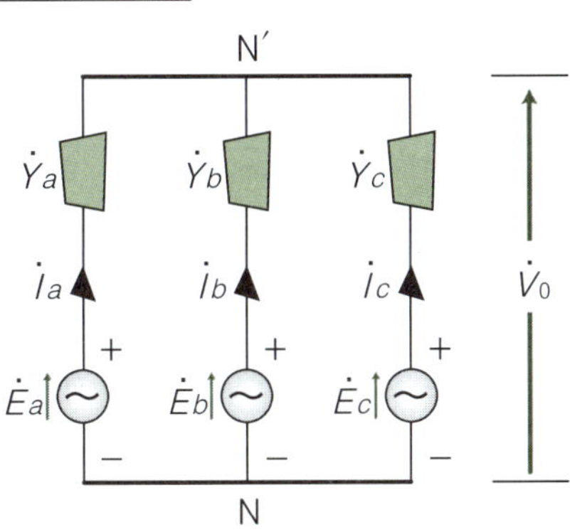

$$\dot{V}_0 = \frac{\dot{I}_a + \dot{I}_b + \dot{I}_c}{\dot{Y}_a + \dot{Y}_b + \dot{Y}_c}$$

$$= \frac{\dot{E}_a\dot{Y}_a + \dot{E}_b\dot{Y}_b + \dot{E}_c\dot{Y}_c}{\dot{Y}_a + \dot{Y}_b + \dot{Y}_c}$$

02 불평형 계산의 마술사 … 대칭 좌표법

전원에 교류발전기가 있을 경우, 불평형회로는 발전기 내의 상호 임피던스를 생각해야 되고 또 발전기가 회전하고 있는 특수한 사정 때문에 단순하게는 계산할 수 없다. 이것을 해결하는 편리한 방법이 대칭 좌표법이다. 어떤 불평형회로이든지 이 방법을 적용하면 그때의 전압과 전류를 간단히 구할 수 있다.

단상 모터를 소개하는 곳에서 1개의 교번자계에 대해 반대방향으로 회전하는 2개의 회전자계로 분해했다. 대칭 좌표법도 명칭상 어려울 것 같지만 이것과 비슷하다. 회로계산의 전압, 전류, 임피던스라는 요소를 다른 형태(대칭분)로 분해해서 계산한다.

3상회로 abc의 각 선전류 $\dot{I}_a$, $\dot{I}_b$, $\dot{I}_c$를 3개의 새로운 전류 $\dot{I}_0$, $\dot{I}_1$, $\dot{I}_2$의 조합으로 한다. 각각의 명칭과 작용은 다음과 같다.

① $\dot{I}_0$(영상분) : $\dot{I}_a$, $\dot{I}_b$, $\dot{I}_c$에 같은 크기, 같은 위상으로 흐르는 단상 교류

② $\dot{I}_1$(정상분) : $\dot{I}_a$, $\dot{I}_b$, $\dot{I}_c$에 같은 크기이고 위상차 120°(정회전 : 시계 반대방향)로 각각 흐르는 평형 3상 교류

③ $\dot{I}_2$(역상분) : $\dot{I}_a$, $\dot{I}_b$, $\dot{I}_c$에 같은 크기이고 위상차 120°(역회전 : 시계방향)로 각각 흐르는 평형 3상 교류

영상(零相)전류는 주로 지락고장(전선과 대지와의 절연이 없어져 전류가 대지로 흘러드는 고장)으로 흐른다. 영상전류는 단상이므로 그 자속은 3상과 같이 합계가 제로(0)로 되지 않아 통신선에 전자유도장해 등을 일으킨다.

정상(正相)전류는 통상적인 평형 3상 교류로, 전차를 달리게 하기도 하고 공장의 모터를 돌리는 원동력이 된다.

역상(逆相)전류는 정상전류와 회전방향이 반대이므로 모터를 멈추게 하려는 작용이 있다. 역상분도 왠지 좋지 않을 것 같다.

전압에 대해서도 마찬가지로 나타낼 수 있다. 각각의 식에서 a는 벡터 오퍼레이터에 관한 것이다. 여기서는 대칭 좌표법의 사고방식과 작용에 대해 이해하기로 한다.

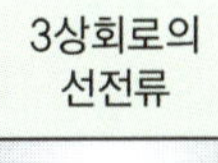

3상회로의
선전류

i_a
i_b
i_c

대칭 좌표법의
전류

영상분 i_0
정상분 i_1
역상분 i_2

$$i_a = i_0 + i_1 + i_2$$
$$i_b = i_0 + a^2 i_1 + a i_2$$
$$i_c = i_0 + a i_1 + a^2 i_2$$

$$i_0 = \frac{1}{3}(i_a + i_b + i_c)$$
$$i_1 = \frac{1}{3}(i_a + a i_b + a^2 i_c)$$
$$i_2 = \frac{1}{3}(i_a + a^2 i_b + a i_c)$$

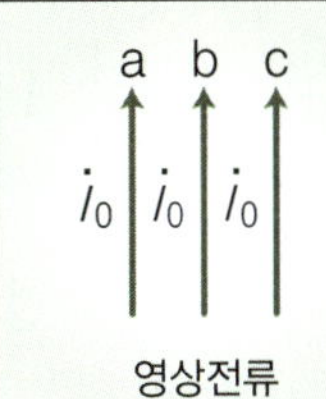

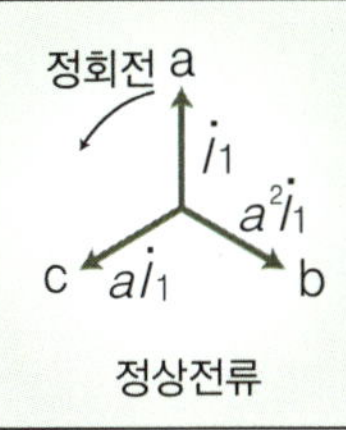

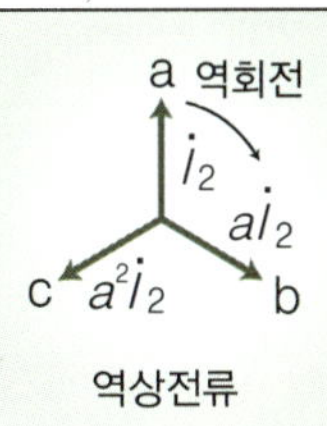

03 발전기의 기본식 … a상이 지락한 경우

앞에서 대칭 좌표법은 교류 발전기를 포함하는 회로에서 유효하다고 설명했으므로 어떻게 사용되는지 그 요점을 살펴보기로 한다.

결론부터 말하면 그 요점은 「발전기의 기본식」을 사용한다는 것이다. 대칭 3상 발전기의 무부하 유도기전력을 $\dot{E}_a$, $\dot{E}_b$, $\dot{E}_c$라고 하고 대칭분 각각의 임피던스를 $\dot{Z}_0$, $\dot{Z}_1$, $\dot{Z}_2$라고 하면 다음과 같이 표시된다.

발전기의 기본식

$$\dot{V}_0 = -\dot{Z}_0\dot{I}_0$$
$$\dot{V}_1 = \dot{E}_a - \dot{Z}_1\dot{I}_1$$
$$\dot{V}_2 = -\dot{Z}_2\dot{I}_2$$

"이것이 그렇게 편리할까?"라고 생각할 지도 모르나 발전기가 어떤 불평형 상태가 되더라도 이 식을 사용해서 $\dot{V}_0$, $\dot{V}_1$, $\dot{V}_2$를 구하고, $\dot{V}_0$, $\dot{V}_1$, $\dot{V}_2$와 각 선간전압과의 관계에서 실제의 $\dot{V}_a$, $\dot{V}_b$, $\dot{V}_c$를 구할 수 있다.

구체적으로 발전기 a상이 지락한 경우를 살펴보자. 사실 b상, c상으로 전류가 흐르진 않지만 대칭 좌표법에서는 b상, c상에 대칭분의 전류가 흐르고 그것들을 합하면 0이 된다고 생각한다.

그러므로 계산 조건으로서 $\dot{I}_b = \dot{I}_c = 0$, 그리고 a상은 접지되어 전압이 0이기 때문에 $\dot{V}_a = 0$이라고 하고 선전류와 대칭 좌표법 전류와의 관계식 및 발전기의 기본식에 대입한다. 그리고 구한 $\dot{I}_0$, $\dot{I}_1$, $\dot{I}_2$를 $\dot{I}_a$의 식에 대입하면 a상의 고장전류(즉 $\dot{I}_a$)를 구할 수 있다. 이와 마찬가지로 $\dot{V}_0$, $\dot{V}_1$, $\dot{V}_2$에서 $\dot{V}_b$, $\dot{V}_c$를 구할 수 있다.

또한 전류값 $\dot{I}_a$의 식을 $\dot{E}_a/\dot{I}_a$로 변환하고 발전기 코일의 등가적 임피던스를 보면 1/3이 걸려있다. $\dot{Z}_0$과 $\dot{Z}_2$는 $\dot{Z}_1$에 비해 작으므로 3상 단락보다 큰 지락전류가 흐름을 알 수 있다.

이와 같이 대칭 좌표법은 2단자가 지락한 경우나 단선(斷線)일 때 등 계산하기가 복잡할 때에도 같은 경우로 하여 전압과 전류를 구할 수 있으므로 도움이 되는 방법이다.

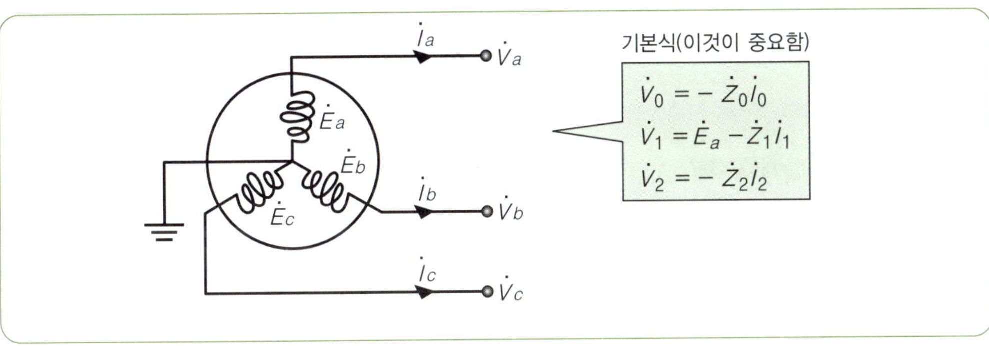

$$\dot{V}_0 = -\dot{Z}_0 \dot{I}_0$$
$$\dot{V}_1 = \dot{E}_a - \dot{Z}_1 \dot{I}_1$$
$$\dot{V}_2 = -\dot{Z}_2 \dot{I}_2$$

a상이 지락한 경우

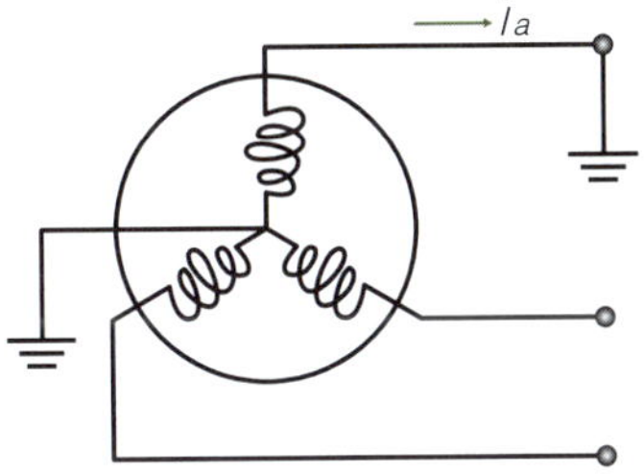

$$V_a = 0, \qquad I_b = I_c = 0$$

$$\left. \begin{array}{l} I_0 = \dfrac{1}{3}(I_a + I_b + I_c) = \dfrac{1}{3}I_a \\[2mm] I_1 = \dfrac{1}{3}(I_a + aI_b + a^2 I_c) = \dfrac{1}{3}I_a \\[2mm] I_2 = \dfrac{1}{3}(I_a + a^2 I_b + aI_c) = \dfrac{1}{3}I_a \end{array} \right\}$$

$$\therefore I_0 = I_1 = I_2 = \frac{1}{3}I_a$$

$$V_a = V_0 + V_1 + V_2$$

$$= -Z_0 I_0 + E_a - Z_1 I_1 - Z_2 I_2$$

$$= E_a - (Z_0 + Z_1 + Z_2) I_0 = 0$$

$$\therefore I_0 = \frac{E_a}{Z_0 + Z_1 + Z_2} = I_1 = I_2$$

$$I_a = I_0 + I_1 + I_2 = \frac{3E_a}{Z_0 + Z_1 + Z_2}$$

 04 결과로 승부 … 4단자 정수

송전선과 같은 실제의 계통에서는 도중 상황을 생략하고 송전단과 수전단에서 나타나는 전압과 전류와의 관계가 문제된다. 이 경우에는 내부에 전원을 갖지 않은 4단자 회로로 해서 원인(입력)과 결과(출력)만 생각하는 편이 여러 가지로 편리하다.

4단자 회로에서는 입력(송전단)측 전압과 전류를 $\dot{V_1}$, $\dot{I_1}$이라고 하고, 출력(수전단)측 전압과 전류를 $\dot{V_2}$, $\dot{I_2}$라고 하면 이들의 관계는 다음과 같이 표시된다.

$$\dot{V_1} = \dot{A}\dot{V_2} + \dot{B}\dot{I_2}$$
$$\dot{I_1} = \dot{C}\dot{V_2} + \dot{D}\dot{I_2}$$

이 식의 $\dot{A}$, $\dot{B}$, $\dot{C}$, $\dot{D}$를 4단자 정수라고 부르고 $\dot{A}\dot{D} - \dot{B}\dot{C} = 1$이라는 중요한 관계가 있다.

4단자 정수는 다음과 같이 구한다.

① $\dot{A}$는 $\dot{I_2} = 0$ 즉 출력측을 개방하여 $\dot{A} = \dot{V_1}/\dot{V_2}$ (전압비)

② $\dot{B}$는 $\dot{V_2} = 0$ 즉 출력측을 단락하여 $\dot{B} = \dot{V_1}/\dot{I_2}$. 전압을 전류로 나누었기 때문에 임피던스의 일종으로, 단락 전달 임피던스라고 한다.

③ $\dot{C}$는 $\dot{I_2} = 0$ 즉 출력측을 개방하여 $\dot{C} = \dot{I_1}/\dot{V_2}$. $\dot{B}$와는 반대로 개방 전달 어드미턴스라고 한다.

④ $\dot{D}$는 $\dot{V_2} = 0$ 즉 출력측을 단락하여 $\dot{D} = \dot{I_1}/\dot{I_2}$ (전류비)

실제로 정수 3개를 구하면 나머지는 $\dot{A}\dot{D} - \dot{B}\dot{C} = 1$의 관계로부터 구할 수 있다.

4단자 회로의 전압과 전류 관계식은 수학적으로 매트릭스라는 행렬식으로 나타낼 수 있다. 매트릭스는 종속 접속했을 경우의 예에서 나타내는 바와 같이 행렬의 곱으로 합성한 4단자를 만들 수 있다. 이것은 기본적인 회로의 4단자 정수를 알고 있으면 그 행렬 곱으로 복잡한 회로의 4단자 정수도 간단히 구할 수 있어 회로계산에서는 매우 편리하다.

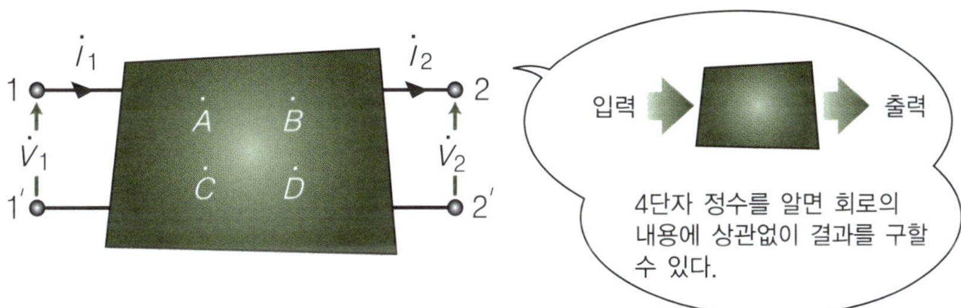

(기본식)

$$\dot{V}_1 = \dot{A}\dot{V}_2 + \dot{B}\dot{i}_2$$
$$\dot{i}_1 = \dot{C}\dot{V}_2 + \dot{D}\dot{i}_2$$

(매트릭스 표시)

$$\begin{pmatrix} \dot{V}_1 \\ \dot{i}_1 \end{pmatrix} = \begin{pmatrix} \dot{A} & \dot{B} \\ \dot{C} & \dot{D} \end{pmatrix} \begin{pmatrix} \dot{V}_2 \\ \dot{i}_2 \end{pmatrix}$$

$$\dot{A}\dot{D} - \dot{B}\dot{C} = 1$$

매우 중요해

4단자 회로망에 대한 종속접속의 매트릭스 계산 예

$$\begin{pmatrix} A & B \\ C & D \end{pmatrix} = \begin{pmatrix} A' & B' \\ C' & D' \end{pmatrix} \begin{pmatrix} A'' & B'' \\ C'' & D'' \end{pmatrix}$$

$$= \begin{pmatrix} A'A'' + B'C'' & A'B'' + B'D'' \\ C'A'' + D'C'' & C'B'' + D'D'' \end{pmatrix}$$

05 교류가 파동이 된다 … **분포 정수회로**

    지금까지는 저항이나 인덕턴스를 마치 한 점에 집중되어 있는 정수처럼 취급해 왔다. 이와 같은 회로를 집중 정수회로라고 한다. 그러나 송전선과 같이 현실적인 회로에서는 저항이나 인덕턴스는 공간적으로 널리 퍼져 분포하고 있다. 대개의 경우는 집중 정수회로로 취급해도 문제되지 않지만 장거리 송전선이나 주파수가 높은 통신선 등은 그 영향력이 커서 위치에 따라 전압과 전류가 달라지기 때문에 저항 등이 널리 분포해 있는 분포 정수회로로 취급할 필요가 있다.

    그러면 무한히 긴 교류회로를 생각해 보자. 단위 길이당 저항 R, 자기 인덕턴스 L, 누설 컨덕턴스 G, 정전용량 C라고 하면 $\dot{Z}=R+j\omega L$, $\dot{Y}=G+j\omega C$가 되고 또 다시

$$\dot{Z}_0=\sqrt{(\dot{Z}/\dot{Y})}, \ \ \gamma=\sqrt{(\dot{Z}\dot{Y})}=\alpha+j\beta$$

라고 하면 송전단의 전압 $\dot{E}_s$, 전류 $\dot{I}_s$로부터 x점의 전압과 전류는 다음과 같이 나타낼 수 있다.

$$\dot{E}=E_s\varepsilon^{-\gamma x}, \ \dot{I}=\frac{E_s}{Z_0\varepsilon^{-\gamma x}}$$

    조금 어려운 듯한 식으로 됐지만 염려하지 말고 진행해 보자. 위의 식에서 $\dot{Z}_0$을 특성 임피던스 혹은 파동 임피던스라고 한다. 그러면 그 의미를 곰곰이 생각해 보자.

  ① 전압, 전류는 $\varepsilon^{-\alpha x}$에서 감쇠한다. 그러므로 α를 감쇠정수라고 한다.

  ② 전압, 전류는 x에 비례하고 위상이 βx지연된다. 위상차가 2π인 거리 λ(파장)는 $\beta\lambda=2\pi$로부터 $\lambda=2\pi/\beta$이다. 여기서 β를 위상정수 또는 파장정수라고 한다.

      ($\varepsilon^{-\beta x}=\cos\beta x-j\sin\beta x$이다)

  ③ ①과 ②에서 $\gamma=\alpha+j\beta$는 전압과 전류의 전반(傳搬) 상황을 나타내므로 γ를 전반정수라고 한다.

  ④ $R=0$, $G=0$일 경우 무(無)손실 선로라고 하고 이 전반속도는 빛의 속도(3×10^8 [m/s])가 된다.

    요컨대, 분포 정수회로는 파동으로 나타낸다는 점을 기억해 두자.

집중 정수회로

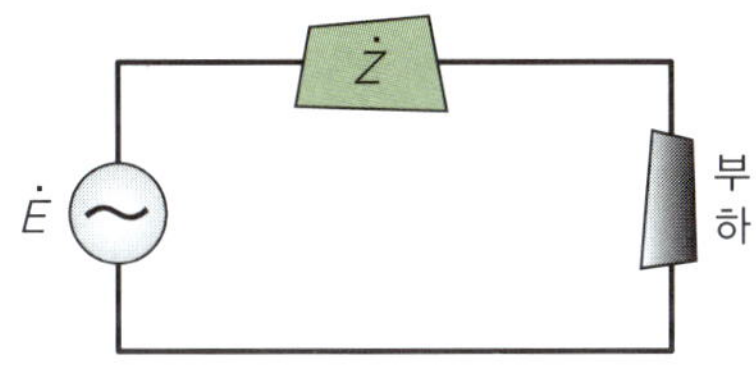

분포 정수회로(무한히 긴 송전선로)

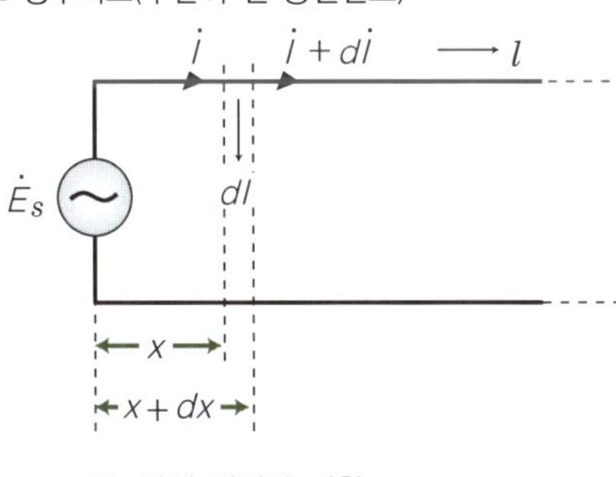

R : 단위 길이당 저항
L : 단위 길이당 자기 인덕턴스
G : 단위 길이당 누설 컨덕턴스
C : 단위 길이당 정전용량

$$\dot{Z} = R + j\omega L$$
$$\dot{Y} = G + j\omega C$$

특성 임피던스
$$\dot{Z}_0 = \sqrt{\dot{Z}/\dot{Y}}$$

전반정수
$$\gamma = \sqrt{\dot{Z}\,\dot{Y}} = \alpha + j\beta$$

α : 감쇠정수
β : 위상정수

$$\dot{E} = \dot{E}_s\, \varepsilon^{-\gamma x}$$
$$\dot{I} = \frac{\dot{E}_s}{\dot{Z}_0}\, \varepsilon^{-\gamma x}$$

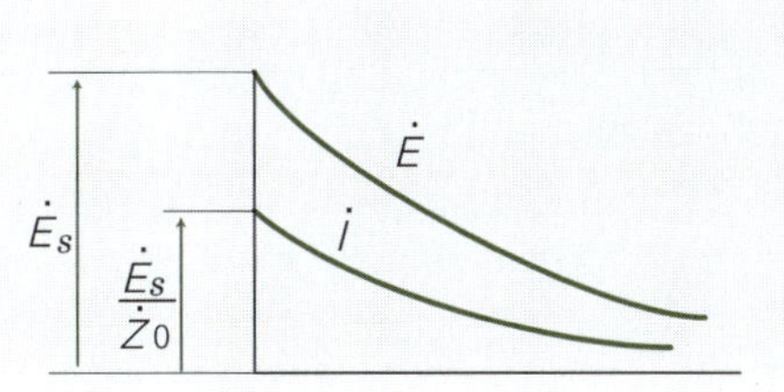

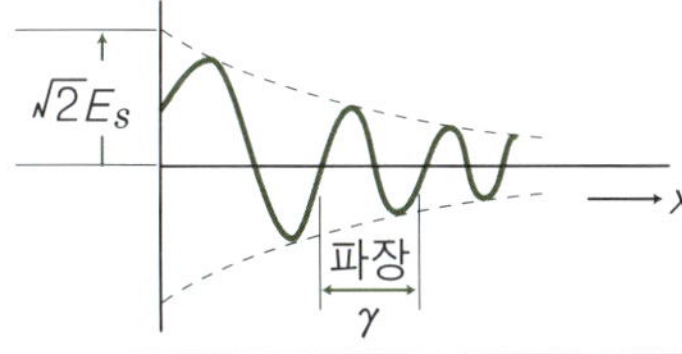

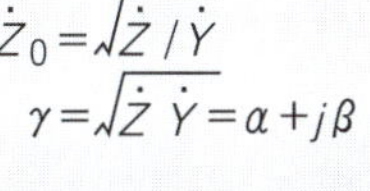

 06 어떻게 정착하는가? … 과도현상

세상에서 무엇인가가 점점 변화하고 있을 때를 과도기(過渡期)라고 한다. 전기회로에서도 시간적으로 변화하지 않는 정상 상태에 대해 전원의 급변 등으로 인해 하나의 정상 상태에서 다른 정상 상태에 도달할 때까지를 과도기라고 하고 그 동안에 나타나는 변화된 상황을 과도(過渡)현상이라고 한다.

예를 들면 직류의 RL 직렬회로에서 스위치를 닫더라도 곧바로 전류 $I=E/R$로는 되지 않는다(직류일 경우 통상적으로 L은 무관하다). 이 경우의 과도전류 i는 R과 L에 의한 미분방정식을 풀어 구할 수 있다. 미분방정식의 해법은 어려우므로 여기서는 생략하지만 그 계산결과는 $i=i_s+i_t$의 형태가 된다. i_s는 정상항이라고 하고 정상상태가 됐을 때의 전류를 나타내므로 $i_s=E/R=I$가 된다. i_t는 과도항이라고 하고 $i_t=A\varepsilon^{-t/T}$의 형으로 표시된다. A는 회로의 초기조건($t=0$일 경우의 i값이다. 이 경우에는 $I=0$)에서 정해진 값으로, $A=-E/R=-I$가 된다. 이것으로부터 미분방정식의 해는 $i=I(1-\varepsilon^{-t/T})$가 된다. 또한 $T=L/R$이다.

여기서 T를 시정수라고 하고 $t=T$일 경우 $i=I(1-\varepsilon^{-1})=I(1-0.368)=0.632I$가 된다. 즉 시정수는 I가 최종값의 0.632배에 도달할 때까지의 시간을 나타낸다. $t=0$에서는 정상항 I, 과도항 $-I$로 되기 때문에 $i=0$이다. 그리고 과도항은 $\varepsilon^{-t/T}$로 감소하므로 전류 i는 정상항을 지향하여 증가한다.

과도현상에도 여러 가지 패턴이 있는데 RLC 회로의 경우 R, L, C의 크기 관계에 따라 진동하기도 하고 진동하지 않기도 한다. 진동할 경우에는 에너지 면에서 보면 콘덴서의 정전 에너지와 인덕턴스의 전자(電磁) 에너지가 번갈아 이동하면서 감쇠한다.

$$\boxed{\text{전류}} \;=\; \boxed{\text{정상항}} \;+\; \boxed{\text{과도항}}$$

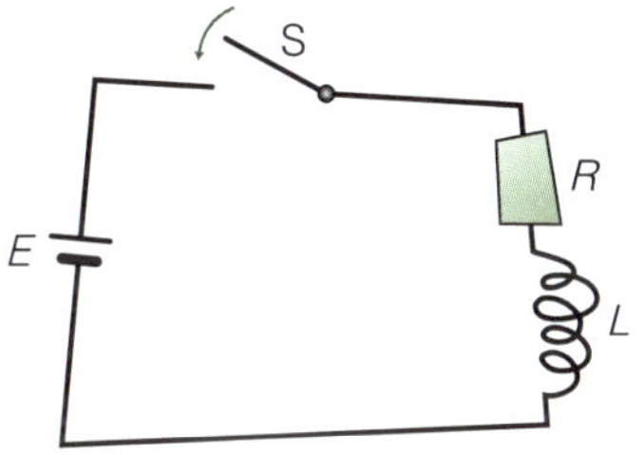

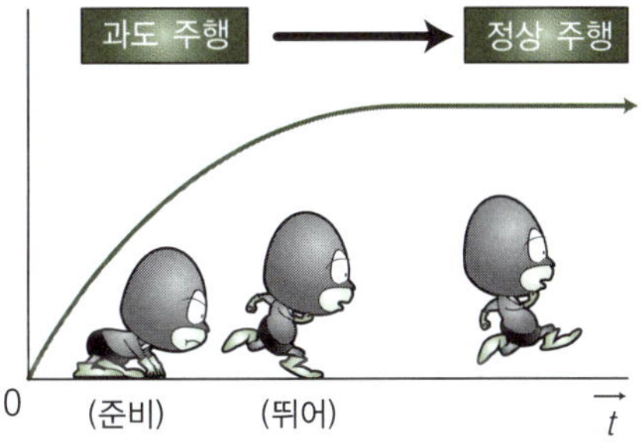

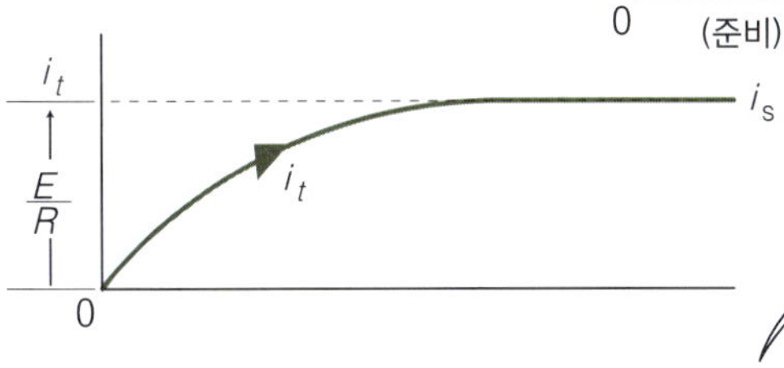

$$i \;=\; i_s \;+\; i_t$$

$$=\; \frac{E}{R} \;+\; A\varepsilon^{-\frac{t}{T}} \;=\; I\left(1 - \varepsilon^{-\frac{t}{T}}\right)$$

$$=\; \boxed{\text{일정값 } I} \;+\; A\varepsilon^{-\frac{t}{T}}$$

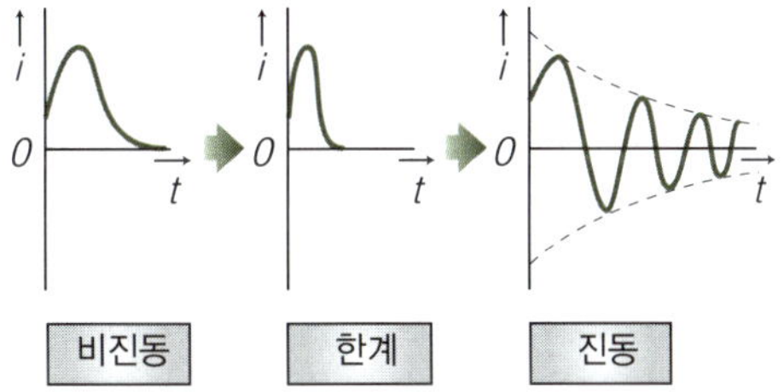

 07 고주파는 정배수 … 변형파

교류 전기회로의 전압 파형은 정현파 교류가 이상적이나 현실적으로는 조금 어려운 면이 있다. 그 원인은 변압기를 여자(勵磁)하기 위한 전류나 회전기의 전기자 반작용이라는 작용 외에, 특히 최근에는 반도체 응용기술의 현저한 발달로 인버터 조명이나 에어컨 등의 다양한 원인에 의해 교류 파형에 변형이 일어나기 때문이다.

변형파란 정현파가 아닌 주기적인 변형을 말한다. 변형파는 다음과 같이 주기가 다른 많은 정현파의 합으로 분해할 수 있다.

$$V = V_0 + V_1 \sin(\omega t + \theta_1) + V_2 \sin(2\omega t + \theta_2) + \cdots + V_n \sin(n\omega t + \theta_n)$$

이 식의 V_0를 직류분, $V_1 \sin(\omega t + \theta_1)$을 기본파 성분, 제3항을 제2조파, 이하 제 n조파라고 하고 제2조파 이후를 고조파라고 한다.

변형파에는 다음과 같은 특징이 있다.

① 1주기의 평균값이 0이면 $V_0 = 0$이고 직류분은 존재하지 않는다.

② 양극과 음극의 파형이 대칭일 경우 짝수파＝0이고 홀수파뿐이다. 통상적으로 전력계통의 변형파는 여기에 해당한다.

③ 양극 또는 음극만의 파형은 직류분과 cos항만으로 이루어진다.

그리고 다른 주파수($n \neq m$)의 정현파 곱을 적분하면 0이 된다는 수학적 성질상 변형파의 실효값이나 전력은 다음과 같이 단순하게 나타낸다.

① 변형파의 실효값은 전압과 전류 모두 각 고조파의 실효값을 자승한 것의 합의 제곱근하여 구할 수 있다.

② 유효전력은 각 고조파마다의 유효전력 합이다.

③ 변형률은 변형파 교류의 기본파 실효값에 대한 고조파의 합성 실효값과의 비를 말하고 변형 정도를 종합 평가하는 데 사용된다.

또한 반파(半波) 정류나 전파(全波) 정류, 톱니파나 펄스파 등도 전기회로에서는 변형파의 일종으로 취급한다.

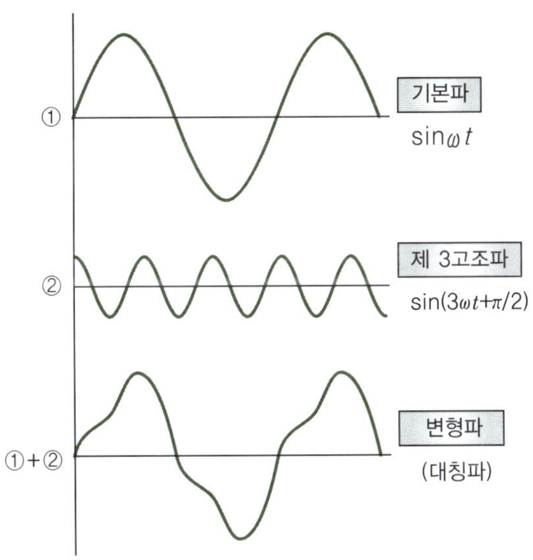

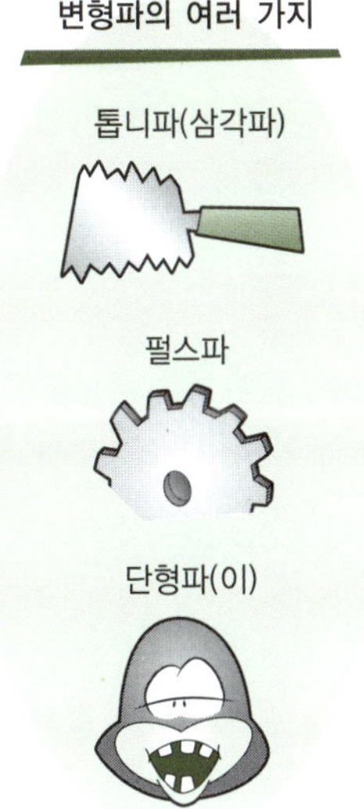

변형파의 순시값

$$v = V_0 + V_1 \sin(\omega t + \theta_1) \cdots V_2 \sin(2\omega t + \theta_2) + \cdots + V_n \sin(n\omega t + \theta_n)$$

직류 성분　　기본파 성분　　　　　　고조파 성분

변형파의 실효값 $= \sqrt{(\text{각 조파의 실효값})^2 \text{의 합}}$

전력 = 각 고조파마다의 유효전력의 합

$$\text{변형률} = \frac{\text{전체 고조파의 실효값}}{\text{기본파의 실효값}} = \frac{\sqrt{V_2^2 + V_3^2 + \cdots + V_n^2}}{V_1}$$

08 반사와 투과의 방정식 … 진행파

천둥이나 새로운 전원 투입 등 분포 정수회로의 한 끝에서 고전압을 인가했을 경우 전압, 전류가 파동이 되어 전반정수에서 정하는 고속도에 가까운 속도로 다른 끝을 향해 나아간다. 이와 같은 전압, 전류를 진행파라고 한다. 그리고 서지라고 부르는 경우도 있다.

분포 정수회로에서도 조금 설명했지만 송전선로의 단위 길이당 정전용량 및 인덕턴스를 C와 L이라고 하면 무(無)손실 선로로 했을 경우의 서지 임피던스 $Z=\sqrt{L/C}$, 전반속도 $v=1/\sqrt{LC}=3\times10^8[\text{m/s}]=$빛의 속도가 된다.

이와 같은 선로에서 진행파가 서지 임피던스 Z_1에서 Z_2의 부하 또는 선로의 접속점에 도달하면 침입해 온 전압 진행파 e_i, 전류 진행파 i_i는 각각 일부 반사파 e_r, i_r이 되어 돌아가고 나머지는 투과파 e_o, i_o가 되어 서지 임피던스 Z_2로 진행한다. 이때 접속점에서는 키르히호프의 법칙이 적용됨과 동시에 에너지 보존법칙도 충족시켜 다음과 같은 두 항목이 성립한다.

① 전류는 연속이다… $i_i-i_r=i_o$ (전류 반사파는 다른 부호)
② 양측의 전압은 같다… $e_i+e_r=e_o$ (전압 반사파는 같은 부호)

Z_2에 대해 단락단(短絡端)으로 하면 $Z_2=0$이 되고 전압$=0$, 전류$=2$배(완전 반사)가 된다. 그리고 개방단(開放端)에서는 $Z_2=\infty$(무한대)가 되고 전압파는 그대로 반사파가 되므로 전압은 2배(완전 반사)가 되고 전류$=0$에서 돌아가게 된다. 그리고 e_r/e_i, i_r/i_i의 값을 반사계수라고 하는데 $Z_1=Z_2$일 경우에는 반사계수가 0으로 되어 반사는 없어진다.

한편 진행파 에너지는 정전 에너지와 전자 에너지가 서로 같아 절반씩 나뉜 형이 된다.

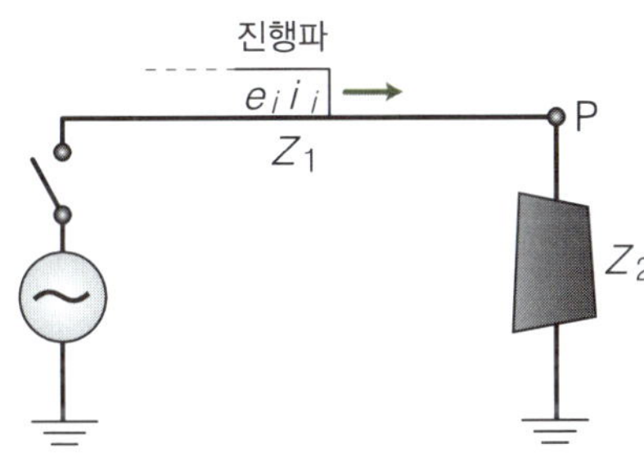

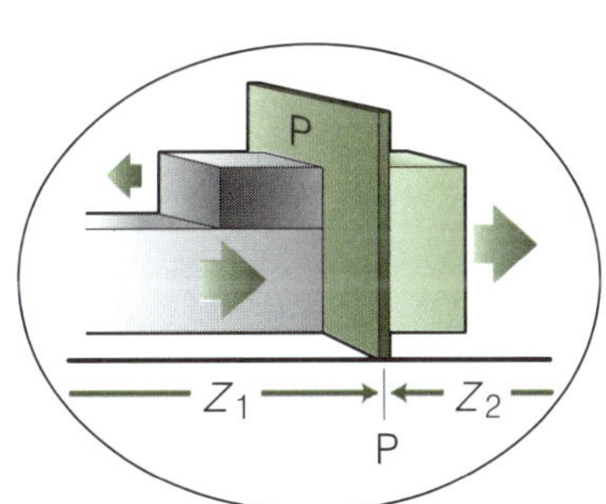

① $Z_1 < Z_2$일 때

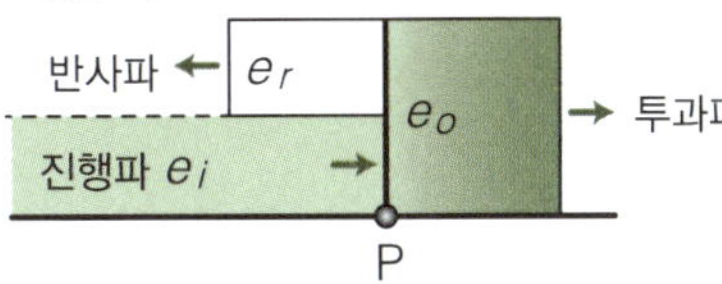

② $Z_1 > Z_2$일 때

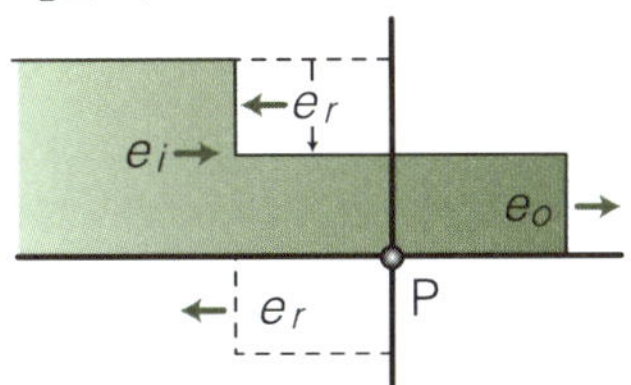

③ $Z_2 = 0$일 때 (단락단)

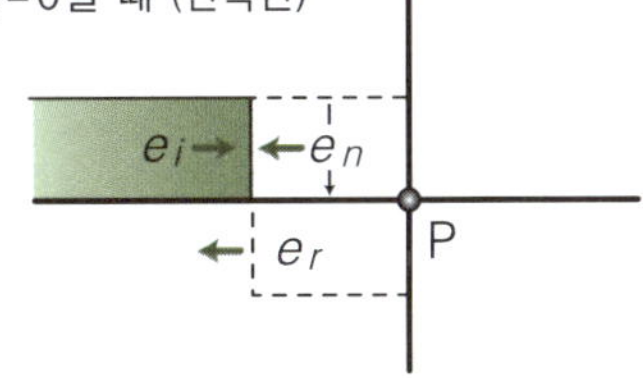

09 전자기학의 집대성 ··· 전자방정식

　금속과 같이 도체 중의 자유전자 이동에 의한 것을 전도전류라고 하고 통상적인 전기회로 계산에서는 이 전도전류를 사용하고 있다. 한편 콘덴서 회로의 경우를 생각하면 전하는 전극에 축적되고 전류가 여기서 끝난 형이 되는데 콘덴서 내부에 대해서도 콘덴서 전극에서 전하가 증가한 만큼 가상의 전류가 흐르고 있다고 한다. 이것을 변위전류라고 하고 이렇게 되면 회로의 모든 장소에서 전류는 연속한다고 말할 수 있다.

　이 변위전류에 대해 맥스웰이라는 과학자가 다음과 같이 가정했다. 「변위전류도 전도전류와 똑같은 자계를 만든다.」이것은 전계나 자계, 전자유도의 법칙 등 여러 가지의 법칙이 변위전류에서도 성립, 즉 변위전류에서도 자계가 생긴다는 말이다.

　전도전류뿐만 아니라 변위전류를 포함해서 전류가 흐르면 전선 주위에 생기는 자계를 구하는 앙페르의 주회적분의 법칙 및 자속의 변화로 인해 전압이 발생한다는 전자유도에 관한 패러데이의 법칙이 성립한다. 이 2개를 미분형으로 한 것을 맥스웰의 전자방정식이라고 한다. 이 방정식으로부터 전자계에 관한 여러 가지의 관계식을 모두 이끌어낼 수 있다.

　맥스웰의 전자방정식에서 가장 놀라운 사실은 그 조건에서 파동방정식이 유도되고, 그 결과 전계와 자계가 파동이 되어 전반(傳搬)한다는 전자파의 존재와 전자파의 속도가 진공 중에서는 빛의 속도가 된다는 점에서 빛의 전자파설을 예견했다는 것이다.

　전자파는 공간에서 전도전류가 없고 변위전류만으로 되어 전계와 자계가 동반하여 진행하는 진행파가 된다. 전류 i_0가 변화할 때 앙페르의 주회적분의 법칙에 의해 변화자속 ϕ_0을 일으키고 ϕ_0에 의해 패러데이의 전자유도 법칙에 의한 변화 기전력(전계 E)을 일으킨다. 그리고 전계 E에서 변위전류 i_1를 일으키고 i_1에서 변화자속 ϕ_1을 일으키며 이하 마찬가지로 반복해서 전계 및 자계가 전반해 간다. 그리고 파동이라고 하는 것은 속도를 갖는다. 따라서 장거리 송전선이나 파장이 짧은 고주파의 통신선은 전반속도를 고려할 필요가 있고 이 분포는 분포 정수회로의 내용과 비슷하다. 이와 같이 전자방정식은 전기자기학의 집대성이라고 말할 수 있다.

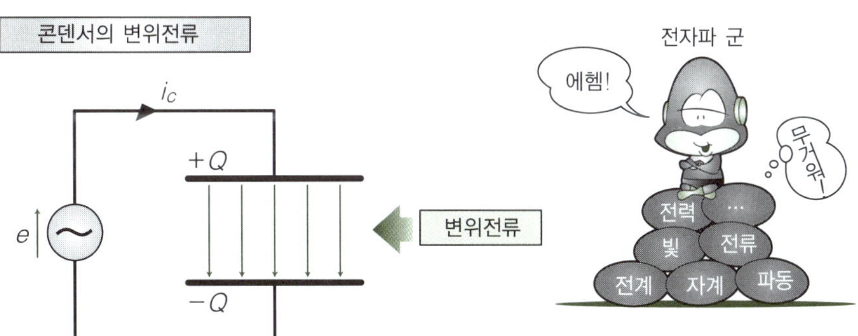

콘덴서의 변위전류
i_c
$+Q$
e
변위전류
$-Q$
전자파 군
에헴!
무거워
전력
…
빛
전류
전계
자계
파동

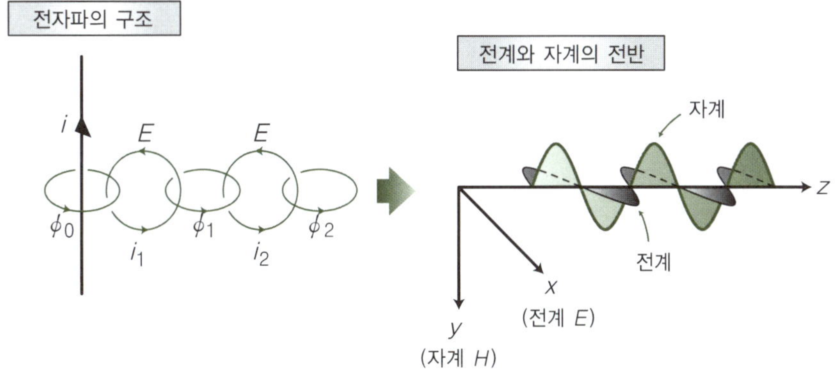

전자파의 구조
i
E
E
ϕ_0
i_1
ϕ_1
i_2
ϕ_2
전계와 자계의 전반
자계
z
전계
x
(전계 E)
y
(자계 H)

쉬어가기

제**6**장
전기회로 선로

본 장에서는 지금까지 설명한 전기회로가 실제로 전력계통에서는 어떻게 되어 있는지 살펴보기로 한다. 우리 주변에서부터 출발하므로 책을 한 손에 들고 실제로 확인해 보는 것도 좋을 것이다. 말하자면 마치 전선로를 더듬는 여행 가이드북과 같다. 도중에 약간 위험한 곳이나 모험도 하므로 조심해서 살펴 보자.

 01 우선 우리 집 배선을 두루 살펴 보자 … **분전반**

우리 주변의 전기회로라고 하면 자기 집의 배선을 살펴보는 것이 가장 빠르다. 전기 배선도가 없어도 괜찮다. 우선 분전반을 찾자. 보통 부엌이나 복도의 한쪽 구석에 있을 것이다. 퓨즈가 녹아 정전됐을 때(최근에는 퓨즈가 아니라 차단기가 달려있다) 점검하는 장소이다. 용기를 내어 분전반을 열어보자. 케이블이 많이 모여있고 여러 가지의 기기가 달려있다. 여기가 가정의 배선(옥내배선이라고 한다) 출발점이다.

분전반에는 우선 전류 차단기(Ampere breaker)가 있고 다음은 누전 차단기를 통과하게 되고 여기에서 분기하여 배선용 차단기를 통해 각 방의 형광등이나 콘센트로 분기한다. 분기점까지를 간선, 분기점 이후를 분기회로라고 한다. 이것을 배선하는 방법은 건물의 규모나 구조, 배선하는 장소나 환경에 따라 안전하게 시설되도록 전기설비의 기술기준이나 내선규정이라는 규칙에 의해 상세히 정해져 있다.

그러면 각각의 기기에 대해 간단히 설명한다.

① **전류 차단기(Ampere breaker)** : 전력회사와의 계약용 차단기이다. 계약 이상의 전류가 흐르면 자동으로 끊어진다. 계약의 종류에 따라서는 설치하지 않는 경우가 있다.

② **누전 차단기** : 본래 전기는 전선을 흐르는데 회로의 절연이 나빠지면 전기가 대지로 누설되어 감전이나 화재의 위험이 있다. 이것을 누전이라고 하고 누전을 두루 살펴서 회로를 차단한다. 복귀용 녹색 버튼이 달려있다.

③ **배선용 차단기** : 코드가 발에 걸려 회로가 단락(Short)되었을 경우 회로를 자동으로 차단하는 장치이다. 단락되면 일반적으로 몇 배가 되는 전류가 흐른다. 보통 때보다 큰 전류를 차단하기 때문에 과전류 차단기라고도 한다.

전류 차단기
배선용 차단기
ON
ON
ON
ON
ON
ON
ON
ON
ON
누전 차단기
열면…
분전반은 어디에 있지?
복도
창고
부엌
현관
???
비상금은 어디에 있을까?
누전 차단기
전류 차단기
배선용 차단기
과거
현재
안전기
배선용 차단기
레버
ON
퓨즈
15[A] 이상의 전류가 흐르면
퓨즈가 녹아 전류를 차단한다.

2층의 전기를 어떻게 끌까? ··· 3로 스위치

2층에 오르기 전에 1층에서 계단의 조명을 켜고 2층에 올라가서 그 조명을 끄기도 하고 입구가 2개 있는 방의 전기를 각 입구에서 자유롭게 점멸하기도 한다. 어떻게 된 걸까?

이것은 스위치에 비밀이 있다. 가정의 스위치는 보통 단극(單極) 스위치라고 해서 전선로의 1극만 ON/OFF 하여 조명을 켜기도 하고 끄기도 하는데 여기서는 3로 스위치라는 특수한 스위치를 사용한다. 3로 스위치는 전환 개폐기의 일종으로 단자가 3개 있다. 3로 스위치를 2개 사용하고 배선을 3선으로 해서 조합하면 그림에 나타내는 바와 같이 2개소에서 자유롭게 점멸할 수 있게 된다.

또 4로 스위치라는 것도 있다. 3로 스위치와 4로 스위치를 잘 조합하면 3개소 혹은 4개소에서 자유롭게 점멸할 수 있다. 그리고 단극 개폐기를 겸용해서 각 개소의 스위치가 ON/OFF 어떤 상태에 있더라도 그것과는 상관없이 1개소의 신규 개폐기에 의해 수시로 모든 조명을 일제히 점등하는 방법도 있다.

가정용 스위치를 정식으로 말하면 옥내용 소형 스위치류이다. 일반적으로는 스냅 스위치나 점멸기라고 부르는데 다음과 같이 여러 가지의 종류가 있고 모두 많이 들어본 적이 있는 스위치이다.

① 텀블러 스위치 : 손잡이를 상하 좌우로 움직이는 가장 일반적인 스위치이다.

② 로터리 스위치 : 손잡이를 돌리면 점멸을 반복하는 스위치이다.

③ 푸시버튼 스위치 : 한 쪽의 버튼을 누르면 다른 한 쪽의 버튼이 튀어나가는 스위치이다. 원격 제어용도 이 종류이다.

④ 풀 스위치 : 끈을 잡아당겨 점멸을 반복하는 스위치이다.

⑤ 코드 스위치 : 코드의 중간에 설치하는 스위치이다. 손잡이식과 푸시버튼식이 있어 중간 스위치라고도 한다.

⑥ 펜던트 스위치 : 코드의 끝에 부착하는 스위치이다.

⑦ 도어 스위치 : 문을 열고 닫음에 따라 점멸하는 스위치이다. 경보용이나 자동문에 사용된다.

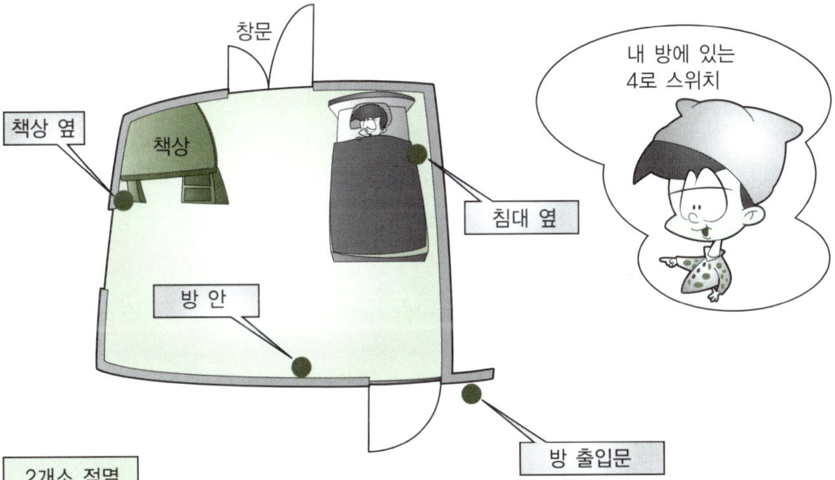

2개소 점멸

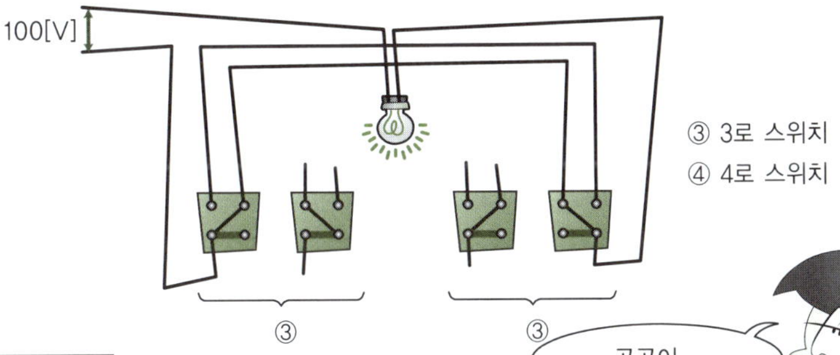

4개소 점멸

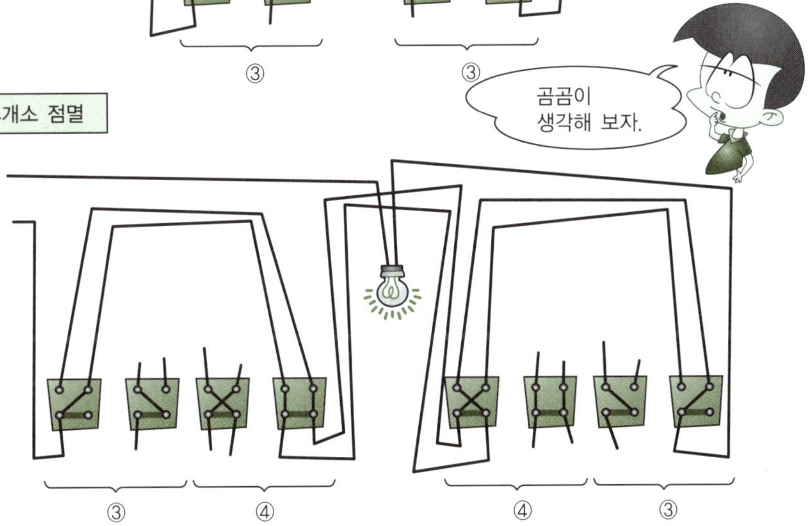

03 우리 집 주위를 살펴 보자 … 인입선

집안을 두루 살폈다면 밖으로 나가보자. 집 주위에 있는 전봇대에서부터 집 외벽의 모퉁이나 작은 기둥에 전선이 쳐져 있을 것이다. 이것이 가공 인입선(Overhead service drop)이다. 최근의 단지에서는 전선이 지하에 묻혀져 있어 보이지 않는 경우도 있다. 이 경우에는 지중(地中) 인입선이라고 한다.

가공 인입선으로 통상 흑색, 청색, 녹색의 전선 2~3개를 꼬아 합친 것이 쳐져 있다. 이 것을 인입용 비닐 절연전선(DV선)이라고 하고 비닐 절연전선과 동등한 것을 꼬아 합친다. 그리고 건물이 인접해 있거나 수목, 간판 등이 있을 경우에는 접촉으로 인한 위험을 방지하기 위해 케이블이 사용되기도 한다. 하지만 케이블이라고 해서 접촉해도 된다는 말은 아니다. 접촉하지 않도록 시설해야 함이 우선 조건이다. 전등과 동력 양쪽을 사용할 경우에는 인입선이 2개이다.

인입선은 가옥 내의 설치점에서 애자(碍子)가 부착되고 옥외에 시설된 케이블과 접속되어 있다. 그리고 케이블을 더듬어 가면 전력량계를 거쳐 벽 안으로 인입되어 있다. 이 케이블이 앞에서 말한 분전반에 다다른다. 설치점에서부터 집의 벽안으로 들어가기까지를 인입구 배선이라고 한다. 최근에는 이것을 인입주(Leading-in pole)에 부착된 박스 안에 넣어 깔끔하게 처리한 것도 있다.

전력량계에도 여러 가지 종류가 있다. 구식으로 원반이 빙글빙글 회전하는 것이 있는가 하면 디지털식도 있고, 또 계약에 따라서는 전력량계를 여러 개 사용하기도 하고 야간 계약용으로 타임 스위치를 부착하기도 한다. 전력을 많이 사용할 경우에는 변류기라고 해서 계기(Meter)로 흐르는 전류를 작게 하는 기기를 부착해 두는 경우도 있다.

집 주위를 관찰할 때 옆집을 들여다보면 빈집털이범으로 의심받을 수도 있으므로 자기 집 주위만 살피도록 한다.

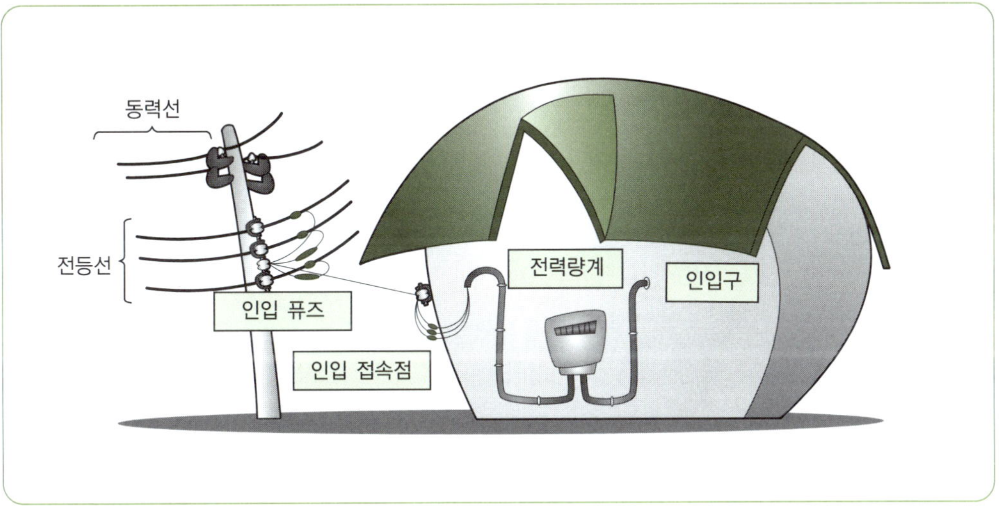

동력선
전등선
인입 퓨즈
인입 접속점
전력량계
인입구

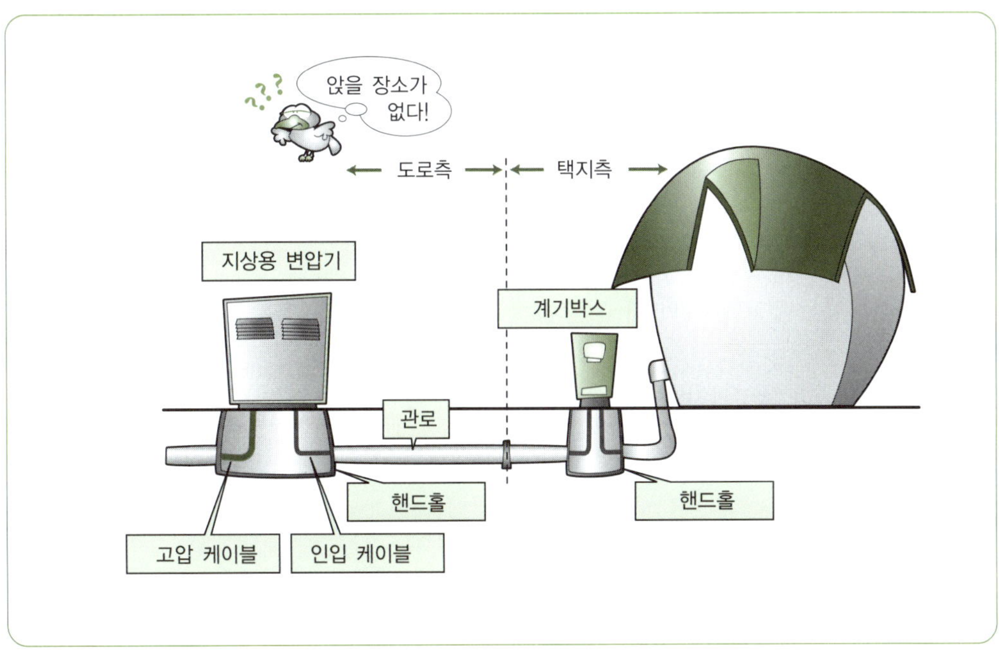

???
앉을 장소가 없다!
도로측
택지측
지상용 변압기
계기박스
관로
핸드홀
핸드홀
고압 케이블
인입 케이블

04 전선로의 주역 … **전봇대**

비가 오나 눈이 오나 가만히 길모퉁이에 서서 전기를 보내주는 전봇대는 과묵하지만 부지런하다.

표준 전봇대에는 고압선(3상 6,600[V]) 3개, 동력선(3상 200[V]) 2개, 전등선(단상 100[V]·200[V]) 3개가 각각 설치되어 있다. 동력선은 3상인데 2개밖에 없는 이유는 1개를 어스선으로 해서 전등과 공용하고 있기 때문이다. 그리고 전등선이 3개인 것에도 이유가 있다. 이에 대해서는 별도로 이야기한다.

그리고 전봇대에는 전선 외에도 변압기, 개폐기, 피뢰기 등의 중요한 기기와 가공지선(Overhead ground wire)이 설치되어 있다.

① **변압기** : 고압 6,600[V]를 저압의 동력선 혹은 전등선으로 변환한다.

② **개폐기** : 고압선 선로의 스위치이다. 사고가 났을 때나 배전선 공사를 할 때 ON/OFF 하여 전선로를 소(小)구간으로 구분해서 사고가 난 곳을 찾기도 하고 여러 가지의 공사를 하기도 한다. 최근에는 멀리 떨어진 곳에서 자동으로 ON/OFF 하기도 한다.

③ **피뢰기** : 천둥으로 인한 고전압을 막아내어 전선이나 변압기, 개폐기를 지킨다.

④ **가공지선** : 천둥이 많은 지역에서 전봇대 꼭대기(고압선 위)에 설치하는 강선(鋼線)으로, 전선으로 흐르려고 하는 천둥의 고전압을 가공지선이 대신 막아내어 전선이 절연 파괴되는 것을 방지한다.

또한 전봇대에는 필요에 따라 가로등, 교통신호등, 주거표시, 전화선, CATV선, 돌출 간판 등이 설치된다. 그리고 보면 범인을 미행하는 형사가 숨기도 하고 산책하던 개가 한 쪽 다리를 들고 실례하기도 한다.

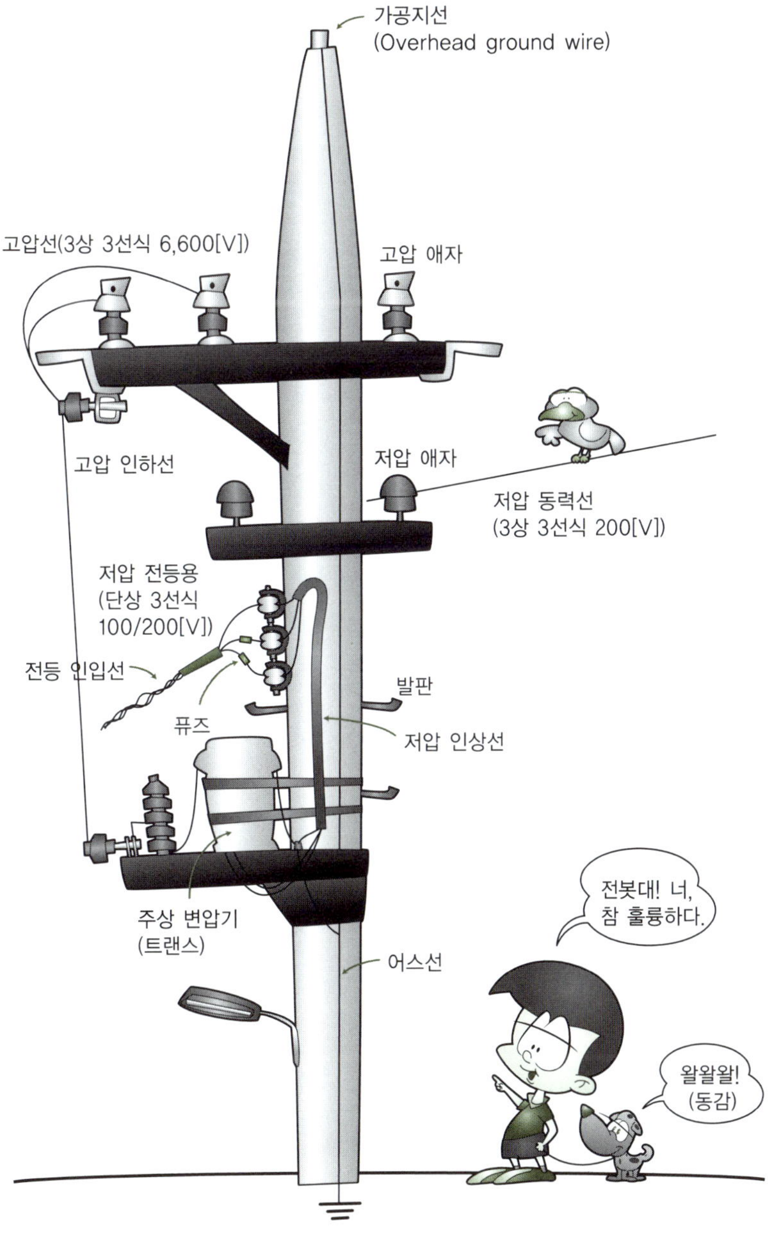

가공지선
(Overhead ground wire)
고압선(3상 3선식 6,600[V])
고압 애자
고압 인하선
저압 애자
저압 동력선
(3상 3선식 200[V])
저압 전등용
(단상 3선식
100/200[V])
전등 인입선
퓨즈
발판
저압 인상선
주상 변압기
(트랜스)
어스선
전봇대! 너,
참 훌륭하다.
왈왈왈!
(동감)

05 전력수송의 파트너 … **변압기**

변압기는 트랜스라고도 하며 전자유도 원리에 의해 교류전압의 크기를 변화시키기 위한 기기로, 전력을 멀리까지 효율적으로 수송하려면 반드시 있어야 할 기기이다. 전력량이 같다면 전압이 높은 쪽이 전류가 작아지기 때문에 전선도 가늘게 할 수 있고 전선의 전력손실도 작아진다. 변압기를 사용할 수 있는 점이 교류의 큰 특징이다.

그 기본적인 구조를 보면 철심(Core)에 2조의 코일을 감은 것으로, 전기적으로는 한 쪽(1차측 코일)에 인가한 교류전압에 의한 전류가 철심에 자속을 발생시키고 그 자속이 다른 한 쪽(2차측 코일)에 유도기전력(2차전압)을 발생시킨다. 변압기의 원리상 전류가 자계를 발생시키고 그 자계가 전류를 발생시킴을 알 수 있는데 전류와 자계가 밀접한 관계에 있다는 점도 추측할 수 있다.

변압기의 1차전압을 E_1, 2차전압을 E_2, 1차측 코일 권수(Number of turns)를 N_1, 2차측 코일 권수(Number of turns)를 N_2라고 하면 $(E_1/E_2) = (N_1/N_2)$의 관계가 있다.

철심에는 손실을 적게 하기 위해 얇은 규소강판을 몇 장 겹친 것(이것을 성층(Layup)이라고 한다)이 사용된다. 그리고 변압기에는 절연유가 들어가 있어 철심과 코일 간의 절연을 확보함과 동시에 코일의 온도상승을 방지한다. 용량이 클 경우에는 오일을 강제로 순환시켜 공기와 물로 냉각한다.

주상 변압기는 이름 그대로 전봇대 위에 있는 변압기로, 통상 단상 변압기로 되어 있고 2차측 결선에 의해 1대로 100[V]나 200[V], 그리고 이후에 설명하는 단상 3선식 100/200[V]에도 사용할 수 있다. 배전선의 전압은 부하전류에 의한 전압강하로 인해 변화하기 때문에 고압측 권수를 바꾸어 2차측 전압을 일정하게 하기 위한 단자가 달려있다. 이것을 변압기의 탭이라고 한다. 변전소 등에 설치하는 대용량의 변압기일 경우에는 이 탭을 부하의 크기에 따라 자동으로 전환하는 장치도 붙어 있다.

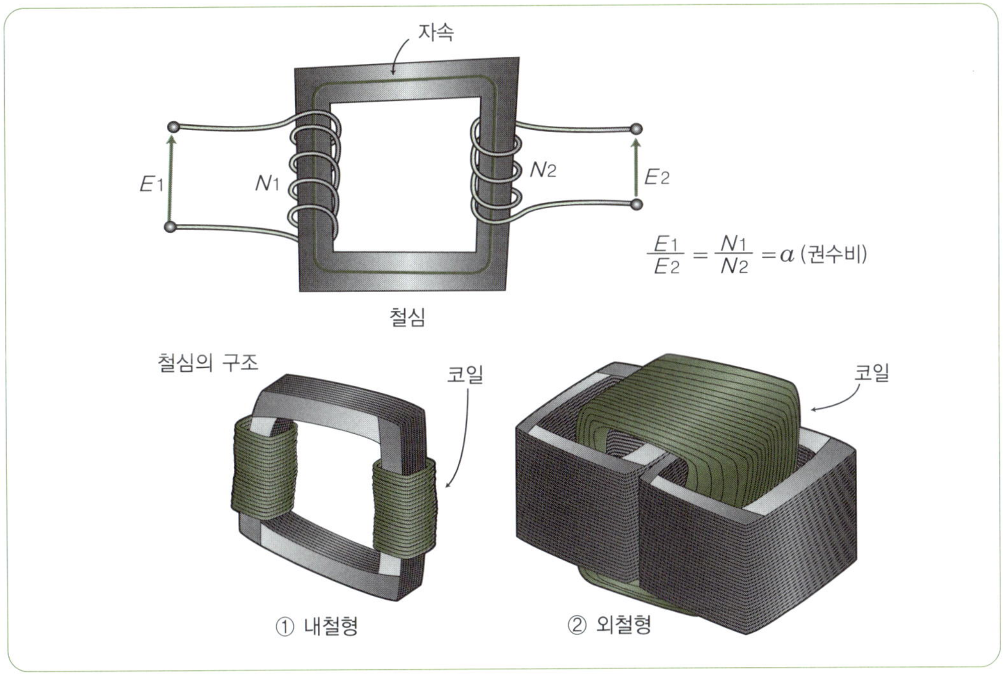

자속
E_1
N_1
N_2
E_2
$\dfrac{E_1}{E_2} = \dfrac{N_1}{N_2} = a$ (권수비)
철심
철심의 구조
코일
코일
① 내철형
② 외철형

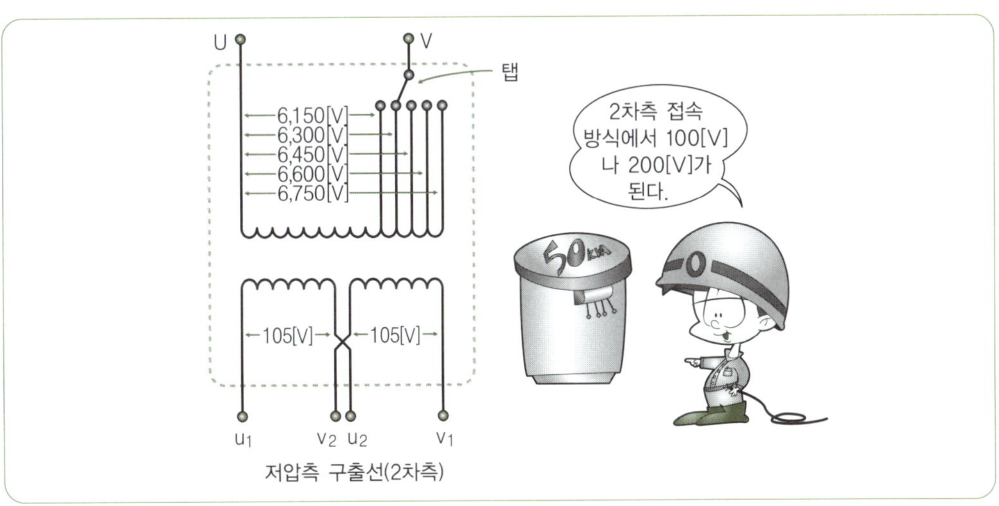

U
V
탭
6,150[V]
6,300[V]
6,450[V]
6,600[V]
6,750[V]
2차측 접속
방식에서 100[V]
나 200[V]가
된다.
50㎸
105[V]
105[V]
u_1
v_2
u_2
v_1
저압측 구출선(2차측)

06 전등선의 에이스 … **단상 3선식**

　가정에서 사용하는 조명이나 텔레비전은 단상 2선식 100[V](일본의 경우)이나 전봇대의 전등선은 3개가 있다. 인입선도 3개인 경우가 있다.

　이것은 그림에 나타내는 바와 같이 3개 중의 1개를 어스선(중성선이라고 한다)으로서 접지하고 어스선을 중심으로 위아래에 100[V]씩 전압을 분담한다. 나머지 2개를 전압선이라고 한다. 따라서 전압선 상호간의 전압은 200[V]로 되어 있다.

　그러므로 다음과 같은 특징이 있다.

① 1개의 배선으로 100[V]와 200[V] 양쪽의 기기를 사용할 수 있다. 이와 관련하여 200[V] 기기로는 전기온수기나 IH히터, 대형 에어컨 등에 있고 전압이 높을수록 고성능이다.

② 중성선이 접지되어 있으므로 대지로부터의 전압선 전압(대지전압이라고 한다)은 100[V]로서 안전성 면에서 100[V]와 같아진다.

③ 전력＝전압×전류이므로 같은 전력을 보내는데 전압이 2배가 되면 전류는 1/2이 되어 전선을 가늘게 할 수 있다. 반대로 같은 전류라면 보내는 전력을 2배로 할 수 있다.

④ 전류가 1/2로 되면 전선의 저항분에 의한 전력손실＝(전류)^2×전선저항이라는 식으로부터 손실은 전류의 자승에 비례하기 때문에 낭비되는 전력이 현저히 감소한다.

⑤ 2회로의 100[V] 부하가 같으면 중성선에는 전류가 흐르지 않는다. 부하가 불균형일 경우에는 중성선이 단선(斷線)되면 한 쪽의 회로는 100[V] 이상이 되어 기기류에 손상을 주는 일이 있다. 따라서 중성선에는 퓨즈를 부착하지 않고 또 접속도 나사의 수를 늘리거나 하여 단선되지 않도록 공사한다.

　단상 3선식을 야구로 말한다면 오른손 투수 에이스라고도 한다.

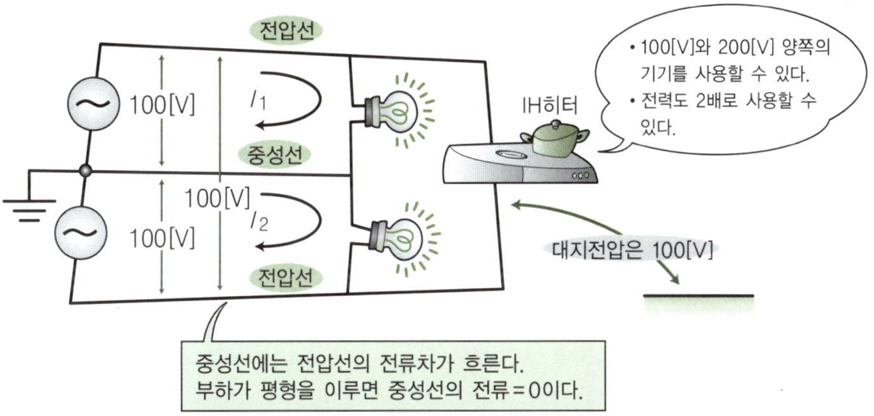

중성선의 단선과 이상전압

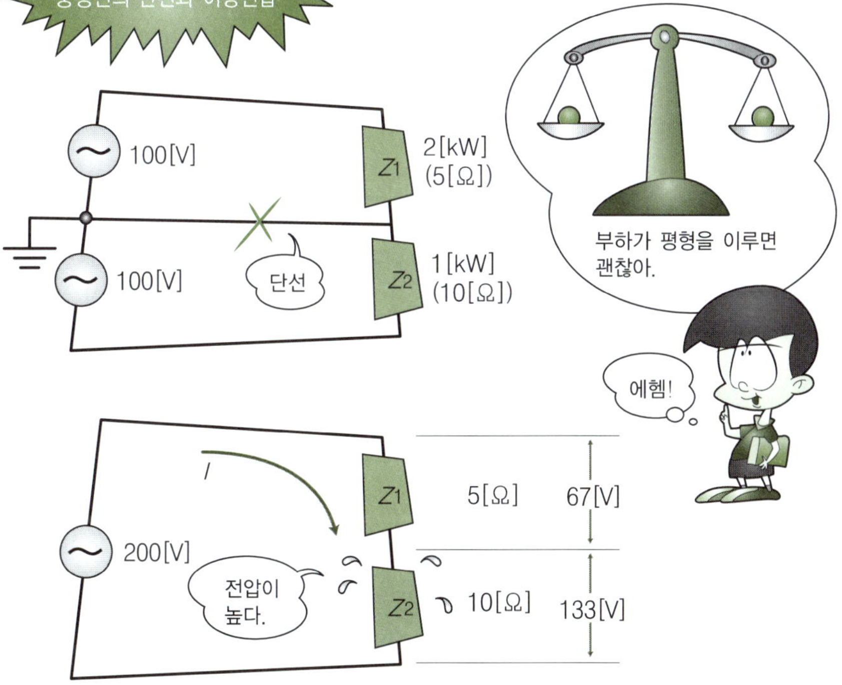

07 동력의 에이스 ··· V결선

　변압기가 2대 설치되어 있는 전봇대가 있다. 이 변압기는 고압선에서 200[V]의 3상 3선식 동력(3상 교류전력을 말한다)으로 변환하고 있다. 3상 고압을 변환하는 것이기 때문에 통상적으로는 3상 변압기나 단상 변압기가 3대 필요한데 변압기가 2대인 것은 왜일까?

　사실 단상 변압기를 △회로에 접속하는 경우와 마찬가지로 그 중의 1대를 생략하더라도 3상 회로를 만들 수 있다. 이와 같은 회로의 결선을 V결선이라고 한다.

　그림에 나타내는 바와 같이 V결선한 회로의 단자 c−a의 전압 E_c는 $-(E_a+E_b)$로 되기 때문에 2대 변압기의 전압 E_a와 E_b에서 E_c도 얻을 수 있다.

　하지만 상전압을 E, 상전류를 I', 선간전압을 V, 선전류를 I라고 하면 변압기가 3대일 경우의 전력은 $E=V$, $I'=\sqrt{3}I$로부터 $3EI'\cos\theta=\sqrt{3}VI\cos\theta$가 되지만 V결선일 경우 상전류는 그대로 선전류가 된다. 즉 선전류가 $\sqrt{3}$배로 되지 않는다. 따라서 변압기에 흐를 수 있는 전류는 정격전류까지이므로 정격전류를 I'라고 하면 그 출력은 $\sqrt{3}VI'\cos\theta$가 된다.

　그러므로 △결선과 V결선의 비는 $(\sqrt{3}VI')/(3VI')=\sqrt{3}/3=0.577$이고 △결선의 57.7[%]가 부하이다.

　그리고 V결선인 2대의 변압기 출력의 합은 $2VI'$이나 실제 부하의 전력은 $\sqrt{3}VI'$이기 때문에 그 비는 $(\sqrt{3}VI')/(2VI')=\sqrt{3}/2=0.866$으로 86.6%가 되며 이 비율을 이용률이라고 한다.

　그러나 전봇대에는 변압기를 많이 설치할 수 없는 점, 같은 변압기를 전등용이나 동력용으로 활용할 수 없는 점 때문에 V결선이 주로 채택된다. 최근에는 원터치형 3상 변압기도 개발되고 있다.

　V결선에서는 2대의 변압기 접속점을 접지하여 어스선으로 해서 전등의 중성선과 공용하고 있다. 단상 3선식이 오른손 투수 에이스라면 V결선은 말하자면 왼손 투수 에이스이다.

3상 3선식인데 변압기가 2개밖에 안돼?

V결선의 벡터도

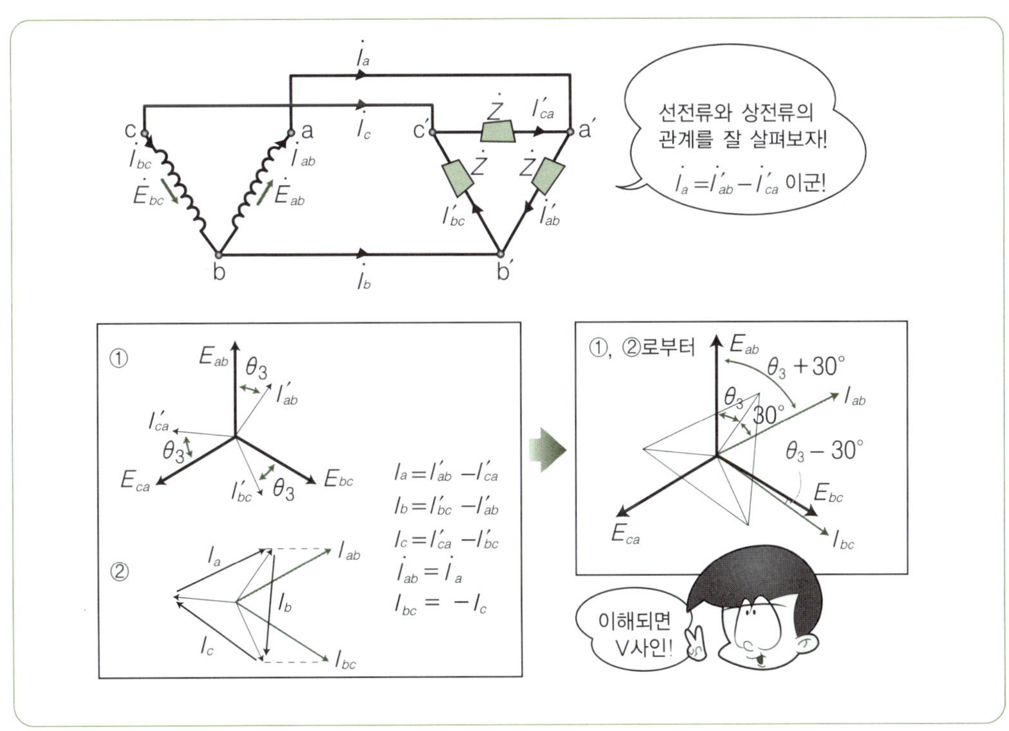

선전류와 상전류의 관계를 잘 살펴보자!
$\dot{I}_a = \dot{I}'_{ab} - \dot{I}'_{ca}$ 이군!

① , ②로부터

$I_a = I'_{ab} - I'_{ca}$
$I_b = I'_{bc} - I'_{ab}$
$I_c = I'_{ca} - I'_{bc}$
$\dot{I}_{ab} = \dot{I}_a$
$I_{bc} = -I_c$

이해되면 V사인!

08 히든카드 … 전등·동력 공용 3상 4선식

V결선인 한 쪽의 변압기 중점(中點)을 접지하고 거기서 중성점을 빼내면 단상 3선식 100/200[V]와 3상 3선식 200[V]를 동시에 만들 수 있다. 이것을 전등·동력 공용 3상 4선식이라고 해서 변압기의 수도 줄일 수 있고 전선도 4개면 되므로 매우 경제적이다.

도시에서 전선을 땅 속에 묻는 지중화 공사를 설계할 경우 공사비(지중화 공사는 가공선 공사에 비해 공사비가 10~20배로 비용이 상당하다)를 절감하기 위해 그리고 도로상에서는 변압기 설치공간이 한정적이기 때문에 주로 이 공사가 채택되고 있다.

그리고 농촌이나 산촌에서도 부하가 분산되고 있는 점, 저압 전선을 장거리에 걸쳐 시설하는 것보다 비용이 저렴하다는 점 때문에 채택되고 있다. 최근에는 일반 지역에서도 비용 절감이나 저압 전선을 생략함으로써 전봇대 활용 공간을 확보하고 전봇대에 시설하는 기기를 간소화한다는 측면에서도 적극적으로 채택되고 있다.

전등부하와 동력부하 양쪽을 맡는 변압기를 공용 변압기, 동력만 맡는 변압기를 전용 변압기라고 하는데 당연히 공용 변압기 쪽의 변압기 용량이 전등분만큼 커진다.

전등·동력 공용 3상 4선식은 전등과 동력의 부하전류가 같은 전선을 흐르기 때문에 전선에 흐르는 전류가 커지고 전압강하도 커진다. 그리고 동력측에 전류 변동이 큰 부하가 접속되어 있으면 크고 작은 전압강하가 반복되어 조명이 어른거리기도(플리커, Flicker) 하므로 주의해야 한다.

공용 변압기를 a−b간의 진행상(전용 변압기에서 120° 진행)에 접속하느냐 b−c간의 지연상에 접속하느냐에 따라 전등과 동력의 스펙트럼 관계상 공용 변압기에 걸리는 부하용량이 달라지는데, 지연상에 접속하는 쪽의 용량이 약간 커진다.

전등·동력 공용 3상 4선식은 마침내 등장한 히든카드라고도 할 수 있는 공급방식이다.

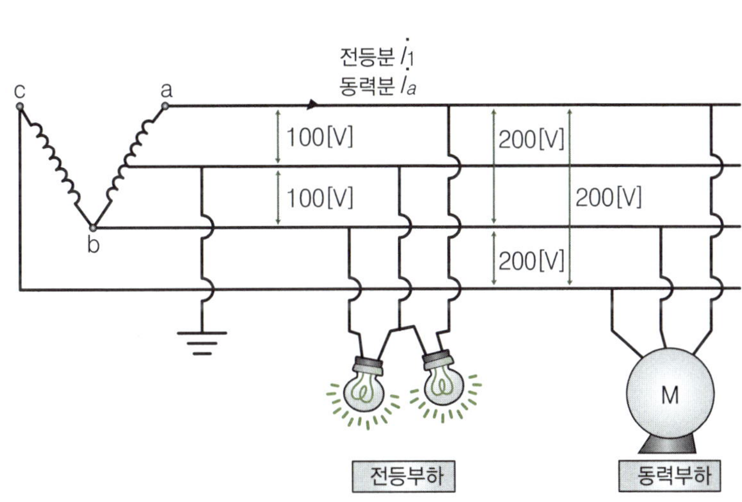

a−b 사이가 진행상일 경우의 벡터도

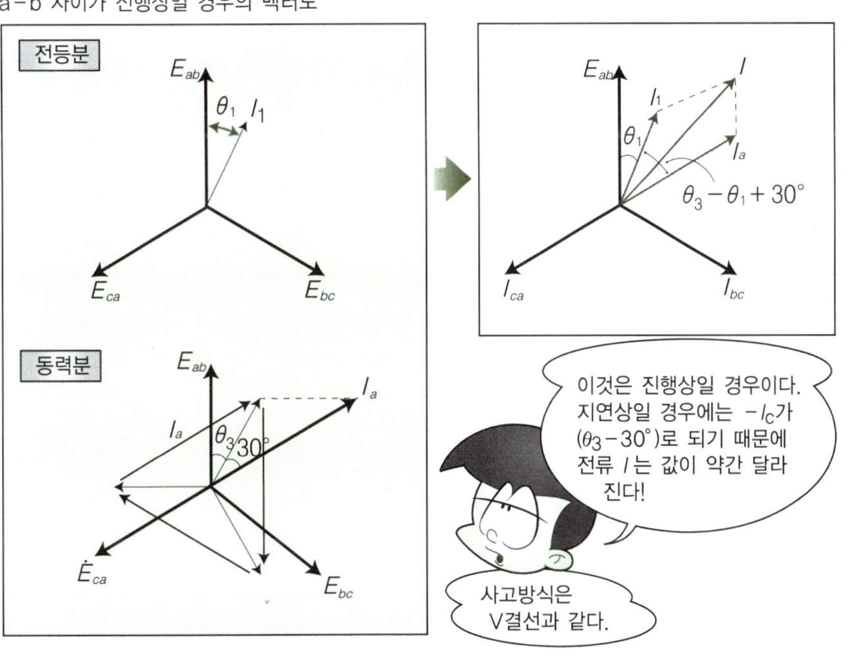

09 나는 메이저리거 … 네트워크 배전

명동이나 강남 등과 같이 빌딩이 인접해서 건물들이 쭉 늘어서 있는 지역을 과밀지역이라고 한다. 과밀지역에서는 대용량의 공급능력을 가진 배전선이 필요하다. 그리고 만일 정전되기라도 하면 그 영향이 크기 때문에 공급 신뢰도가 높은 배선방식을 채택한다. 그것이 미국산 메이저리거인 네트워크 배전이다. 참고로 뉴욕은 네트워크 배전이다.

네트워크 배전으로 대형 수용가에게는 스폿 네트워크(Spot Network ; SNW) 방식을, 일반 저압 수용가에게는 레귤러 네트워크(Regular Network ; RNW) 방식을 각각 적용하고 있다. 모두 공급능력을 확보하기 위해 전원에는 22[kV](또는 33[kV])의 특고압(전압 7[kV] 이상을 특고압이라고 한다)을 사용하고 지중선을 통해 공급하고 있다.

SNW 방식은 22[kV] 지중 배전선 3회선을 표준으로 간선에서 분기하여 고층빌딩 등에 인입한다. 그리고 네트워크 변압기나 네트워크 프로텍터라는 장치를 거쳐 네트워크 모선을 구성하고 각 저압측에 병렬로 접속한다. 이 방식은 네트워크 프로텍터의 작용에 의해 수전실에 있는 네트워크 모선의 부하측 이후에 사고가 발생하지 않는 한 정전되지 않아 공급신뢰도가 높다.

RNW 방식은 네트워크 변압기 등의 장치를 도로 밑에 시설한 지하공(地下孔)이라는 커다란 맨홀 안에 설치하고 거기서부터 저압 간선을 그물눈 모양으로 접속하여 일반 저압 수용가에게 공급한다.

네트워크 배전만큼 신뢰도가 높지는 않지만 22[kV] 본선 예비선 방식도 대도시의 대형 빌딩에 대한 공급력을 확보하기 위해 적극적으로 채택되고 있다. 이 방식은 본선과 예비선 2회선으로 공급하고 본선이 사고나 공사로 인해 정지될 경우, 즉시 예비선측으로 전환하여 공급할 수 있다.

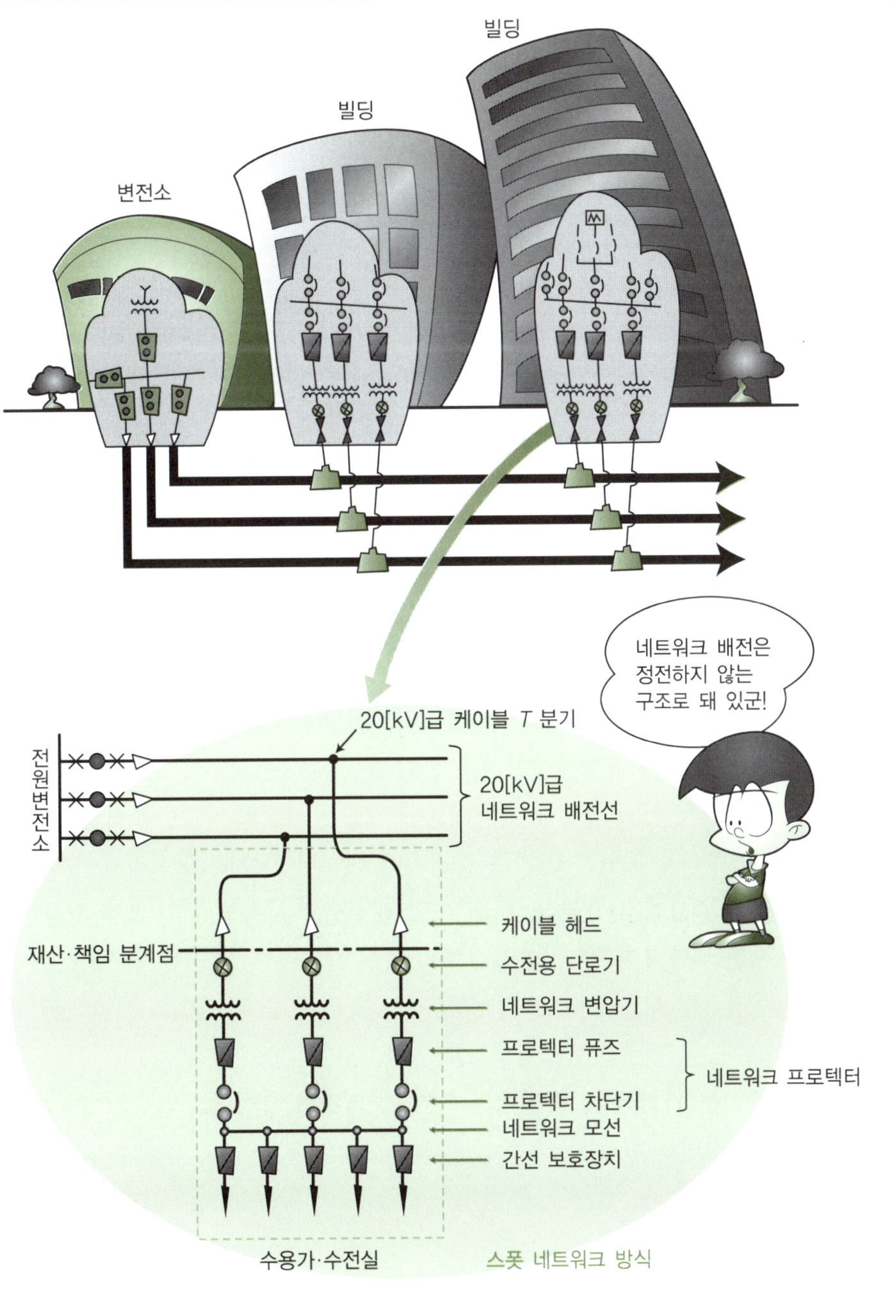

빌딩
빌딩
변전소
전원변전소
20[kV]급 케이블 T 분기
20[kV]급 네트워크 배전선
케이블 헤드
재산·책임 분계점
수전용 단로기
네트워크 변압기
프로텍터 퓨즈
네트워크 프로텍터
프로텍터 차단기
네트워크 모선
간선 보호장치
수용가·수전실
스폿 네트워크 방식
네트워크 배전은 정전하지 않는 구조로 돼 있군!

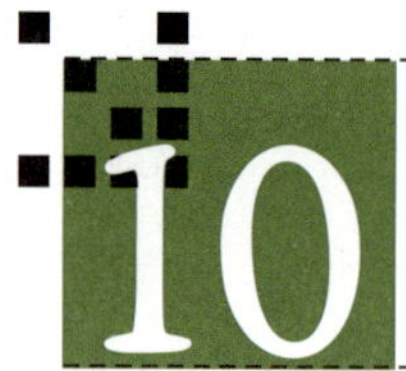

10 신인선수(루키) ··· 400[V] 배전

외국에서는 200/400[V]가 공급전압의 주류이나 일본의 경우를 보면 일반적으로 고압 전압은 6,600[V]이고, 저압은 100[V]와 200[V]이다.

그러나 지금까지도 고층빌딩 등에서 공조시설이나 엘리베이터, 펌프류, 조명 등에 대해서는 기기의 효율적 사용이라든가 비용절감 측면에서 400[V] 배전이 내선용으로 채택되어 왔다(전압이 높으면 공급능력이 증대하여 선로 손실이 감소하는 내용을 단상 3선식의 경우에서 설명했다). 즉 고압이나 특고압으로 수전하여 전기 주임기술자의 보안관리 하에 400[V]로 변환하여 사용하고 있다.

또한 일본에서도 최근에는 400[V] 배전에 의한 공급을 개시하고 있다. 새로운 400[V] 배전은 이와 같이 빌딩 안에서만 적용했던 것을 전력회사의 공급전압으로서 직접 빌딩에 공급한다. 수요밀도가 높은, 즉 신규 개발된 임해 부도심 등에서 채택되고 있다. 우선 배전용 변전소로부터 22[kV]급 배전선에 의해 배전하고 빌딩 구내 등에서 변전하여 직접 400[V]로 공급하는 방식이다.

지금까지 적용된 6,600[V]−100/200[V]에 의한 공급계통에 대해 20,000[V]−400[V]의 계통으로 되기 때문에 전압계열이 간단함과 동시에 유통 총비용도 절감할 수 있다. 그리고 전압에 국제성이 있기 때문에 기자재의 국제화를 도모할 수 있어 비용절감도 기대할 수 있다. 하지만 주택용 전압은 안전을 중시하여 대지전압 150[V] 이하로 정해져 있기 때문에 주로 사무실 수요에 사용된다. 한편 저압 배전선으로는 400[V] 쪽의 효율이 좋고 공급능력도 높은 점, 고압선에 비해 안전대책을 훨씬 간소화할 수 있는 점 때문에 별장 등에서는 고압선 대신 400[V] 배전선을 설치하고, 400[V]/100·200[V]의 변압기를 각각 시설하여 일반용으로 공급하는 방법도 채택되고 있다.

앞으로도 경제성이나 안전성 측면에서 400[V] 배전이 크게 활약할 것으로 기대되어 그야말로 배전선의 신인선수(Rookie)가 등장했다고 말한 것이다.

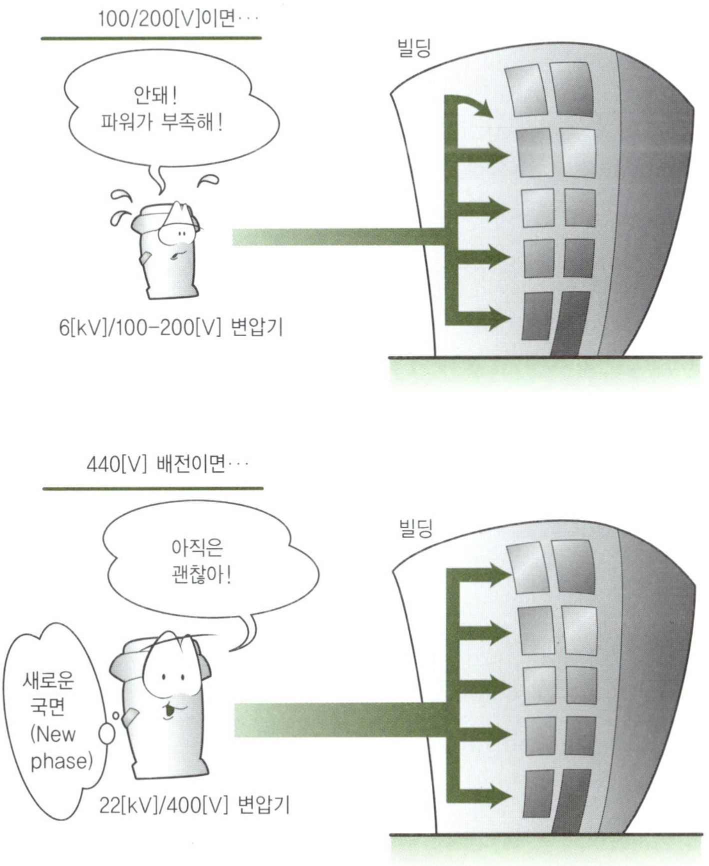

100/200[V]이면…

빌딩

안돼!
파워가 부족해!

6[kV]/100-200[V] 변압기

440[V] 배전이면…

빌딩

아직은
괜찮아!

새로운
국면
(New
phase)

22[kV]/400[V] 변압기

왜 사용될까? … 비접지 방식의 배전선

전력계통에서는 사고가 발생했을 경우 사고 즉시 판단하여 사고의 파급을 막거나 이상한 전압이 발생하는 것을 방지하기 위해 통상적으로 변전소에서는 변압기 Y결선의 중성점을 접지하는 일이 있다.

그러나 고압 배전선에서는 비접지 방식이라고 하여 중성점을 접지하지 않는 방식이 채택된다. 이것은 배전선의 경우 전선로가 수용 주택과 접속되기 때문에 전선로가 대지와 전기적으로 연결되어 버리는 사고, 이른바 지락사고가 발생하더라도 비접지이면 지락회로가 형성되지 않아 사고전류가 아주 작아지고 그 사고전류로 인한 소손 등을 막을 수 있기 때문이다. 그리고 혼촉(混觸 ; 사람 또는 가축이 전류가 흐르는 도체 또는 기계기구와 전기적으로 접촉한 상태)으로 변압기의 절연이 파손되어 고압 전압이 저압선측에 침입했을 경우 저압측 대지전압이 상승하는 것도 막을 수 있다. 이러한 두 가지 특징에 의해 주택 등의 전기적인 안전을 확보할 수 있다.

그리고 사고전류가 적으므로 이후에 설명하는 바와 같이 전화선에 미치는 전자유도장해도 거의 발생하지 않는다. 변압기를 △-△ 결선으로 할 수 있기 때문에 단상 변압기를 △결선으로 하면 변압기 1대가 고장나더라도 V-V 결선으로 해서 운전을 계속할 수 있다.

이와 같이 비접지 방식은 배전선처럼 전압이 낮은 소규모 계통에서는 유리하지만, 특별고압 송전선과 같이 전압이 높고 대지정전용량도 클 경우에는 사고발생시의 전압 상승이라든가 전선로의 절연능력 저감, 사고발생시의 선로 고속차단 등의 측면을 고려하여 중성점을 직접 접지하거나 저항이나 리액터로 접지하는 방식이 적용되고 있다.

중성점 접지방식

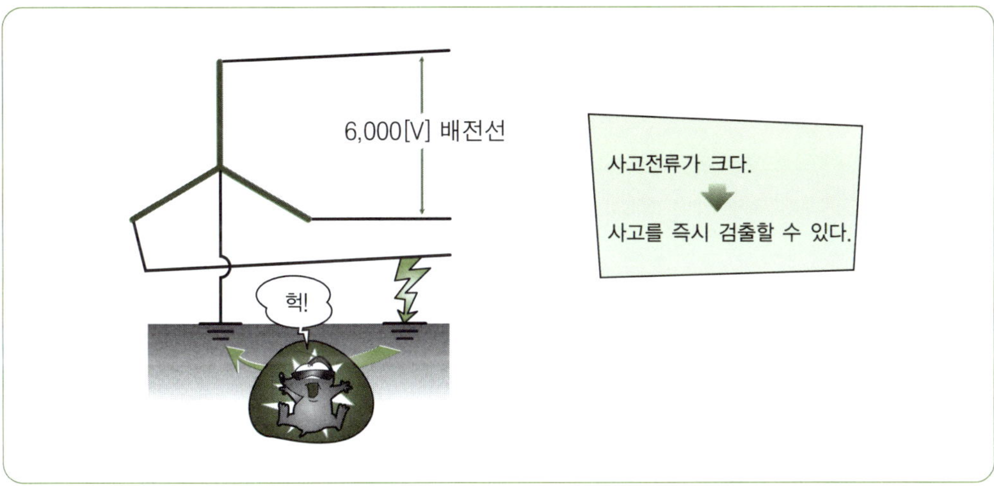
6,000[V] 배전선
헉!
사고전류가 크다.
사고를 즉시 검출할 수 있다.

중성점 비접지방식

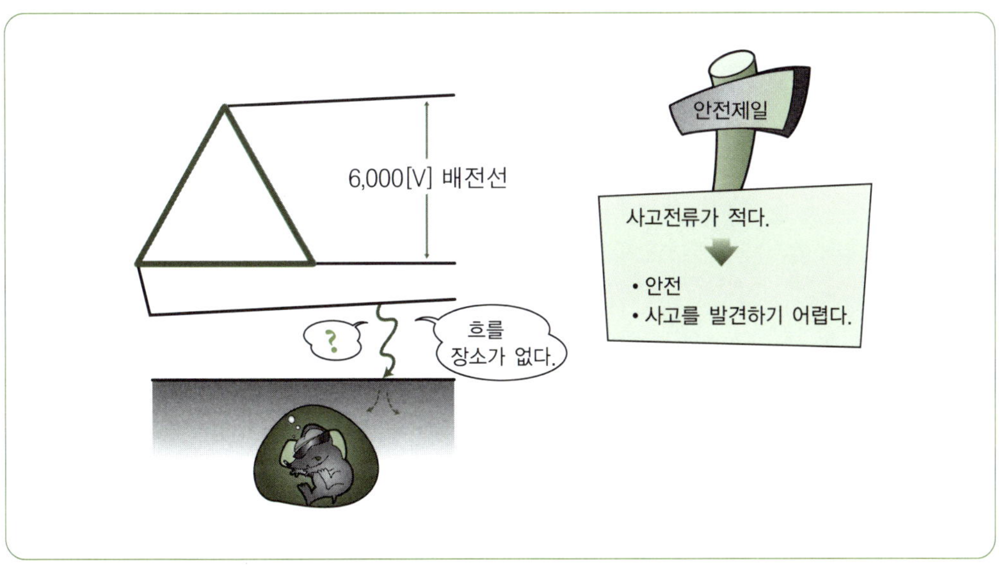
6,000[V] 배전선
안전제일
?
흐를 장소가 없다.
사고전류가 적다.
• 안전
• 사고를 발견하기 어렵다.

 12 전기계통에서 일어나는 … **여러 가지의 사고**

전기는 안전하게 사용하면 매우 편리하지만 일단 사고로 이어지면 전기 자체가 눈에 보이지 않는 일도 있어 감전이나 화재라는 위험을 수반한다. 그러므로 전기설비는 사고가 발생하지 않도록 설계·공사·점검보수가 실시된다. 그러나 자연재해 등과 같이 어쩔 수 없는 경우도 있기 때문에 전기계통에서 사고가 발생했을 경우에는 그 피해를 최소화하고, 또 안전이 확보되는 보호장치를 변전소 등에 설치해 놓고 있다.

전기에는 주로 다음과 같은 사고가 있다.

① **과전류사고** : 과부하 또는 단락으로 인해 회로의 정격전류값 이상으로 전류가 흐르는 사고로 전기사고 중에서는 발생비율이 가장 높다. 방치해 두면 회로가 발열하여 소손(燒損)한다. 단락일 경우에는 갑자기 큰 전류가 흐른다.

② **지락(地絡)사고** : 전기회로의 절연이 손상되어 전류가 회로 이외의 전기 기기 등을 통해 대지로 흘러드는 사고이다. 따라서, 사람이 기기를 만져 감전되기도 하고 화재발생의 원인이 되기도 한다. 그리고 단락사고의 초기는 통상 지락사고로 되고 있다.

③ **결상(缺相)사고** : 전기회로 3선 중의 1선이 단선되어 정상적으로 전기가 도달하지 못하는 사고이다. 예를 들면 3상 3선식에서 1선이 단선하거나 하는 경우이다. 전동기가 소손되기도 하고 통상보다 큰 이상전압이 발생하기도 한다.

이러한 사고는 일반가정에서도 발생하는데 전력계통 전체적으로 보면 그 외에도 이상(異常)전압, 탈조사고, 전파장해, 전식 등이 있다. 탈조(脫調, Step out) 사고는 사고 등으로 부하가 급변할 때 발전능력이 따를 수 없게 되는 사고, 전파장해는 3상회로의 균형이 깨지기 때문에 통신선에 전자유도장해를 끼치게 하는 사고, 그리고 전식(電蝕)은 전기화학작용으로 인해 땅속 금속체 등에 부식을 일으키는 사고로 주로 전기철도 레일의 전류 누출로 발생한다.

① 과전류사고(과부하·단락)

② 지락사고

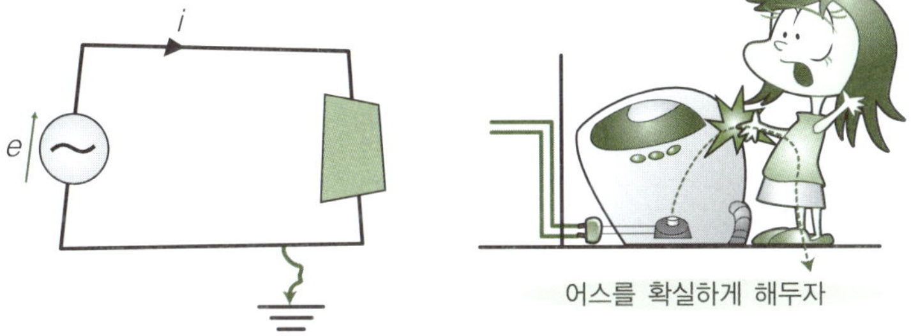

③ 결상사고

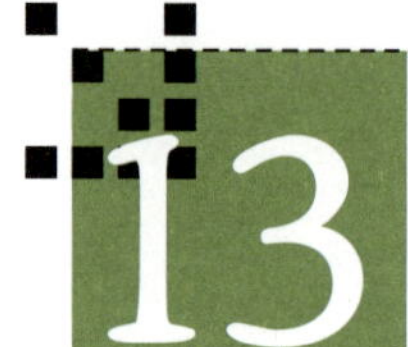 13 불꽃 스토퍼(Stopper) ··· 과전류 차단기

과전류는 과부하 과전류와 단락전류로 나뉜다. 과전류는 전기회로적으로 회로 내부를 흘러 외부로 새어 나가는 일은 없다. 과부하 과전류는 전동기 등의 부하가 규정값 이상으로 커지기 때문에 발생한다. 이것이 계속되면 결국에는 전동기 등이 소손되어 버린다. 단락전류는 회로 내의 단락으로 인해 발생하고 발생하는 장소에 따라 통상의 전류 정도이거나 수십배 이상의 큰 전류가 흐르기도 한다.

이와 같이 과전류 차단기가 대상으로 하는 전류값의 범위가 작은 값에서부터 큰 전류까지 매우 넓지만 그 차단동작은 작은 전류에서는 큰 차이가 없어 주로 단락전류를 차단하는 방법에 따라 종류가 나뉜다.

단락전류를 차단하는 방법에는 한류(限流)차단과 비한류(非限流)차단, 두 종류가 있다. 한류차단은 단락전류가 정현파 전류파형의 최대값이 되기 전에 차단해 버리고, 비한류차단은 정현파 전류파형의 최대값을 통과하여 전류가 0점이 되는 곳에서 차단하거나 또 다시 몇 회 째인가의 0점에서 차단한다.

그러면 여러 가지 저압용 차단기의 특징을 살펴보자.
① **기중 차단기**(Air Circuit Breaker, ACB) : 비한류차단으로 가장 기본적인 차단기이다. 간선용 개폐기로도 사용된다.
② **배선용 차단기**(Molded-case Circuit Breaker, MCB) : 이른바 브레이커를 말하는 가장 보급되어 있는 차단기로 여러 가지 종류가 있다.
③ **한류 퓨즈** : 차단용량이 크기 때문에 단락전류가 큰 회로에서 사용한다.
④ **전자 개폐기** : 마그넷 스위치로 불리고 전동기 회로에 부착하여 회로 개폐와 과전류 보호라는 두 가지의 일을 한다.

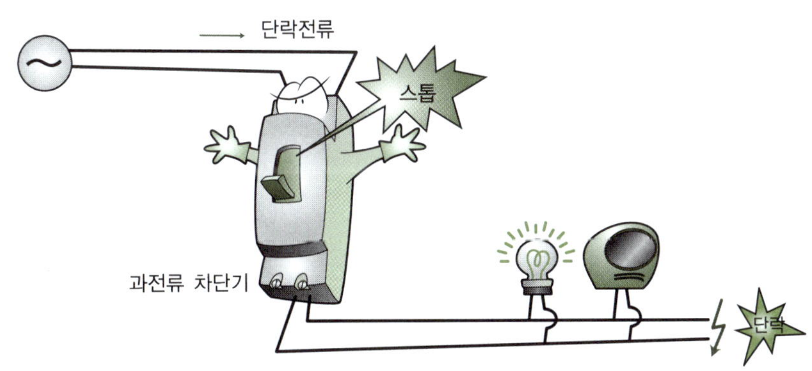

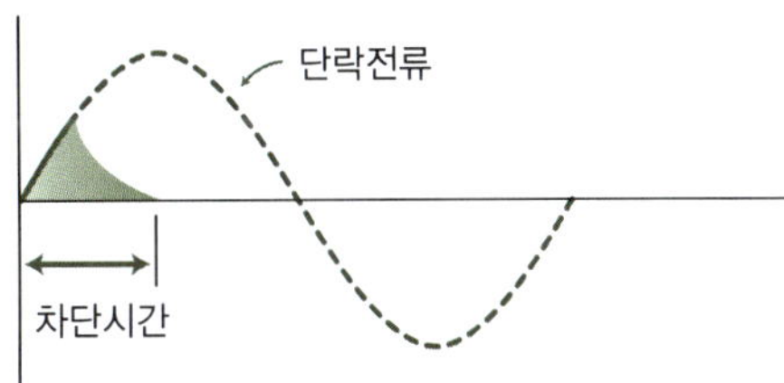

단락전류가 파고치(Peak value)에 도달하기 전에 전류를 제어하여 차단한다.

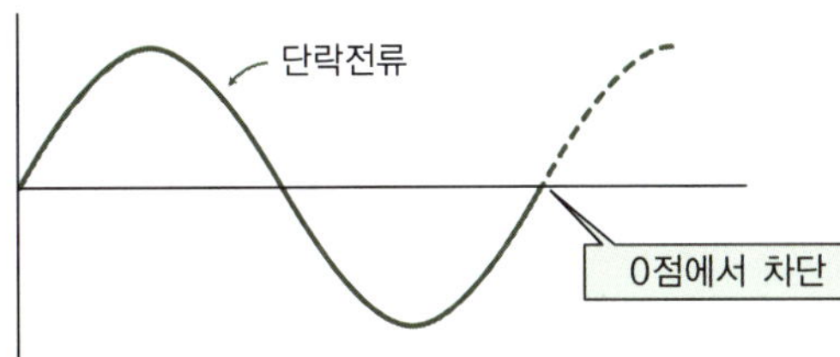

단락전류는 파고치(波高値)를 통과시키고 다음 전류 0점에서 차단한다. 여기서 차단할 수 없을 때는 또 다시 다음 전류 0점에서 차단한다.

14 아크에 지지마 … 교류 차단기

전력계통의 변전소 등에서는 전압도 높고 흐르는 전류도 크기 때문에 대형 차단기가 설치된다.

전로(電路)를 차단하려면 우선 전극을 떼어놓는다. 그러면 전기도 꺼지지 않으려고 전극 간에 아크가 발생하고 다음은 아크를 잡아늘여 소거하면서 차단한다. 아크가 꺼지는 것을 소호(消弧, arc extinguishing)라고 한다. 전압이 수천 [V]가 되면 차단시의 아크를 소거할 수 없어 차단하기 어렵기 때문에 절연유 속에서 개폐하는 유입(油入) 차단기(OCB)가 만들어졌고 그 다음에는 소호실이라는 것을 만들어 여러 가지의 매개체를 사용해서 차단하게 되었다. 가스 차단기(GCB), 공기 차단기(ACB), 자기 차단기(MBB), 진공 차단기(VCB) 등이다.

예를 들면 가스 차단기는 소호 능력이 높은 SF_6(육불화유황) 가스를 아크에 분사하여 아크를 끈다. 차단능력이 뛰어나 500,000[V]용 고전압 대용량의 가스 차단기도 만들어지고 있다.

전력계통의 차단기는 1회 동작으로 끝나지 않는다. 계통은 1회 차단한 후 다시 송전되는데 이때 다시 차단동작을 필요로 하는 경우가 있다. 그러므로 차단기의 동작 책무(責務)가 정해져 있다. 일반적으로 [차단−(1분)−투입 후 재차단−(3분)−투입 후 재재차단]이지만 중요한 송전선에서는 고속도 재(再)폐로라고 하여 [차단−(표준 0.35초)−투입 후 재차단−(1분)−투입 후 재재차단]을 하는 동작에 있어서 절연파괴나 과도한 오일 분사·연기 분사·기계적 충격이 없고 실용상 지장이 있으면 안 된다.

퓨즈는 고압 회로에서는 전력퓨즈라고 한다. 전력퓨즈는 소용량의 변압기나 전동기 등에 사용된다. 한류형에는 밀폐형, 비한류형에는 방출형 퓨즈가 사용된다. 한류 퓨즈는 절연통으로 불리는 용기 안에 퓨즈 소자를 부착하고 그 주위에는 석영사를 채운다.

방출형은 자기나 파이버제 용기 안에 퓨즈 소자를 붙인 것으로, 퓨즈가 용단(溶斷)되면 잡아당기는 탄력에 의해 소호통 안으로 끌려 들어간다. 배전선 주상 변압기의 고압 컷 아웃(Cut out) 등이 여기에 해당한다.

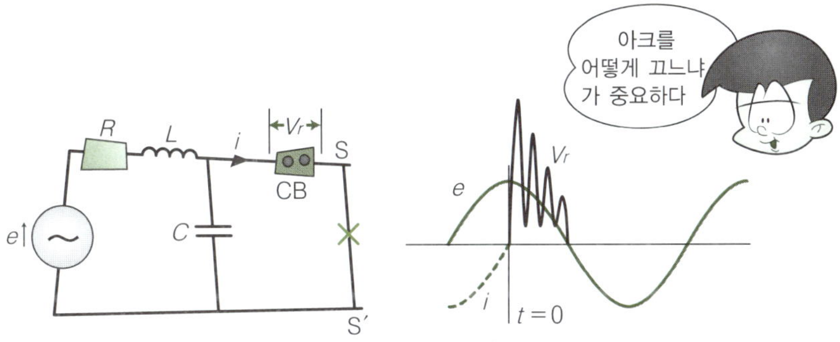

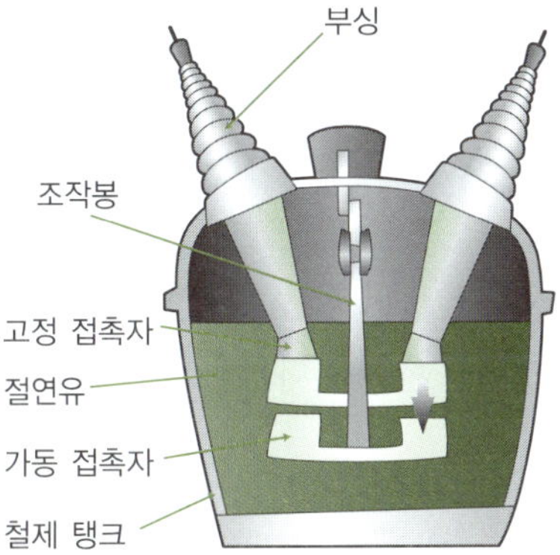

① 유입(油入) 차단기

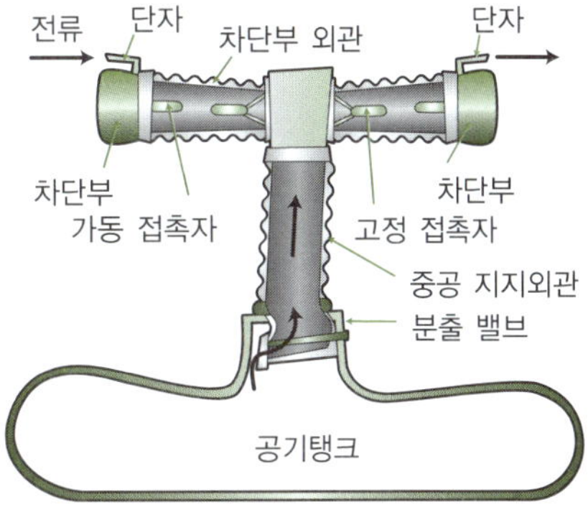

② 공기 차단기

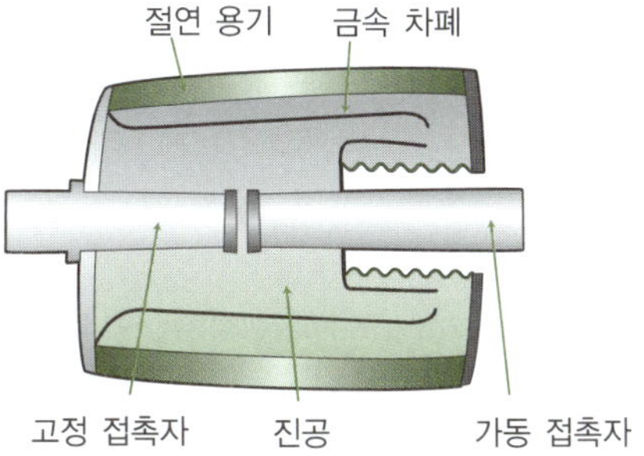

③ 진공 차단기

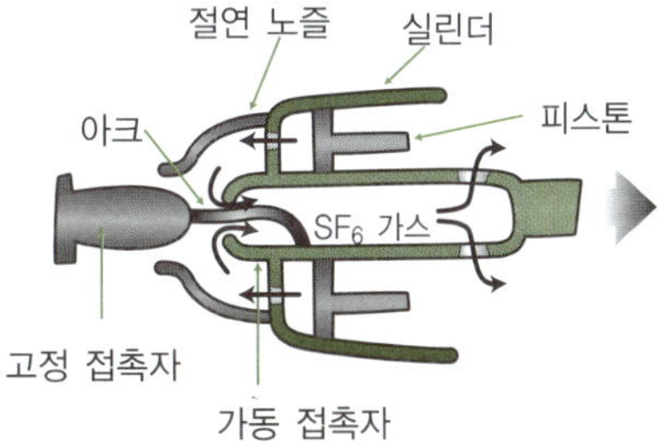

④ 가스 차단기

어떻게 찾아낼까? ··· 지락사고(Ground fault)

과전류 사고일 경우에는 그 과전류로부터 회로를 보호함과 동시에 사고의 영향을 최소화하기 위해 어떻게 과전류를 차단할 것인가가 목적이다. 하지만 지락사고일 경우에는 지락전류값이 작기 때문에 반드시 즉시 차단을 하는 것은 아니고 배전선 등에서 지락의 상황과 크기에 따라 경보음을 내기도 한다.

그러나 가정 배선의 경우에는 다음에 설명하는 누전 차단기처럼 직접 감전의 위험이 있기 때문에 지락을 검출한 경우에는 즉시 차단해야 한다.

지락사고의 검출 방식으로는 지락전류를 검출하는 방식과 전압을 검출하는 방식이 있다.
① **전류 검출** : 저압 계통에서 널리 적용되고 있는 방식으로, 3상 3선식일 경우 통상적으로 3선의 전류합은 0이나 사고발생시에는 0이 되지 않는다. 따라서 변류기(CT) 또는 영상변류기(ZCT)를 사용해서 전류를 감지한다.
② **전압 검출** : 지락사고의 지락전류에 의해 발생하는 전압을 검출하는 방식으로, 저항접지방식이나 비접지방식처럼 지락전류가 작을 경우에 적용된다. 비접지방식일 경우에는 접지형 계기용 변압기(GPT)를 사용해서 검출한다.

이와 같이 사고를 검출하여 차단기로 차단 명령신호를 보내는 것을 보호 계전기(보호 릴레이라고도 한다)라고 부르고 차단기와 조합해서 전력계통을 보호한다. 이 계전기는 목적이나 사고의 상황에 따라 여러 가지의 종류가 있다. 사고지점까지의 임피던스를 구하고 그것을 거리로 치환하는 거리 계전기, 사고구간의 양끝을 동시에 차단하는 파일럿 계전기, 전류의 방향에 따라 사고구간을 판정하는 방향 계전기 등이 있고 이것들을 조합하여 전력계통의 단락 및 지락을 보호한다.

접지형 계기용 변압기

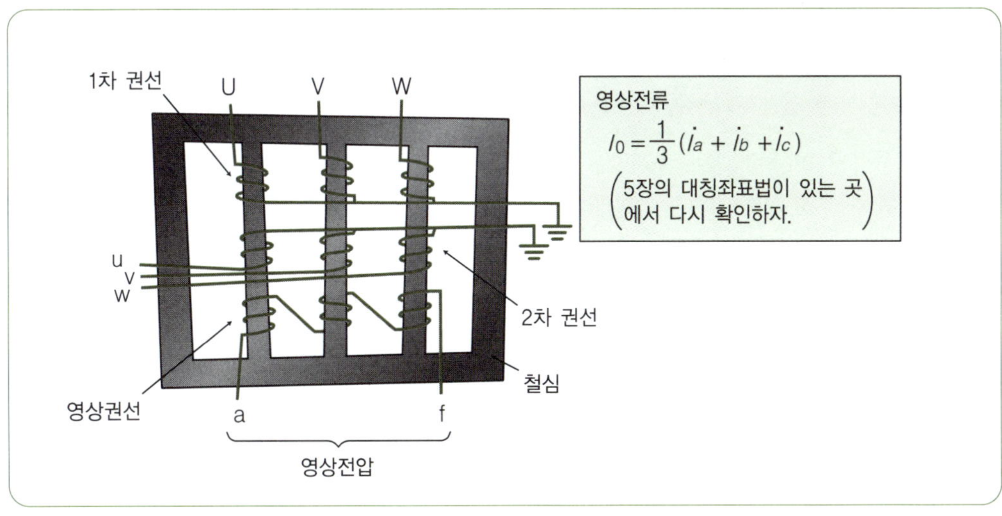

 16 감전방지의 유명한 선수 … **누전 차단기**

　누전 차단기(ELCB)는 이름 그대로 누전을 검지하여 그 자리에서 차단하는 기기이다. 그러므로 전기설비를 보호하는 일반 과전류 차단기나 지락 차단기와는 달리 사람이 감전되는 것을 막음과 동시에 화재방지를 목적으로 한다. 종전에는 전기 기기의 절연 불량으로 인한 감전방지 대책을 주로 접지공사에 의존해 왔으나 최근에는 누전 차단기가 널리 활용되고 있다.

　여기서는 감전에 대해 간단히 설명한다. 1[mA] 정도의 전류가 흐르면 인체는 전류가 흐름을 느끼게 된다. 이것을 감지전류라고 한다. 전류가 5~20[mA]의 전류로 되면 이제 인간은 근육을 자유롭게 움직이지 못하게 된다. 이 전류를 불수의(不隨意) 전류라고 한다. 그리고 그 이상이 되면 심장을 움직이는 근육이 경련하여 사망할 우려가 있다.

　한편 인체의 저항은 500~1,000[Ω]이므로 전류와 저항으로 안전한 전압(허용 접촉전압)을 구할 수 있다. 신체의 대부분이 물 속에 있을 경우에는 물에 빠지는 것도 감안하여 5[mA]×500[Ω]으로부터 2.5[V]가 된다. 통상 50[mA]라고 하면 25~50[V]가 허용 접촉전압이 된다.

　누전 차단기는 지락전류를 감지하여 회로를 차단하는데 반드시 차단할 수 있는 전류를 정격전류라고 하고 고감도형은 5~30[mA], 중감도형은 50~1,000[mA]이다. 동작시간은 고속형 0.1초 이하, 시연(時延)형 0.1초 초과이다. 습한 장소나 이동형 기기 등에서 접지선이 차단될 우려가 있을 경우에는 감전보호를 목적으로 고감도형을 사용한다. 기기가 확실하게 접지되어 있을 경우나 간선 등의 전류값이 클 경우에는 불필요한 동작을 방지하기 위해 중감도형을 사용한다.

　누전 차단기에는 녹색의 절연 시험버튼이 부착되어 있으므로 월 1~2회는 정상적으로 동작하는지 확인한다. 그리고 종종 누전 차단기가 동작할 경우에는 누전으로 인한 재해위험이 있으므로 반드시 전기공사 업체와 상담해야 한다.

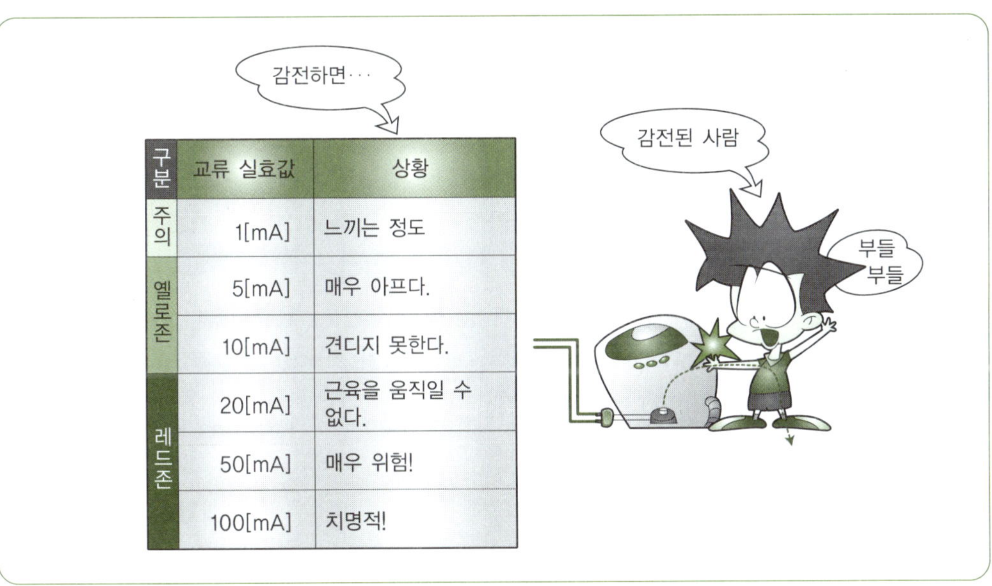

구분	교류 실효값	상황
주의	1[mA]	느끼는 정도
옐로존	5[mA]	매우 아프다.
	10[mA]	견디지 못한다.
레드존	20[mA]	근육을 움직일 수 없다.
	50[mA]	매우 위험!
	100[mA]	치명적!

누전 차단기

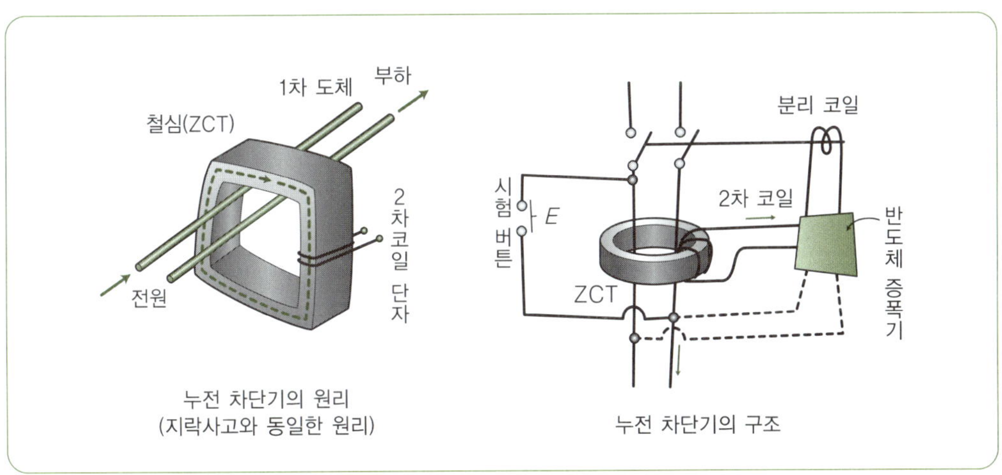

누전 차단기의 원리
(지락사고와 동일한 원리)

누전 차단기의 구조

17 가상체험 … 철탑에 오르자!

철탑을 올려다보면 그 크기에 놀라고 또 아득히 저 멀리까지 계속되는 송전선을 보고 먼 곳을 상상한 분도 많을 것이다. 전력회사의 기술자를 제외하고 보통 우리들은 철탑에 오르지 못하지만 모처럼 얻은 기회이니 가상체험을 했으면 한다.

아무튼 철탑에 오르면 이번에는 500,000[V]가 흐른다고 하자. 현재는 500,000[V]이지만 설계상으로는 1,000,000[V]용 철탑이다. 저렇게 높은 곳까지 도저히 오를 수 없을 것 같지만 괜찮다. 현재 큰 철탑에는 자동 승강장치도 있고 안전띠를 단단히 매고 있으면 추락할 염려가 없다.

맨 위까지 오르면 상당한 높이이다. 그도 그럴 것이 110[m]나 되고 철탑은 산 위에 건설되고 있기 때문에 높게 느껴진다. 그리고 산맥의 저편까지 송전선이 계속되는 것은 그야말로 감동적이다. 철탑의 횡폭은 최대 48[m]나 된다.

애자의 수를 세어보자. 무려 28개나 된다. 현수(懸垂) 애자라고 하는데 지름 30[cm] 정도이고 큰 중화요리 냄비와 같다. 애자의 끝에서 끝까지는 5[m] 정도이다.

전선은 810[mm²]의 강심(綱心) 내열 알루미늄 합금 꼬임선(TACSR)이라는 전선이 50[cm] 간격으로 4줄 1조로 되어 있다. 이것을 다도체(多導體)라고 하고 전선 1줄은 너무 굵어 공사가 어렵지만 전기적 손실도 커지는 것을 막을 수 있다. 전선 1줄의 지름은 38.4[mm]이다. 알루미늄선 45가닥으로 되어 있고 안에 강선이 7가닥이나 들어가 있다. 1,000,000[V]가 되면 1상(相)에 8줄이나 사용한다.

그 외에도 천둥을 막기 위해 철탑 최상부에는 가공지선이, 애자의 양끝에는 아크 혼(Arcing horn)이 각각 달려있다.

가상체험이라고는 하지만 철탑에 올라가 보면 철탑이 비바람에도 끄덕하지 않고 전기를 보내기 위해 매일 전력투구하고 있음을 잘 알 수 있다.

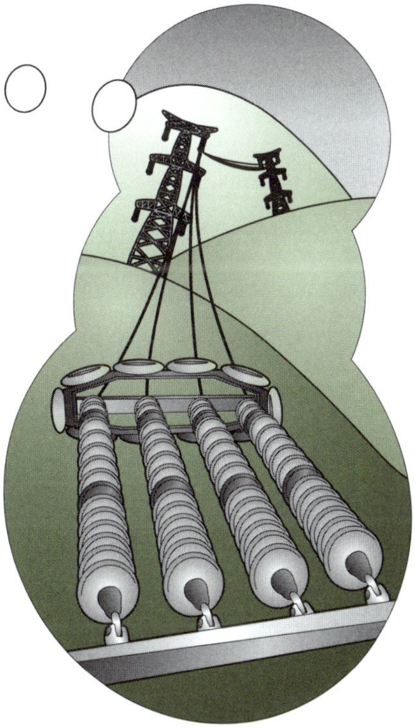

가공송전 철탑

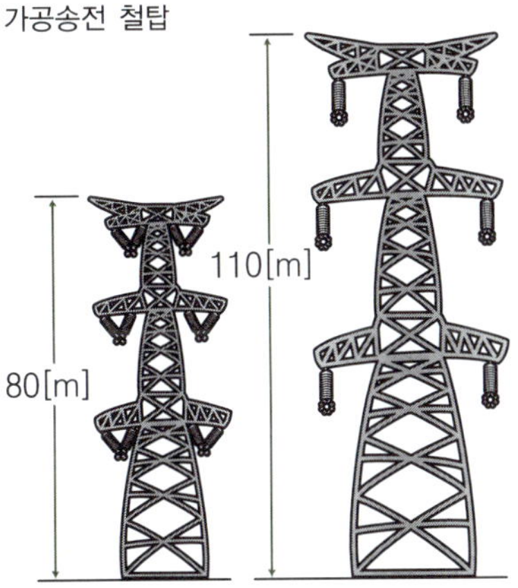

110[m]

80[m]

500,000[V] 설계 1,000,000[V] 설계

전선

전선

←스페이서

←스페이서

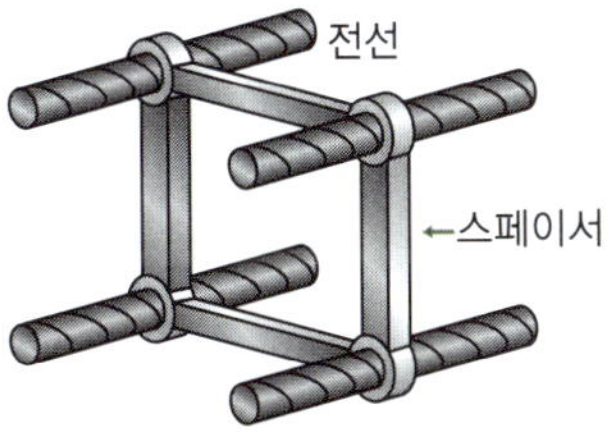

500,000[V] 설계 (4도체) 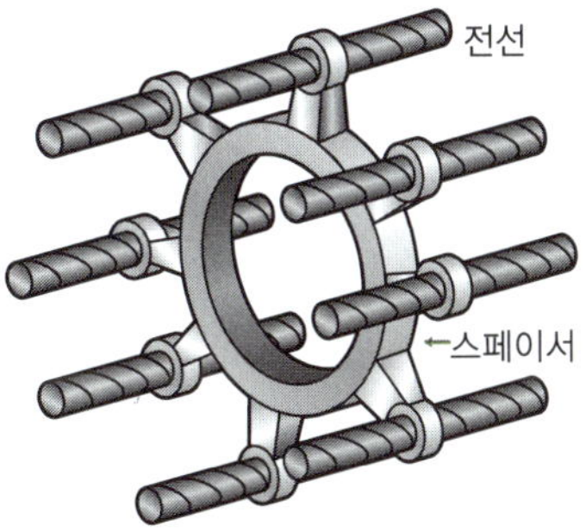 1,000,000[V] 설계 (8도체)

18 대형 전기회로 ··· **전력계통**

지금까지는 집 안에서 밖으로 전선을 점검했다.
끝으로 발전소를 포함한 전력계통 전체를 살펴보기로 하자.

수력, 화력, 원자력을 중심으로 한 각 발전소는 송전선과 얼마 간의 변전소를 거쳐 배전용 변전소까지 운전된다. 여기서부터 배전선으로 그물눈처럼 퍼져 각 주택이나 공장 등으로 전기가 보내진다. 이들 전기회로는 만의 하나 한 곳에서 고장이 나더라도 정전되는 일이 없도록 계통의 네트워크화가 되어 있다. 그야말로 가장 큰 전기회로라고 말할 수 있다.

전기는 비축할 수 없기 때문에 전력수요에 맞게 발전소의 출력을 조정할 필요가 있다. 이것을 통제하는 곳이 중앙급전지령소이다. 중앙급전지령소에서는 수요 변동에 맞추어 기본 부하는 원자력, 큰 부하변동은 화력, 피크시의 대응은 수력으로써 각 발전소의 특징을 살려 운용한다. 그리고 사고발생시에는 사고점의 분리 등 전력을 안정적으로 공급할 수 있도록 지령을 낸다. 이같이 복잡한 계산을 할 때는 컴퓨터가 사용된다.

야간에는 남은 전력을 이용해서 양수(揚水)식 발전소를 펌프로 운전하여 하류수를 상류로 퍼올려 주간의 피크에 대비한다. 그리고 내일의 기온이나 행사 등으로 발전량을 예측하여 발전소의 운전계획을 책정하기도 한다.

일본의 경우 각 전력회사의 전력계통은 오키나와를 제외한 일본 전국의 전력계통이 모두 연계되어 있어 설비의 효율적인 운전이나 공급력을 확보하기 위한 전력이 융통되고 있다. 이것을 광역 운영이라고 하고 주파수가 다른 전력회사들을 연계하기 위해 주파수 변환장치가 설치되어 있다. 한편 홋카이도와 혼슈 간에는 직류 송전을 실시하고 있다.

수요와 공급의 관계

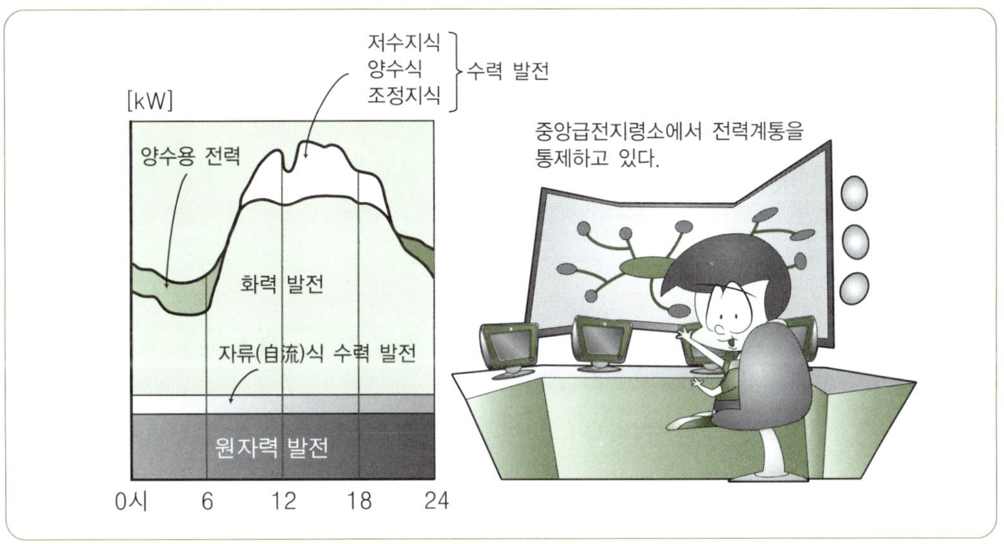

전력계통의 도(圖)

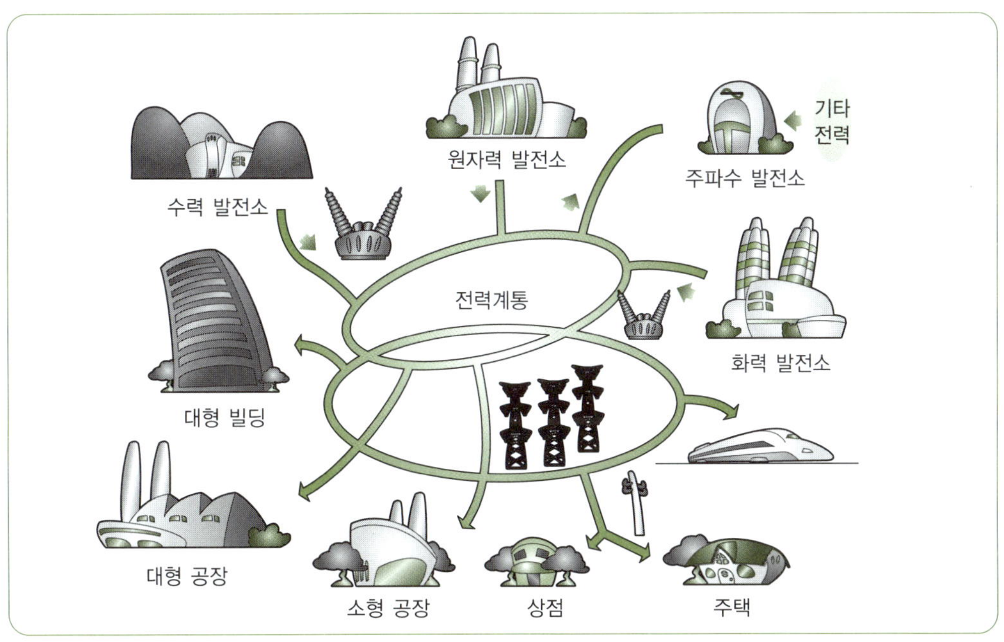

19 이름이 멋진 ··· 코로나(Corona)

코로나(Corona)는 본래 왕관(Crown)을 말하기도 하고, 또 개기일식에는 태양의 주위에 퍼져 보이는 진주색의 신비한 둥근 빛을 말하기도 한다. 그러나 전기적으로는 송전선 등이 국부적으로 공기의 절연파괴를 일으켜 생기는 방전현상을 코로나라고 한다.

송전선의 코로나는 전선의 바깥지름이 송전전압에 비해 부족할 경우 전선 주위의 전계가 강해져 공기가 그곳의 부분만 절연 파괴하고 전선의 표면에서 부분방전이 발생하는 것으로, 이 방전현상을 코로나 방전이라고 하고 코로나가 생기면 빛과 소리를 내어 라디오의 수신장애를 일으켜 악영향을 준다.

코로나 방전에서 생긴 소리, 빛은 전기 에너지가 형태를 바꾼 것이기 때문에 이것이 전력 손실로 이어져 코로나 손실(Corona loss)로 불린다.

공기의 절연내력(絕緣耐力)이 깨지는 전위의 기울기는 표준 공기상태에서는 약 30[kV]이고 비오는 날에는 약 24[kV]로 전선 표면이 이 수치 이상으로 되면 발생한다. 그러므로 송전선에 사용하는 전선의 외형은 송전전압에 상응하는 수치 이상으로 하든가 아니면 전선을 복수 개로 하는 복도체(複導體)로 하여 코로나 발생을 막을 필요가 있다. 그리고 가선(架線) 철물을 개량하거나 가선할 때 전선표면과 철물에 상처를 주지 않도록 조심한다. 경제적으로 문제가 있을 경우에는 공동 안테나라든가 필터를 삽입하는 등 수신기 측에서 대책을 강구하는 경우도 있다.

코로나 방전에 의해 전류 펄스가 발생하면 주로 중파인 라디오 수신에서 장애를 일으키는데 주파수 관계상 텔레비전에 미치는 영향은 거의 없다. 그리고 코로나 방전의 방출에 따르는 코로나 잡음이라는 장애도 있다.

이름만 멋진 송전선의 코로나이다.

코로나

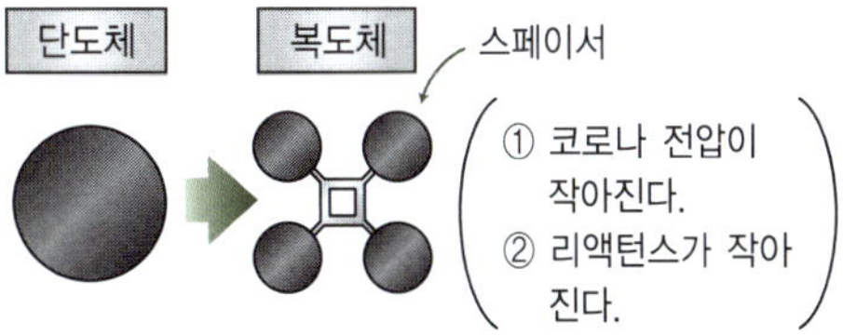

단도체
복도체
스페이서
① 코로나 전압이 작아진다.
② 리액턴스가 작아진다.

전선이 가늘면 코로나가 발생하기 쉽다.
전선이 굵으면 공사하기가 어렵다.

으드득 으드득
개굴개굴
오늘은 날씨가 습한 탓이야.
동료가 있군.

 20 이끌리고 싶지 않다 … 유도장해

전기는 정전용량이나 인덕턴스를 응용하면 우리들의 실생활에서 볼 때 이루 헤아릴 수 없을 정도의 역할을 하고 있다. 정전현상은 전계에 의해 일어나는 현상으로 브라운관이나 복사기, 집진기나 의료기기 등에서 발생한다. 그리고 전자기 현상에서는 전동기나 컴퓨터의 기억장치 등이 있다.

그러나 때로는 그것들의 작용이 뜻하지 않은 장난을 치기도 하고 장해를 일으키기도 한다. 전선로에서는 송전선의 전압이나 전류에 의해 통신장해를 일으키기도 하고 인체에 감전되는 일이 있는데 이것을 유도장해라고 한다.

유도장해(Inductive interference)에는 전계에 의한 정전유도와 자계에 의한 전자유도가 있다. 겨울철 건조한 날씨일 때 빌딩 문이나 자동차에 손이 닿으면 '찌릿!' 하는 일이 있다. 그것은 통상적인 정전기의 작용인데 송전선의 정전유도도 그와 비슷하다.

정전유도는 송전선로의 전압과 통신선 등과의 사이에서 이루어지는 정전용량의 불평형으로 인해 발생한다. 전계 안에 절연된 전도성 물체가 있으면 여기에 유도전압이 생기고 이것을 접지하면 전류가 흐른다. 즉 유도된 물체에 사람이 닿는 순간 또는 사람 쪽에서 유도를 받고 있고 접지된 물체에 닿은 순간 방전하여 전류가 순간적으로 흘러 감전하게 된다. 이 전류는 사람에게 해로울 정도의 에너지는 없지만 불쾌감을 준다. 실험상 30[V/cm] 이하이면 실용면에서는 괜찮다는 결과가 나와 있다. 종전에는 문제가 거의 없었으나 최근에는 초고압 송전선이 건설되면서 그 영향에 대해 검토하기 시작했다. 대책으로는 차폐선을 만들기도 하고 연가(撚架, Transposition)라고 하여 송전선의 각 상을 적당한 거리에서 위치를 바꾸면 정전유도를 경감할 수 있다.

전자유도는 지락사고 발생시 불평형 전류가 흐르면 불평형 전류에 의해 영상전류가 흐르고 통신선과의 전자적 관계로 인해 전압이나 전류를 유도해서 장해를 준다. 차폐선이나 연가 외에 송전선의 접지저항을 크게 하기도 하고 사고발생시에는 고속 차단으로써 유도전압을 작게 하기도 한다.

유도장해에는
① 전계에 의한 정전유도
② 자계에 의한 전자유도
이 두 가지가 있다.

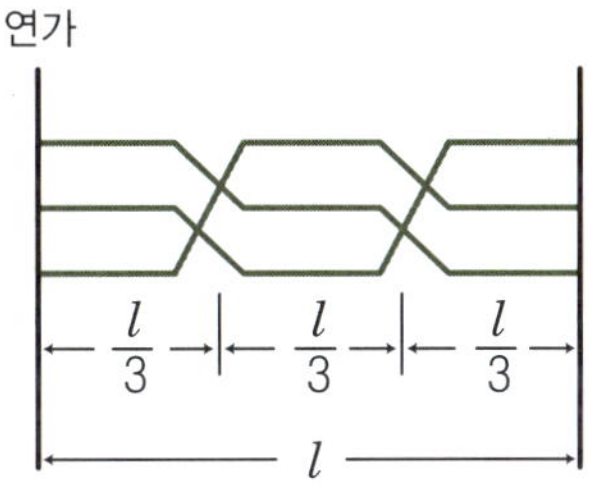

연가
$\frac{l}{3}$
$\frac{l}{3}$
$\frac{l}{3}$
l

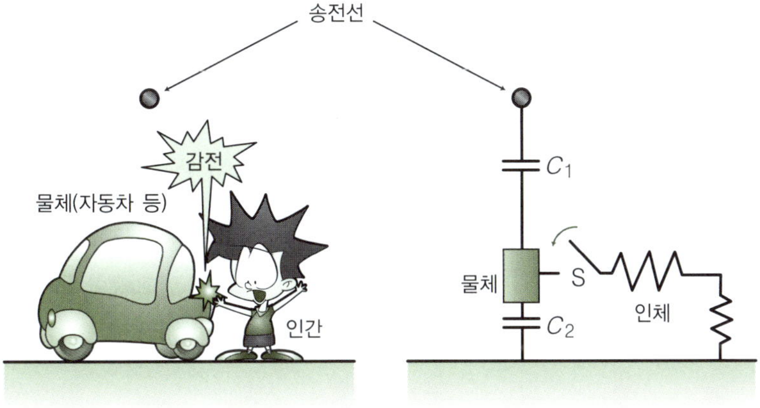

송전선
감전
물체(자동차 등)
인간
물체
C_1
S
C_2
인체

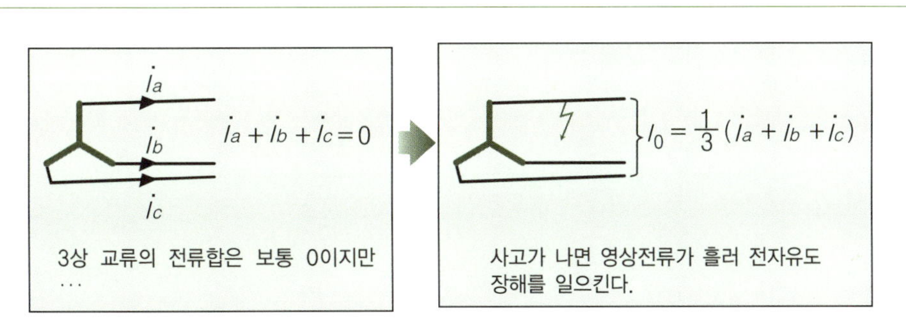
i_a
i_b
i_c
$i_a + i_b + i_c = 0$
$I_0 = \frac{1}{3}(i_a + i_b + i_c)$
3상 교류의 전류합은 보통 0이지만
…
사고가 나면 영상전류가 흘러 전자유도
장해를 일으킨다.

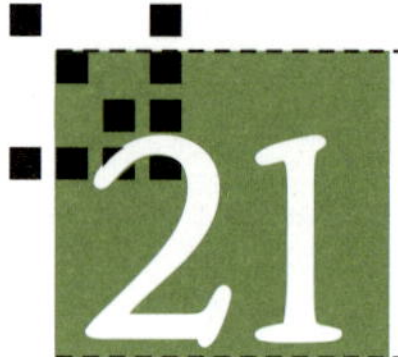 21 어떤 효과일까? … 페란티 효과

전선로에 전류가 흐르면 전압강하가 생긴다. 그러므로 통상적으로는 부하측이 전원측보다 전압강하 분만큼 전압이 낮아진다. 그런데 교류회로에서는 그렇게 간단하지만은 않은 경우가 있다.

통상 송전선의 부하는 전동기 등에 의한 지연역률이므로 지연전류로 인해 전압강하를 일으킨다. 그러나 부하가 작을 경우나 특히 무부하일 경우에는 송전선의 정전용량에 의한 충전전류가 흐르게 되어 전류는 거의 $90°$ 진행하는 전류로 된다. 그러면 벡터도에서도 알 수 있듯이 부하측 전압이 높아진다. 즉 진행전류의 경우에는 용량 리액턴스의 전압강하 분만큼 수전단의 전압이 상승한다. 이것을 페란티 효과(Ferranti effect)라고 하는데 별로 좋은 효과는 아니고 오히려 나쁠 지도 모르는 효과이다.

이러한 진행전류가 발전기에 흐르면 그 영향으로 발전기의 발생전압이 높아지고 그로 인해 또 다시 진행전류가 흘러 끝내는 전압이 극한값까지 상승하여 발전기나 주변의 기기를 파괴해 버리는 경우가 있다. 이와 같은 현상을 자기여자(自己勵磁, Self excitation phenomena) 현상이라고 한다. 발전기는 안전하게 운전하기 위해 진행전류의 극한값을 산출해 놓고 여기에 상당하는 용량을 초과하지 않는 부하로 하고 있다.

수전설비에는 통상적으로 지연전류가 너무 크지 않도록 역률을 적정하게 유지하기 위해 전력용 콘덴서가 설치되는데 설 연휴나 주말 등에 회사와 공장이 쉬게 되면 수전설비의 부하가 전력용 콘덴서만으로 되어 진행전류가 흐르고 전압이 상승해 버리는 일이 있다. 이럴 경우에는 미리 콘덴서를 분리해 둔다.

페란티 효과의 구조

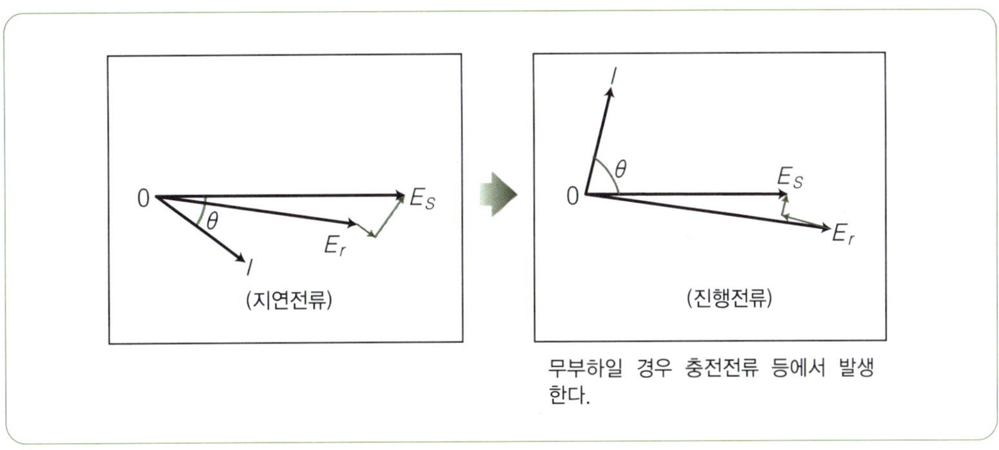

무부하일 경우 충전전류 등에서 발생
한다.

22 밑에서부터 떨어진다? … 천둥

전기와 관계가 깊은 자연현상에 천둥이 있는데 이 천둥의 구조에 대해 살펴보자.

대기의 공기가 따뜻하면 가벼워지고 위쪽의 공기가 식어서 무거워지면 대기의 대류작용에 의해 상승기류가 발생한다. 대기는 상승함에 따라 기압이 내려가기 때문에 기온이 낮아지는데 공기에 수증기가 포함되어 있으면 수증기가 얼 때 열을 내기 때문에 기온이 내려가지 않고 이 때문에 또 다시 상승기류가 심해진다. 이것이 소나기구름(積亂雲, 入道雲 ; Cumulonimbus)이고 이때 구름 속에서 수증기의 전하가 분리되어 뇌운(雷雲)으로 된다.

이 뇌운의 전하와 대지에 유도된 전하와의 사이에 이루어지는 방전이 낙뢰이고 대지방전이라고도 한다. 대지방전으로 가는 프로세스는 보통 처음에 뇌운에서 대지로 선구방전(리더라고도 한다)이 발생한다. 이것은 구름에서 대지를 향해 서서히 방전현상이 가지를 치면서 하강하는 현상이다. 그리고 선구방전이 대지에 가까워지면 대지에서 맞이하는 방전이 상승하여 양자가 결합하는 순간 구름과 대지 간의 방전로가 생기고 큰 소리와 함께 대지측에서 대전류와 강한 빛을 발산하는 주방전(귀환뇌격)이 상승하여 뇌운부하의 일부를 중화한다. 다중 뇌(多重雷, Multiple stroke)라고 하여 약간의 시간을 두고 동일한 방전로를 통해 같은 뇌격이 반복되는 경우도 있다. 우리가 보는 번개는 주방전이기 때문에 본래는 지상에서 구름을 향해 방전하는 것인데 낙뢰(落雷)라는 단어가 말하듯이 우리는 천둥이 위에서 떨어지는 것처럼 느낀다.

천둥의 서지 전압은 낙뢰 지점 부근에서는 1,000[kV] 이상이 되는 일도 있어 직격을 받으면 피해를 막을 수 없다. 직격뢰를 방지하려면 건물에는 피뢰침을, 송전선에는 가공지선을 각각 시설한다. 가공지선에 뇌격을 받은 경우에는 철탑의 전위가 순간적으로 상승하여 보통과는 반대로 철탑에서 전선으로 섬락(閃絡, Flashover)을 일으키는 경우가 있고 이것을 역섬락이라고 한다. 천둥치는 시기는 전력계통에 있어서도 매우 섬뜩한 시기이다.

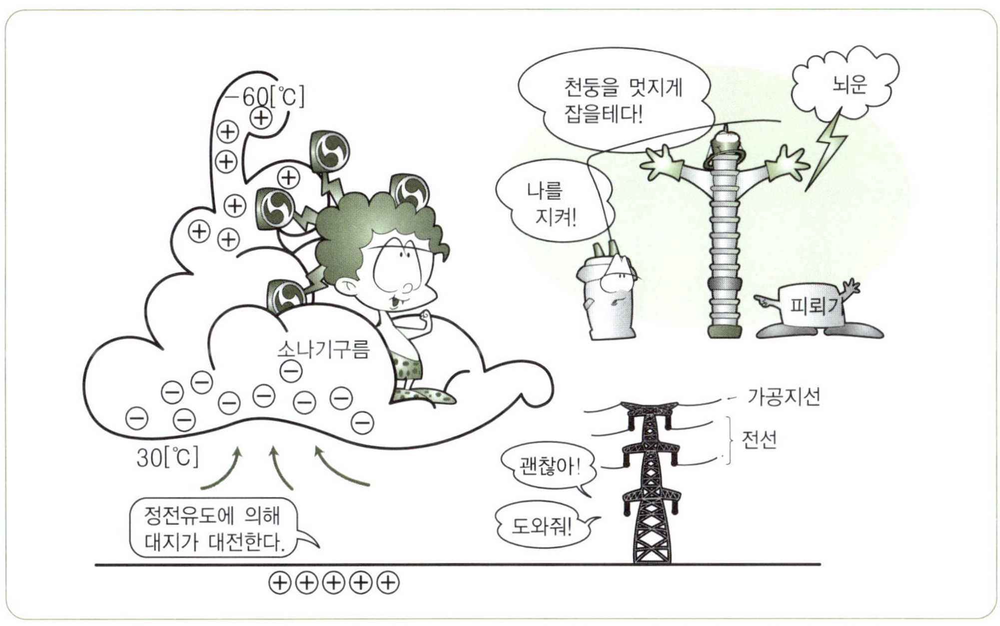

−60[℃]
소나기구름
30[℃]
정전유도에 의해
대지가 대전한다.
천둥을 멋지게
잡을테다!
나를
지켜!
뇌운
피뢰기
가공지선
전선
괜찮아!
도와줘!

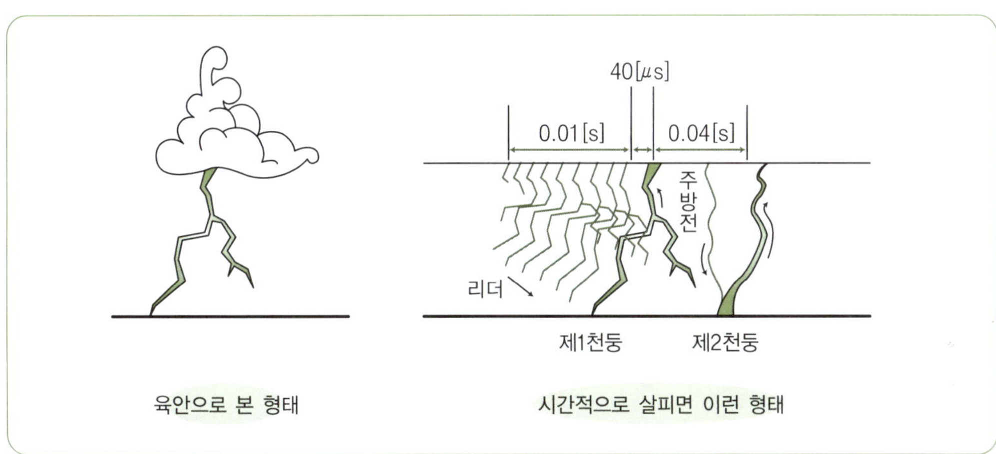

40[μs]
0.01[s]
0.04[s]
주방전
리더
제1천둥
제2천둥
육안으로 본 형태
시간적으로 살피면 이런 형태

쉬어가기

제7장

회로의 통조림···측정기

지금부터 소개할 여러 가지의 측정기는 전기회로의 성질을 잘 응용한 기기들이다. 그러므로 측정기 안에는 전기회로로 가득 채워져 있다고 해도 될 것이다. 제각각 특징이 있으므로 곰곰이 음미해 본다. 독자 여러분과 새로운 측정기에 대해 생각해 보는 것도 즐거운 일일 것이다.

계기(Meter)의 기본 ··· **지시 전기계기**

지시 전기계기는 지침의 움직임이 직접 전압이나 전류를 나타내는 것으로, 가장 많이 사용되는 전기계기이다. 종류는 여러 가지가 있지만 그 대표적인 것으로 가동 코일형과 가동 철편형을 살펴보자.

가동 코일형은 영구자석이 만드는 자계 안에 가동 코일을 두고 코일에 측정하려고 하는 전류를 통해 가동 부분을 움직이게 하는 힘, 즉 구동 토크를 발생하게 하는 것으로, 감도도 좋고 정확한 직류용 계기이다. 그러나 교류에서는 반(反)주기마다 토크의 방향이 바뀌므로 지침이 흔들리지 않아 사용할 수 없다.

가동 코일형으로 흐르게 할 수 있는 전류는 수십 [mA] 정도로 작기 때문에 큰 전류나 전압을 측정하려면 분류기나 배율기를 사용한다. 그리고 하나의 계기에 몇 개의 분류기와 배율기를 내장하면 광범위하게 측정할 수 있는 전압전류계를 만들 수 있다.

① **분류기**(分流器, Shunt) : 전류계에 저항을 병렬로 접속, 전류계로 흐르는 전류를 적게 해서 전류계의 측정범위를 확대한다.

② **배율기**(倍率器, Multiplier) : 전압계에 저항을 직렬로 접속, 전압계에 인가되는 전압을 작게 해서 측정범위를 확대한다.

가동 철편형은 고정 코일에 측정하려고 하는 전류를 흘려보내고 고정 코일 안에 배치한 작은 가동 철편이 자화(磁化)되어 흡인 또는 반발하는 토크가 발생해서 지침을 움직이게 한다. 가동 철편형은 직류에서든 교류에서든 사용할 수 있고 그 지침의 흔들림은 코일로 흐르는 전류의 자승에 비례하나 구조적으로 평등한 눈금이 되도록 고안되었다.

① **흡인형** : 가동 철편이 고정 코일의 자계에 의해 더욱 강하게 자화되는 방향으로 흡인되는 힘에 의해 토크를 발생한다.

② **반발형** : 가동 철편과 고정 철편을 고정 코일 안에 두고 양(兩) 철편을 동일한 극성으로 자화됨에 따른 반발력으로 토크를 일으킨다.

가동 코일형 계기의 구조

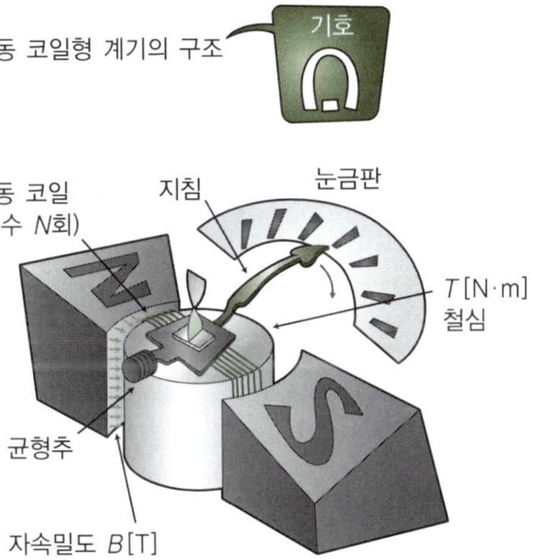

가동 코일
(권수 N회)
지침
눈금판
$T[\text{N·m}]$
철심
균형추
자속밀도 $B[\text{T}]$
에어갭

① 분류기

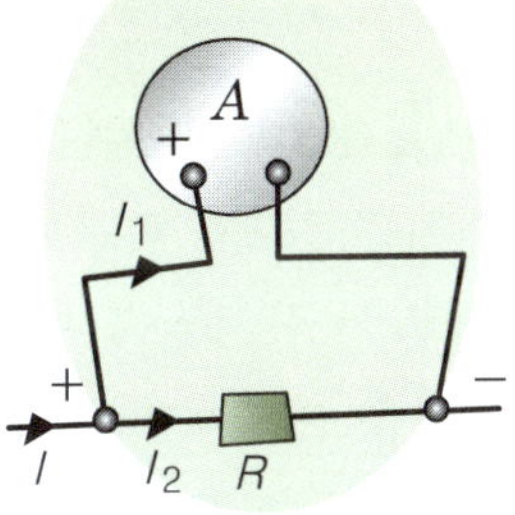

② 배율기

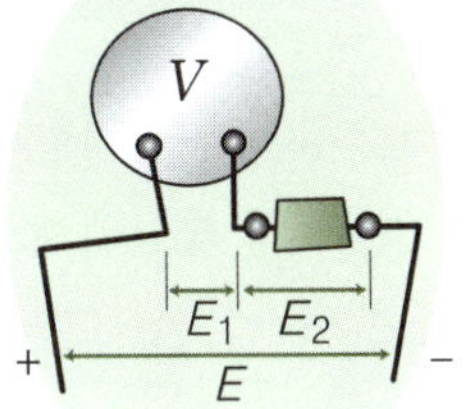

가동 철편형 계기의 구조 (반발형)

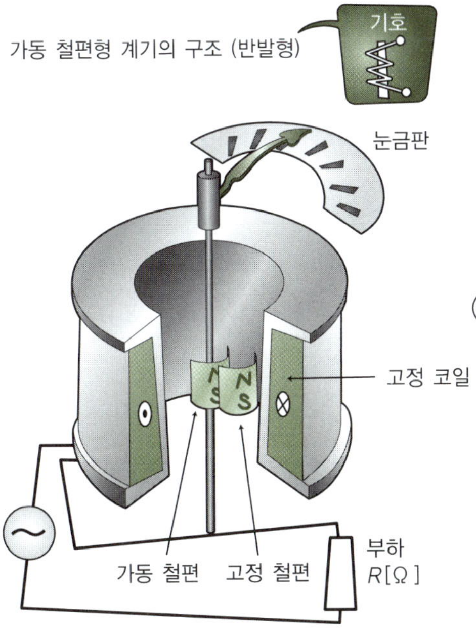

눈금판
고정 코일
가동 철편
고정 철편
부하
$R[\Omega]$

02 3개로 잰다 … 단상 교류전력

　단상 전력 P_1은 전압을 V, 전류를 I, 역률을 $\cos\theta$라고 하면 $P_1=VI\cos\theta$이다. 이 전력을 측정함에 있어서는 전류력형 전력계라는 계기를 사용한다. 이 원리는 고정 코일에 부하전류를 흘려보내고 가동 코일에 부하의 단자전압을 가한다. 그렇게 하면 가동 코일의 지침 흔들림, 즉 지침을 움직이게 하려고 하는 토크는 부하의 전력에 비례하므로 이 흔들림에 의해 부하전력을 알 수 있다. 보통 고정 코일을 전류 코일, 가동 코일을 전압 코일이라고 한다.

　전력계가 없을 경우에는 어떻게 하면 될까? 이 경우에는 3전류계법이나 3전압계법에 의해 측정할 수 있다. 이 측정법에서는 기지(旣知) 저항 R을 준비하여 회로의 전류값 또는 전압값을 계산하면 $P_1=VI\cos\theta$를 구할 수 있다.

　그리고 무효전력이나 역률은 어떻게 하면 잴 수 있을까? 이것도 전류력형 전력계를 연구하면 측정할 수 있다.

　우선 무효전력은 보통 전력계의 전압코일에 큰 코일(인덕턴스 L)을 넣고 역률=1일 경우에 전압과 전류 양(兩) 코일의 위상차가 90° 되게 한다. 그러면 $\cos(90°-\theta)=\sin\theta$가 되어 무효전력을 구할 수 있다.

　역률은 하나의 전류력계 안에 전류 코일과 전압 코일을 2개 준비하고 전압 코일은 서로 직각으로 한다. 그러면 역률=1에서는 한쪽의 전압 코일만 토크가 작용한다. 역률=0에서는 다른 한쪽의 전압 코일만 토크가 작용한다. 그리고 임의의 역률 $\cos\theta$에서는 지침이 θ만큼 흔들리면 토크가 균형을 이루어 정지하기 때문에 이 θ로 역률 $\cos\theta$를 알 수 있다.

전원
+
−
전력계
전원
부하
여러
가지로
연구했군!
부하
전류 코일(고정 코일)
전압 코일(가동 코일)
3전류계법 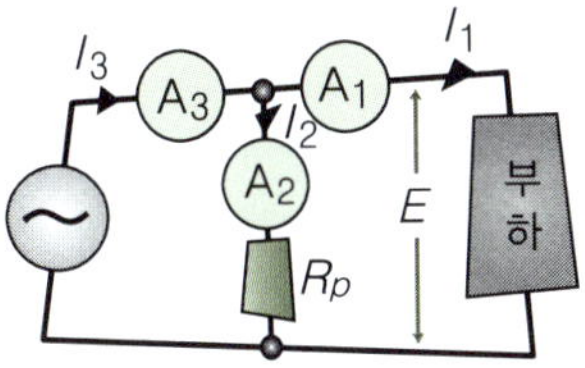 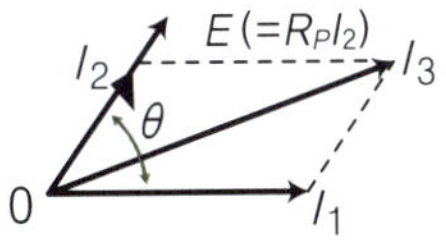
3전압계법 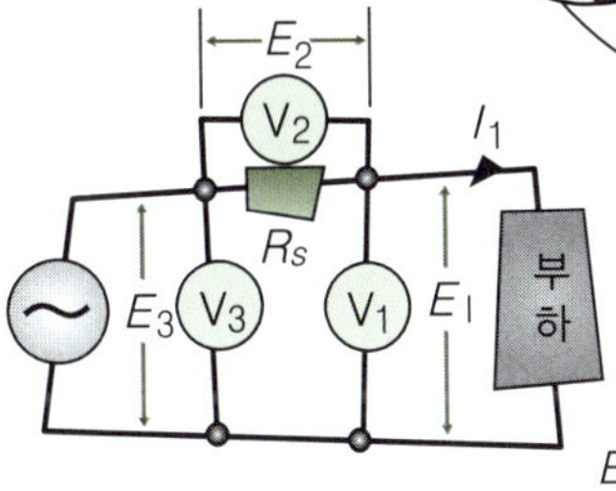 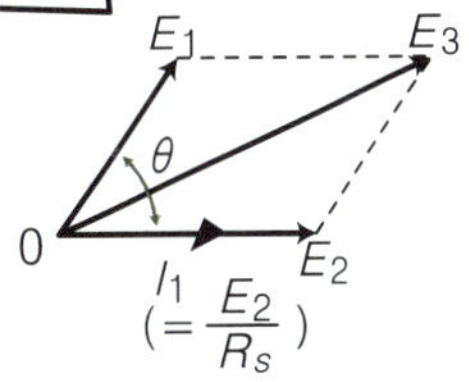
I_3
A_3
A_1
I_1
I_2
A_2
E
부하
R_p
E_2
V_2
I_1
R_s
E_3 V_3
V_1 E_l
부하
$E(=R_p I_2)$
I_2
I_3
θ
0
I_1
E_1
E_3
θ
0
E_2
I_1
$(= \dfrac{E_2}{R_s})$
무효전력 측정법 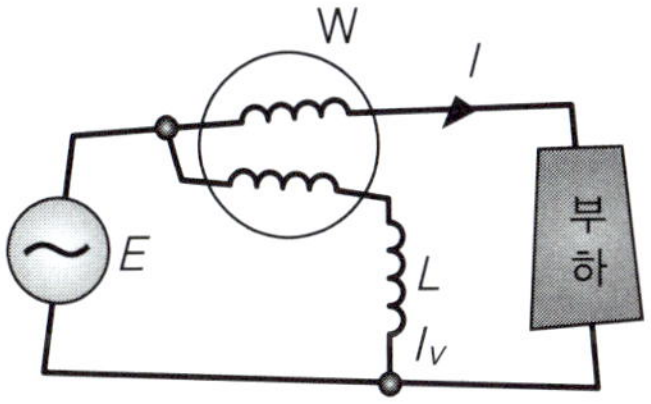 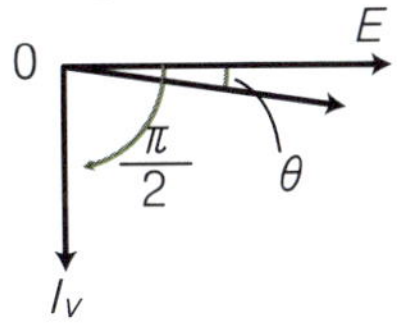
역률계
W
I
E
L
부하
I_v
E
0
$\dfrac{\pi}{2}$
θ
I_v
지연상
1.0
진행상
전압코일
(가동 코일)
전류 코일
(고정 코일)
R C

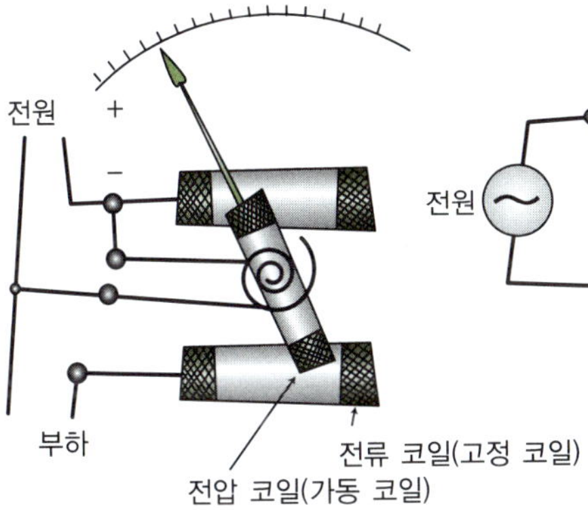

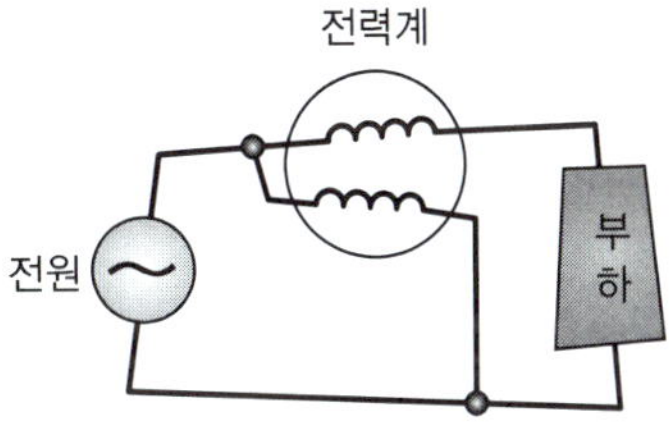

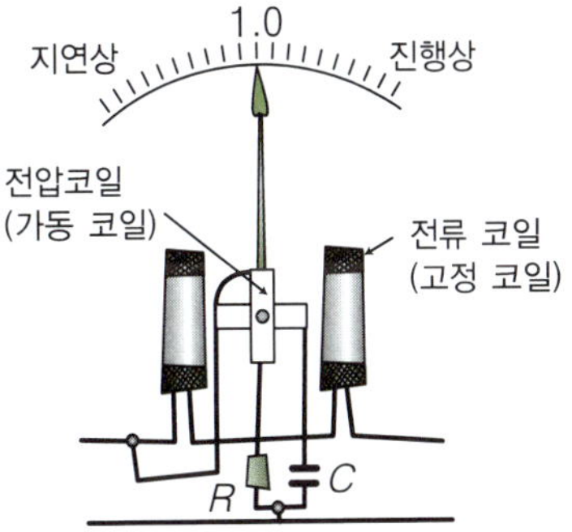

03 2개로 3개를 재는 방법 … 2전력계법

3상 3선식 교류회로의 전력을 측정할 경우에는 단상 전력계를 2개 사용하면 측정할 수 있다. 이 방법은 2전력계법으로 불리고 일반적으로 널리 사용되고 있다. 이 측정에서 전력계 W_1, W_2의 지시가 P_1, P_2일 경우 3상 전력은 다음과 같이 표시된다.

$$P = P_1 + P_2$$

2전력계법은 부하가 불평형일 경우에도 측정할 수 있는데 부하의 역률이 낮을 경우, 즉 $\theta = 60°$(역률$=\cos\theta=0.5$) 이하일 경우에는 한쪽의 전력계가 '$-$' 전력을 나타내어 지침이 반대로 흔들리게 된다. 이 경우에는 그 전력계의 전압코일 접속을 반대로 해서 전력을 읽고 $P = P_2 - P_1$(P_1이 반대로 접촉했을 경우)으로 해서 전력을 구한다.

어떻게 2개의 전력계로 3상 전력을 측정할 수 있을까? 그것은 다음과 같이 증명할 수 있다. 각 상전압의 순시값을 e_1, e_2, e_3라고 하고 각 선전류의 순시값을 i_1, i_2, i_3라고 하면 전압코일은 선간전압에 접속되어 있으므로 전력계의 지시는

$$\begin{aligned} P_1 + P_2 &= (e_1 - e_2)i_1 + (e_3 - e_2)i_3 \\ &= e_1 i_1 - e_2(i_1 + i_3) + e_3 i_3 \\ &= e_1 i_1 + e_2 i_2 + e_3 i_3 \end{aligned}$$

로 되어 부하에 대한 각 상의 순시전력 총합이 된다. 따라서 평균하면 $P = P_1 + P_2$ 이다.

그리고 이 증명을 확장하면 일반적으로 n상 n선식의 전력은 $(n-1)$개의 단상 전력계로 측정할 수 있다. 이것을 블론델의 정리라고 한다.

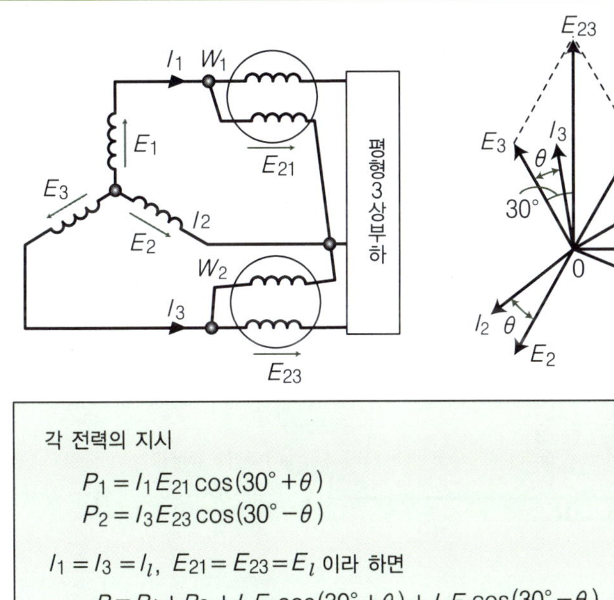

각 전력의 지시

$$P_1 = I_1 E_{21} \cos(30° + \theta)$$
$$P_2 = I_3 E_{23} \cos(30° - \theta)$$

$I_1 = I_3 = I_l,\ E_{21} = E_{23} = E_l$ 이라 하면

$$P = P_1 + P_2 + I_l E_l \cos(30° + \theta) + I_l E_l \cos(30° - \theta)$$

$$= I_l E_l (\cos30°\cos\theta - \sin30°\sin\theta + \cos30°\cos\theta + \sin30°\sin\theta)$$

$$= I_l E_l \cdot 2\cos30°\cos\theta$$

$$= \sqrt{3}\, I_l E_l \cos\theta$$

블론델의 정리

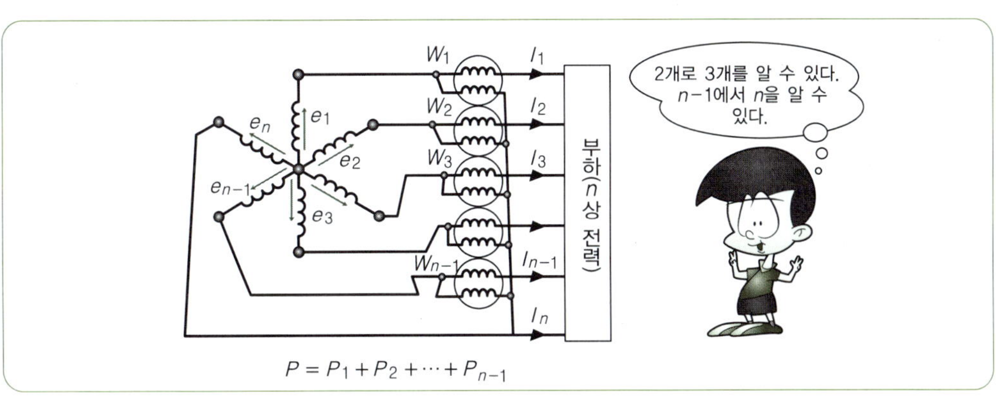

$$P = P_1 + P_2 + \cdots + P_{n-1}$$

04 저항측정의 기본 ⋯ **휘트스톤 브리지법**

저항측정의 기본이라고 하면 휘트스톤 브리지법이다. $0.1\sim10^5[\Omega]$ 정도인 이른바 중간 정도의 저항을 측정하는 데 가장 널리 사용되고 또한 아주 정확하게 측정할 수 있다. 그리고 이 방식에서 저항측정용 브리지가 여러 가지로 고안되고 있는 점 외에 교류회로에도 응용되고 인덕턴스나 정전용량을 측정하는 데도 사용된다.

기지저항 a, b, R과 측정저항 X의 4개 저항에 전지와 검류계를 그림과 같이 접속하고 b/a의 비율을 일정하게 유지하고 R을 조밀하게 조정하여 검류계의 흔들림을 0으로 하면 브리지의 평형조건으로부터

$$\frac{b}{a}=\frac{X}{R} \text{ 또는 } aX=bR, \text{ 따라서 구하는 저항은 } X=\frac{b}{a}R$$

이 된다.

a와 b를 비례변, R을 평형변이라고 한다. 이와 같이 검류계의 흔들림 0을 평형조건으로 한 측정법을 영위법(零位法)이라고 한다.

실제로 R의 조정을 구조상 단계적으로만 변경할 수 있는 경우에는 검류계의 흔들림을 0으로 할 수 없는 경우도 있다. 이와 같은 경우에는 검류계의 흔들림이 그다지 크지 않은 범위에서 그 흔들림의 양이 비례하는 것으로서 평형할 경우의 저항을 구할 수 있다.

즉 R이 R_1일 때 검류계의 눈금은 d_1이 되고 R이 R_1+r일 때 검류계의 눈금은 d_2가 됐다고 하면 R이 r만큼 변화했으므로 눈금은 d_1+d_2로 변화한 것이 된다. 여기서 검류계의 1눈금 분의 저항을 R_d라고 하면 다음과 같은 식에 의해 R을 구할 수 있다.

$$R_d=\frac{r}{d_1+d_2} \text{ 이 되므로 값은 } R=R_1+\frac{r}{d_1+d_2}d_1[\Omega]$$

응용으로는 X 부분에 검류계를 접속하고 그 평형조건(검류계가 흔들리지 않는다)으로 검류계의 내부저항을 측정하는 켈빈법, 저(低)저항을 측정하는 더블 브리지법, 전해액 등의 저항을 측정하는 콜라우슈 브리지(Kohlrausch bridge)법 등이 있다.

브리지 회로

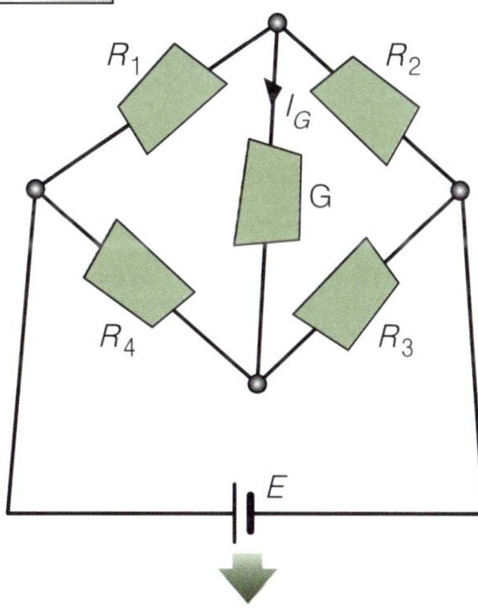

휘트스톤 브리지의
평형조건($I_G \rightarrow 0$)

$$R_1 : R_2 = R_4 : R_3$$

$$\frac{R_1}{R_4} = \frac{R_2}{R_3}$$

휘트스톤 브리지법

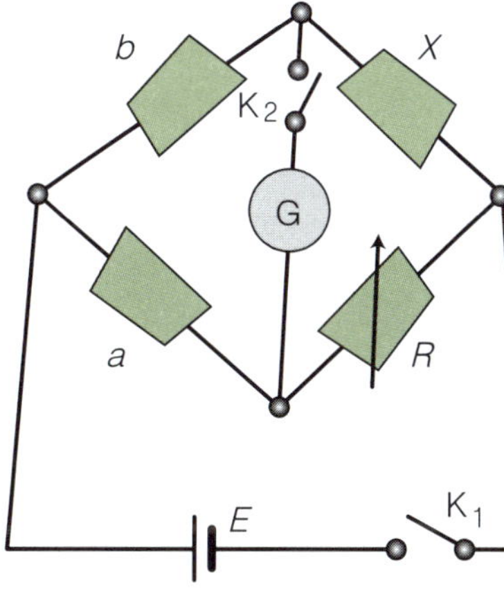

검류계 G의 흔들림 = 0(평형)

$$\frac{b}{a} = \frac{X}{R}$$

$$X = \frac{b}{a} R$$

05 옴의 법칙으로 직접 구한다 ··· 전압강하법

전압강하법이란 옴의 법칙을 직접 응용한 것으로 그림 a와 그림 b에 나타내는 바와 같이 전압계와 전류계를 사용해서 미지의 저항 X를 다음의 식을 이용해서 산출한다.

$$X = \frac{E}{I} \, [\Omega]$$

그리고 그림 c에 나타내는 바와 같이 미지(未知)저항 X와 기지(既知)저항 R을 직렬로 접속한다. 여기에 전류를 통하고 2개의 전압계를 사용해서 다음의 식을 이용해서 구한다.

$$X = \frac{RE_X}{E_R} \, [\Omega]$$

전압강하법은 측정하기가 간단하고 정밀도는 그리 높지 않지만 X값을 다음과 같이 보정하면 값을 정확하게 구할 수 있다.

$$\text{그림 a에서는 } \frac{E}{I-(E/R_V)} \, , \text{ 그림 b에서는 } X = \frac{E}{I} - R_A$$

위의 식에서 R_V는 전압계의 저항이고 R_A는 전류계의 저항이다.

그림 a의 경우는 비교적 작은 저항을 대전류로 측정하면 전압계의 전류를 무시할 수 있다. 그림 b의 경우는 비교적 큰 저항을 측정하면 X에 대해 전류계의 내부 저항을 무시할 수 있다. 이같이 a와 b를 구분해서 사용하는 경계는 다음의 식으로 표시된다.

$$X \fallingdotseq \sqrt{R_A R_B}$$

전압강하법은 간단하게 측정할 수 있을 뿐만 아니라 전구처럼 전류에 의한 발열로 인해 저항이 크게 변화하는 점이 있는 반면에 실제로 사용하면서도 측정할 수 있다는 큰 특징이 있다.

옴의 법칙

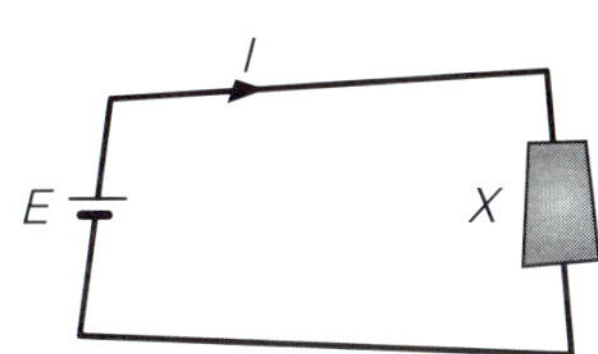

$$X = \frac{E}{I} \, [\Omega]$$

그림 a

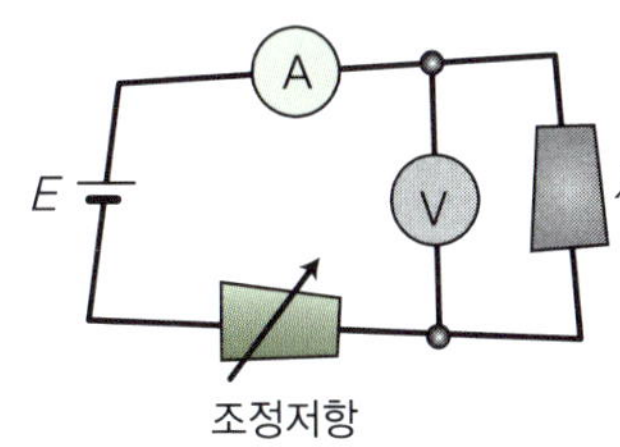

조정저항

$$X = \frac{E}{I}$$

$$\left(X = \frac{E}{I - \dfrac{E}{R_v}} \right)$$

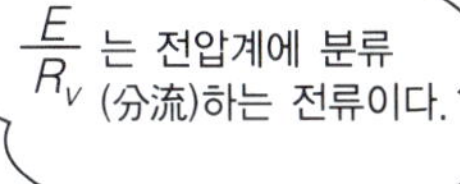

그림 b

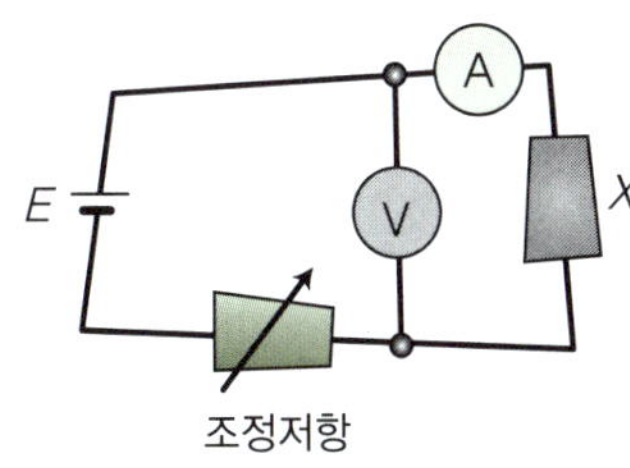

조정저항

$$X = \frac{E}{I}$$

$$X = \frac{E}{I} - R_A$$

그림 c

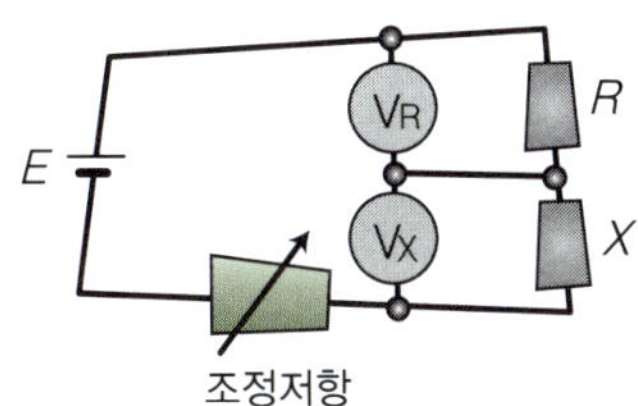

조정저항

$$X = R \, \frac{E_X}{E_R}$$

06 대지를 잰다 ··· 접지저항의 측정

피뢰기나 변압기 등의 전기설비나 세탁기 등의 전기 기기는 사고발생시의 누설 전류를 검출하거나 누전일 경우의 안전을 확보하기 위해 접지하고 있다. 접지하지 않았을 경우에는 위험하므로 반드시 접지한다. 접지저항값은 목적에 따라 허용 수치가 「전기설비의 기술기준」에 규정되어 있으므로 이 수치를 참조한다. 접지저항은 대지의 건습(乾濕)에 따라 변화하고, 또 직류를 통하면 성극(成極)작용(직류를 흐르게 하면 전기분해 작용에 의해 일종의 역기전력이 작용해서 외관상 저항이 증가하는 작용)을 일으키므로 보통 측정 전원에는 교류를 사용한다. 여기서는 대표적 측정방법인 콜라우슈 브리지법에 대해 설명한다.

이 방법은 오래 전부터 사용되어 왔고 그림에 나타내는 바와 같이 측정하려고 하는 피측정 접지극 P_1 외에 서로 10[m] 이상의 거리를 두고 보조 접지극 P_2, P_3를 만들어 P_1-P_2, P_1-P_3, P_2-P_3 사이에 이루어지는 각각의 합성 접지저항 X_1, X_2, X_3를 콜라우슈 브리지법으로써 측정한다.

P_1, P_2, P_3 각각의 접지저항을 R_1, R_2, R_3라고 하면 X_1, X_2, X_3와의 사이에는 다음과 같은 관계가 성립한다.

$$X_1 = R_1 + R_2, \quad X_2 = R_1 + R_3, \quad X_3 = R_2 + R_3$$

이 방정식에서 R_1은 다음과 같이 구할 수 있다.

$$R_1 = \frac{X_1 + X_2 - X_3}{2} \, [\,\Omega\,]$$

이 방법은 3회의 측정결과로부터 접지저항을 산출하므로 시간이 걸리고 또한 보조 접지극의 저항이 R_1에 비해 아주 높을 경우에는 측정값에 큰 오차를 일으키는 단점이 있다. R_1, R_2, R_3의 크기가 거의 같을 때 좋은 결과가 나온다.

콜라우슈 브리지

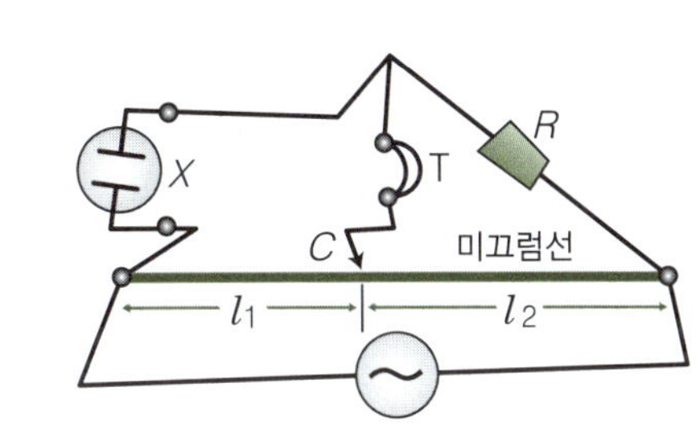

X : 전해액의 저항이나 접지저항
T : 검전기(수화기)

$\left(\begin{array}{c}\text{수화기의 소리가 최소로 되는}\\ \text{점을 구한다.}\end{array}\right)$

$$X = \frac{l_1}{l_2}R$$

접지저항의 측정

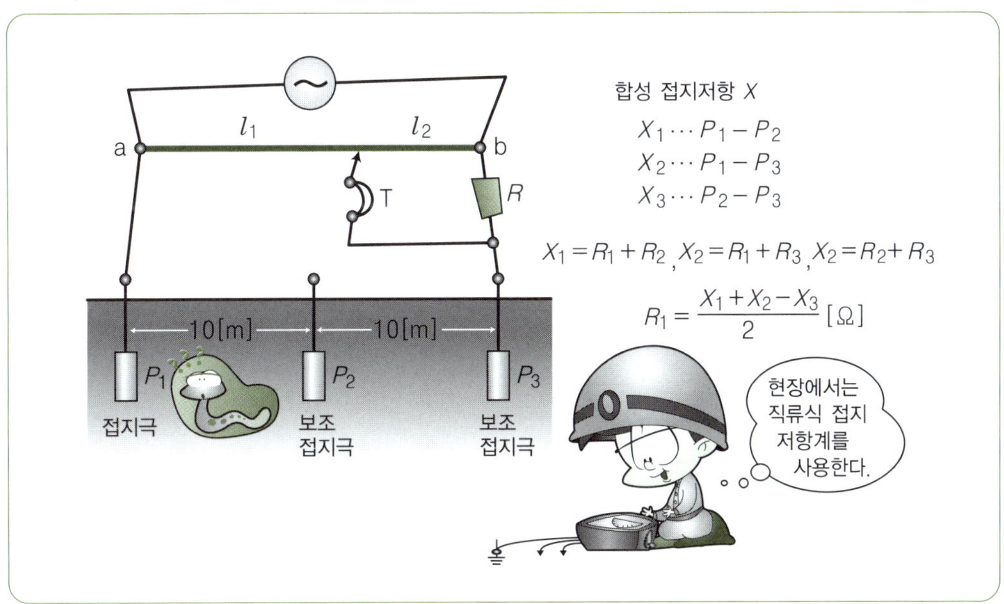

 07 나는 귀금속 ··· 저항온도계

저항 온도계수 α를 미리 알고 있다면 저항변화를 측정함으로써 온도 T[℃]를 구할 수 있다. R_0, R_T를 각각 어떤 저항체의 0[℃]와 T[℃]에 대한 저항[Ω]이라고 하면 온도 T는

$$T = \frac{R_T - R_T}{\alpha R_0} \ [\Omega]$$

에서 구할 수 있으므로 저항 R_T를 휘트스톤 브리지법에 의해 구하고 온도를 측정한다. 이 방법에 의한 온도계를 저항온도계라고 하고 측정용 저항선에는 다음과 같은 성질이 필요하다.

① 온도계수가 클 것

② 저항률이 클 것

③ 재질이 균일하여 안정적일 것

위의 조건을 충족시키는 저항선으로는 통상 백금선($\alpha=0.0040$)이나 마이너스 저항 온도계수가 큰 반도체의 서미스터 등이 사용된다.

저항온도계는 공업용 온도계 중에서 가장 많이 사용되고 있으며 백금을 사용했을 경우에는 $-200\sim600$[℃] 정도까지 정밀하게 측정할 수 있다. 백금은 길이 $0.1\sim0.2$[mm]에 25[Ω] 정도이나 매우 고가이므로 간편하게 니켈선이나 구리선을 사용하는 경우도 있다. 그리고 전기기계에서 권선의 온도상승을 측정할 때는 전기기계의 구리선 자체를 이용하고 있다.

저항선은 황동, 강, 니크롬, 유리, 석영, 자기 등의 보호관(저항관)에 모아지는데 저항관이 고온에 시달리면 리드선의 저항이 증가하여 오차를 일으키므로 그림과 같이 리드선을 3개 사용하거나 보상 리드선을 부착하거나 해서 리드선의 저항에 의한 오차를 적게 하도록 연구되어 있다. 또한 측정기의 리드선은 구리선이지만 저항관의 리드선으로는 은이나 금을 사용해서 구리 리드선과의 사이에 발생하는 열기전력을 적게 함과 동시에 산화로 인한 오차를 막고 있다.

백금, 금, 은을 사용하는 저항온도계는 귀금속 수준의 온도계이다.

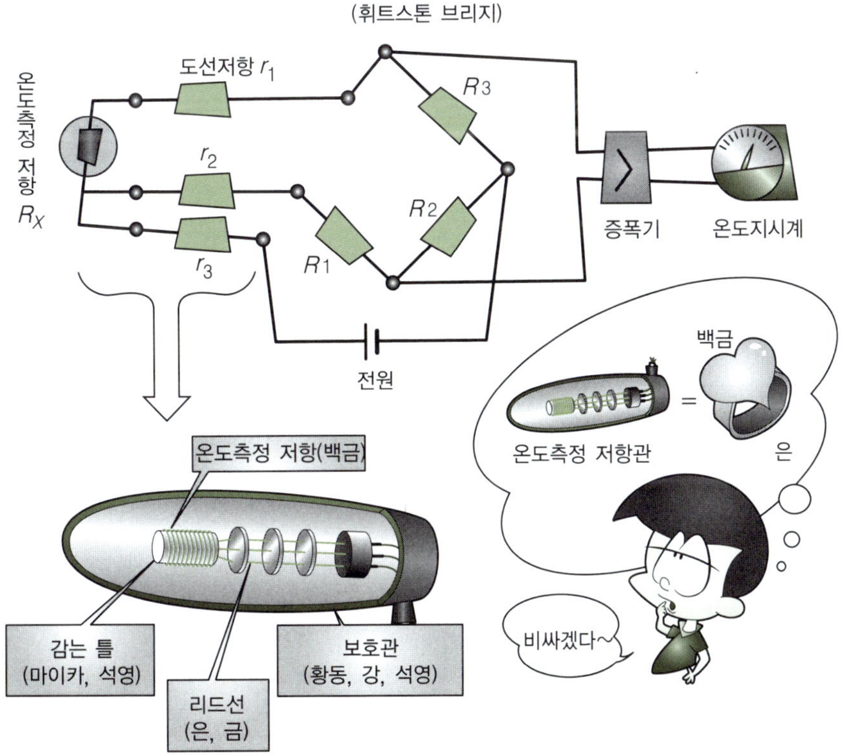

(휘트스톤 브리지)
도선저항 r_1
온도측정 저항 R_X
r_2
r_3
R_3
R_1
R_2
증폭기
온도지시계
전원
온도측정 저항(백금)
감는 틀
(마이카, 석영)
리드선
(은, 금)
보호관
(황동, 강, 석영)
온도측정 저항관
백금
=
은
비싸겠다~

08 사고점 수사대 ··· 머레이 루프법

　전기는 눈에 보이지 않기 때문에 전력계통에 사고가 발생했을 경우 사고점을 찾기란 매우 어려운 작업이다. 특히 지중선 케이블의 경우 케이블은 지면 안에 있기 때문에 설비를 직접 점검할 수가 없다. 그래서 케이블의 사고점을 발견하는 방법이 여러 가지로 연구되고 있다.

　사고점 측정법이라고는 하지만 원리는 아주 간단하고 전기회로의 성질을 응용한 방법이다. 대표적인 방법을 소개하는데, 실제로는 여러 가지의 영향이 있고 꽤 어려운 면도 있다.

① **머레이 루프법**(Murray's loop method) : 휘트스톤 브리지의 원리를 응용한 직류저항 브리지이다. 케이블 사고의 대부분은 이 방법으로 측정할 수 있다. 측정방법이 간단하고 정밀도도 높다는 특징이 있다.

② **용량법**(Capacity method) : 단선사고에 대해서는 머레이 루프법을 적용할 수 없다. 이 방법은 사고점까지의 정전용량과 전체길이 정전용량의 비율로 사고점을 구한다. 원리적으로는 정확하지만 실제로는 정전용량의 변화 등으로 인해 그다지 정확하지 않은 경우가 있다.

③ **펄스법**(Pulse method) : 원리는 레이더와 동일하다. 사고점에 펄스전압을 송출하여 사고점에서 반사되는 펄스를 오실로스코프로 검지하고 펄스 전반(傳搬)시간에서부터 사고점까지의 거리를 구한다. 머레이 루프법과 병용하면 어떤 케이블 사고든지 측정할 수 있다. 사고점의 상황에 따라 고압이나 저압의 펄스를 구분 사용하여 측정한다. 또한 케이블의 경우는 도로를 굴삭하거나 할 필요가 있기 때문에 사고점을 발견하더라도 금방 수리해서 복구할 수는 없다. 그러므로 통상적으로는 계통을 이중으로 해두고 사고발생시에는 전환하여 송전을 계속한다.

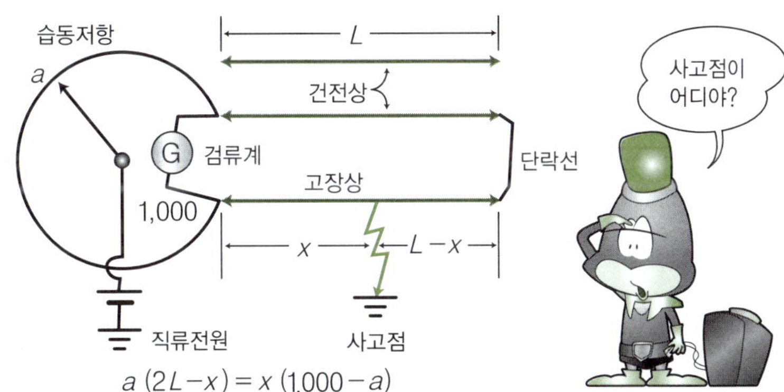

$$a\,(2L-x) = x\,(1{,}000-a)$$

$$\therefore x = \frac{2\,aL}{1{,}000}\,[\mathrm{m}]$$

용량법

$$x = L\,\frac{C_x}{C_h}\ \text{(건전상 있음)}$$

$$x = L\,\frac{C_x}{C_x + C_{x0}}\ \text{(건전상 없음)}$$

C_x : 고장상의 정전용량
C_h : 건전상의 정전용량
C_{x0} : 반대측에서 고장상의 정전용량

펄스법

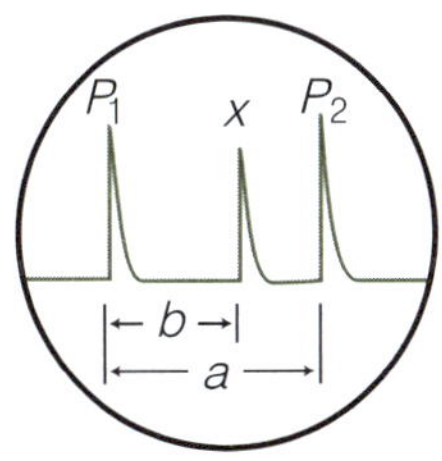

$P_1 P_2$의 간격 $a = t_0\,[\mu\mathrm{s}]$
고장점으로부터의 반사시간 $t_x = t_0 \cdot \dfrac{b}{a}\,[\mu\mathrm{s}]$
펄스의 전반속도 $v\,[\mathrm{m}/\mu\mathrm{s}]$

$$x = \frac{v\,t_x}{2}$$

쉬어가기

제**8**장

최신 전기회로

본 장에서는 현재 연구 중이거나 시험 중인 기술로 장래에 반드시 출현하게 될 전기설비와 시스템에 대해 소개한다. 마침내 실용화될 기술, 좀더 시간이 걸리는 기술 등 여러 가지이나 모두가 전기회로라고 말하기보다는 과학기술의 결정체라고도 할 수 있다. 경우에 따라서는 현재의 생활을 모두 바꿔버릴 것만 같은 기술도 있다. SF세계에 버금가는 최신 전기회로를 음미해 보자.

01 거대한 우주 발전소 … 우주 태양광 발전

　우주 태양광 발전은 강한 태양광이 내리쬐는 우주공간에 거대한 태양전지 패널을 쫙 깔아놓은 태양발전 위성(Solar Power Satellite, SPS)을 띄워 지상의 전기를 조달하려는 것으로 다음과 같은 시스템으로 구성된다.

① **태양전지 발전 시스템** : 태양전지 패널에서 태양광을 전력으로 변환한다.

② **마이크로파 송전 시스템** : 발전한 전력을 마이크로파로 변환하여 지상의 수전 시스템에 정확한 정밀도로 송신하는 장치이다.

③ **마이크로파 수전 시스템** : 마이크로파를 지상 또는 해상에 설치한 안테나로 수신하여 반도체 정류장치에 의해 상용(商用) 전력으로 변환한다.

　우주공간에서 이용하는 태양 에너지는 지상에서 이용하는 태양 에너지와는 달리 낮과 밤, 날씨에 좌우되지 않고 항상 안정적으로 전력을 공급할 수 있고 우주에서 보내오는 마이크로파는 휴대폰에도 사용된다. 전력을 공급할 때 이산화탄소가 나오지 않으므로 궁극적인 청정 에너지로도 기대되고 있다.

　필요한 기술은 우주 수송기술, 대형 구조물 조립기술, 태양광 발전기술, 마이크로파 송전기술, 반도체기술, 로봇기술, 송배전기술 등인데 어느 기술이든 현재의 기술을 집대성하면 실용할 수 있다.

　약 1,000,000[kW]급 전력을 공급할 수 있고, 그럴 경우 설비의 크기가 2[km]×4[km]인 태양전지 패널 2장에 수전 안테나는 지름 약 10[km]이다. 그러므로 수전 시스템도 매우 광활한 면적을 필요로 한다. 게다가 이것을 실현하려면 우주수송비 절감이라든가 발전 시스템의 고효율화, 소형·경량화 등의 개발을 진행함과 동시에 생체·인체, 자연환경, 기존의 통신 시스템 등에 미치는 마이크로파의 영향이나 회피방법 등을 검토해야 한다.

태양광
태양광
현재 기술의
집대성이다!
태양전지 패널
약
2[km]
약4[km]
태양전지 패널
송전 시스템
전자파에 의한 송신
송전선
변전소
마이크로파 수신 시스템 100[km²]
(지상·해상에서 수신)

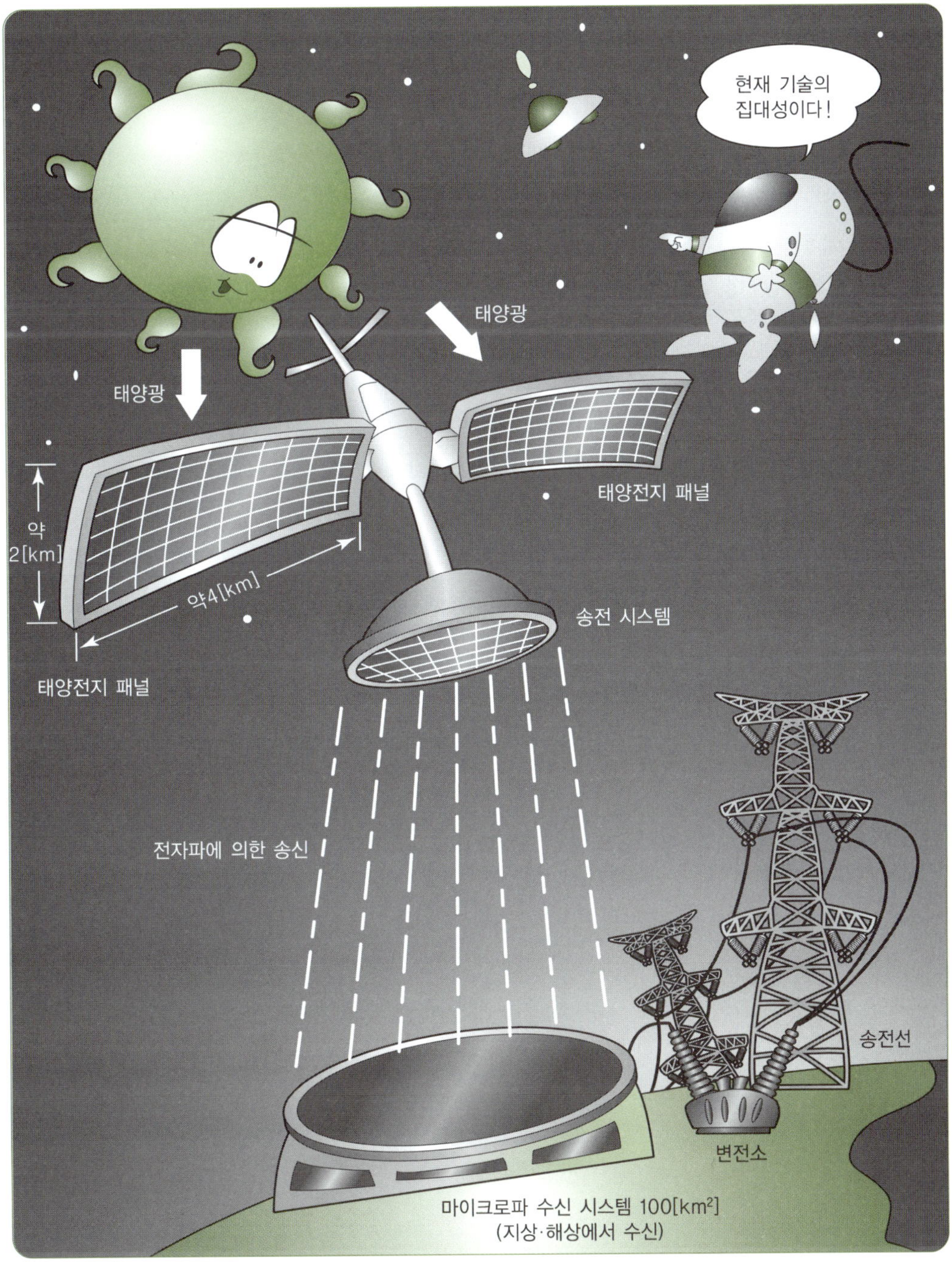

02 꿈의 기술 … 핵융합 발전

핵융합 발전에 대해 설명한다.

물질을 구성하는 요소인 원자핵은 양자와 중성자로 이루어져 있다. 원자핵의 질량은 양자와 중성자의 질량 합보다 약간 작은데 이 질량의 차이 m을 질량결손이라고 하고 대부분이 양자와 중성자를 한데 묶는 결합 에너지로 되어 있다.

핵융합은 원자핵을 서로 충돌하게 해서 융합시키는데 이때 질량결손에 상당하는 매우 큰 에너지($E = mc^2$에서 c는 빛의 속도이다)를 방출한다. 핵융합 발전은 이 에너지를 전력으로 이용하려는 것이다.

핵융합은 '+' 전하를 갖는 원자핵끼리의 결합이므로 서로 반발하고 게다가 전자가 외측에 존재하고 있으므로 간단하게 반응하지 않는다. 가장 일어나기 쉬운 핵융합 반응은 상호간의 반발력이 작은 중수소 D와 3중수소 T가 조합하고 그 2개를 1,000[km/s] 정도의 초고속으로 충돌시키면 융합하여 헬륨과 중성자가 발생한다. 그리고 이때 질량결손에 상당하는 방대한 에너지(1[g]의 중수소에서 석유 약 8[t] 정도)가 발생한다.

100,000[℃] 이상으로 고온일 때 원자핵과 전자가 전리(電離)하여 융합한 상태로 된 것을 플라즈마라고 하는데 원자핵을 융합시키려면 플라즈마를 아주 높은 온도로 유지할 필요가 있고 중수소끼리에서는 약 6억[℃], 중수소−3중수소에서는 1억[℃] 정도로 한다. 그러므로 핵융합로의 벽에 접촉하지 않게 해서 플라즈마를 가둘 필요가 있고, 크게 나누어 자기(磁氣) 또는 관성에 의한 감금방법이 연구되고 있다. 자기에 의한 대표적인 방법은 토카막(Tokamak)형이라고 해서 토로이달 코일이라는 코일과 플라즈마로 흐르는 환상(環狀) 전류에 의한 합성자계에 의해 플라즈마를 도너츠 모양의 환상부에 가둬놓는 방법이다.

이러한 연구는 한 국가에서는 비용면이나 기술적 과제상 불가능하므로 현재 국제협력으로써 진행되고 있다. 아무튼 해결해야 할 과제도 여러 가지인 꿈의 에너지이다.

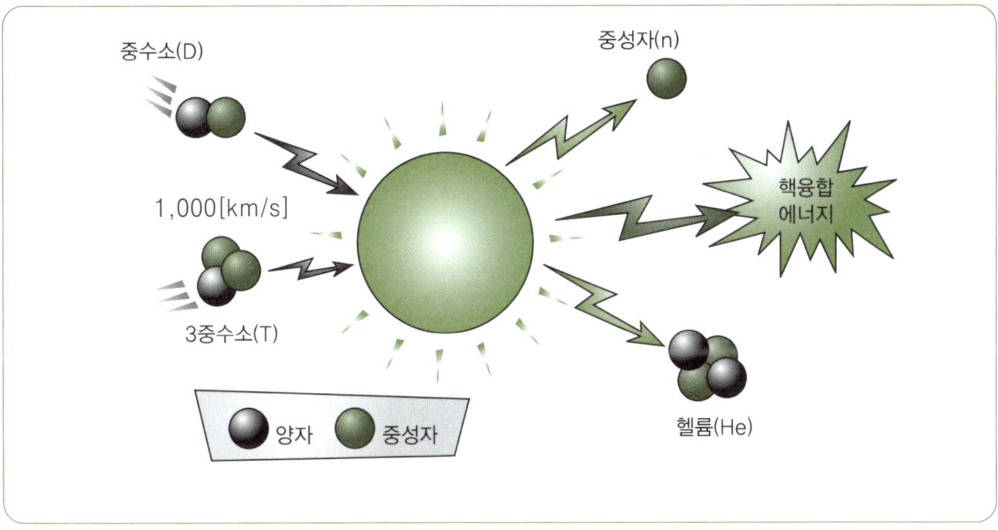

중수소(D)
중성자(n)
1,000[km/s]
핵융합
에너지
3중수소(T)
헬륨(He)
양자
중성자

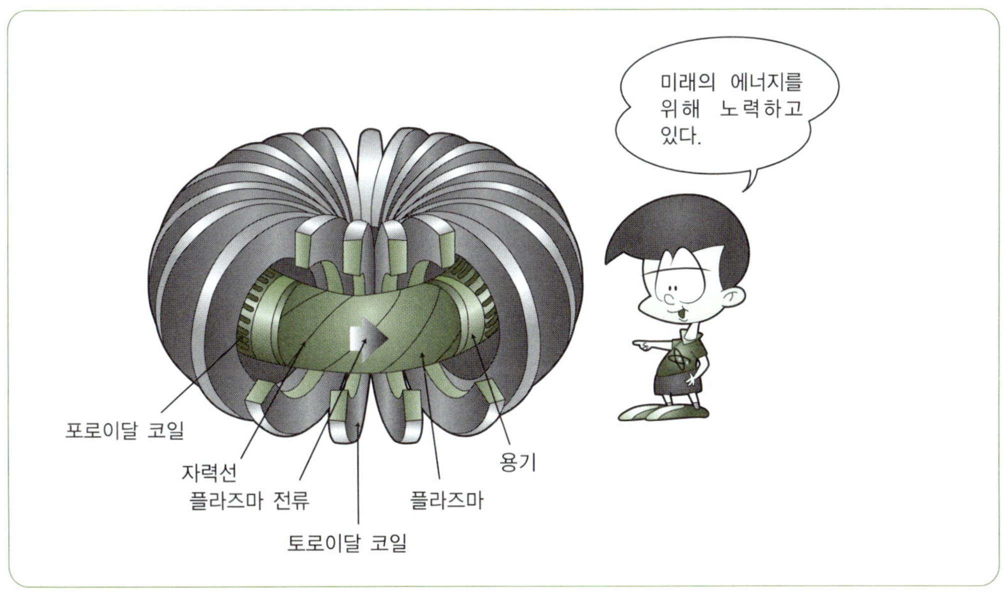

미래의 에너지를
위해 노력하고
있다.
포로이달 코일
자력선
플라즈마 전류
토로이달 코일
플라즈마
용기

03 손실 없는 세계 … **초전도**

　어떤 금속에서는 온도를 아주 낮춰 0[K](−273[℃]) 부근으로 하면 그 저항이 거의 0이 되는 현상이 보인다. 예를 들면 수은에서는 4.370[K], 주석에서는 3.710[K]이다. 이와 같은 현상을 초전도라고 부른다. 그리고 자계에 둔 금속을 초전도 상태로 하면 금속 내부의 자계가 0으로 되는 현상도 있는데 이것을 마이스너 효과(Meissner effect)라고 한다. 또한 최근에는 고온에서도 초전도를 나타내는 물질도 많이 발견되고 있다.

　초전도체는 구체적으로 말하면 전기저항이 0이므로 전류를 흘려보내더라도 손실이 발생하지 않는다. 이러한 점에서 여러 가지의 초전도 기기가 연구되고 있다. 예를 들면 핵융합이나 자기부상열차에 응용되는 초전도 마그넷, 리니어 모터카의 초전도 동기발전기, 초전도 케이블, 초전도 변압기 등이다. 초전도를 이용하면 대전류가 흐를 수 있기 때문에 송전용량 등이 비약적으로 증대함과 동시에 기기의 소형·경량화를 도모할 수 있고 또한 손실이 없기 때문에 효율이 향상된다. 저온을 유지하기 위한 냉각방식에는 액체 헬륨 등이 사용된다.

　그리고 초전도에 의한 전력저장도 있다. 이것은 인덕턴스 L[H]의 코일에 직류전류 I[A]를 흘려보내면 $LI^2/2$[J]의 자기에너지가 축적되는 원리를 이용하는 방법이다.　코일을 초전도 전선으로 하고 전류를 흘려보낸 상태에서 코일의 양끝을 단락하면 전류가 손실되지 않기 때문에 전류는 영구적으로 계속 흐르게 된다. 초전도 코일에는 하나의 코일로 이루어진 솔레노이드형과 도너츠 모양으로 늘어선 복수 코일로 이루어진 토로이달형이 있다.

　이러한 방식의 초전도 전력저장은 저장효율이 높고 또 반응속도가 고속이기 때문에 전력계통의 부하 평준화, 안정화에 기대를 모으고 있다.

초전도 코일의 종류

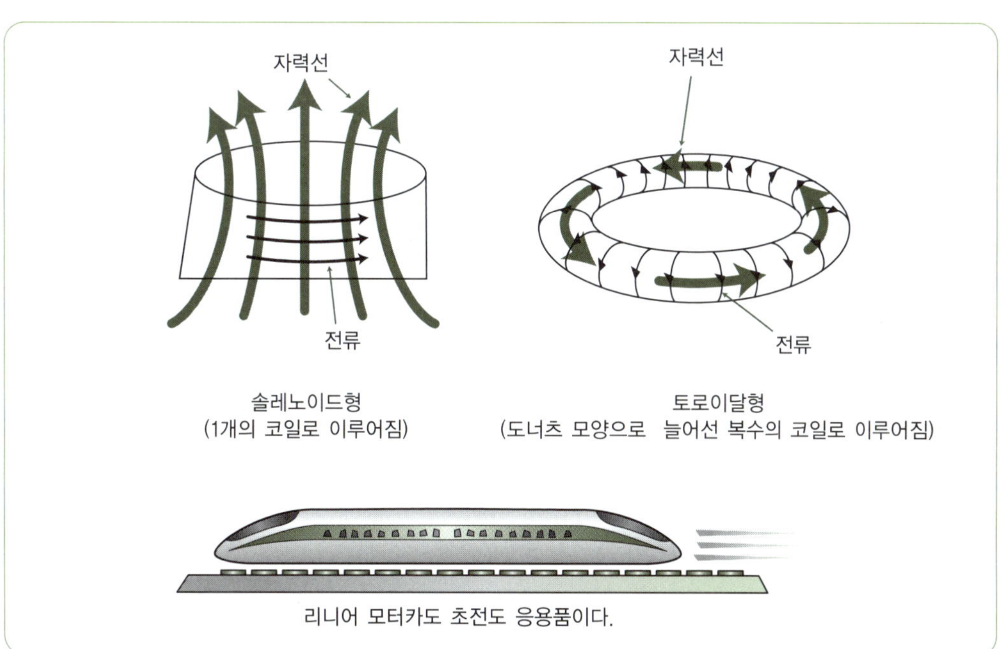

04 실용화가 바로 눈앞에! … 고성능 전력용 전지

전지에는 화학반응을 이용하는 1차전지, 2차전지, 연료전지, 물질의 빛－전기 변환작용을 이용한 태양전지가 있다.

1차전지는 보통 말하는 건전지로, 한번 사용하면 재사용할 수 없는 전지이다. 망간 건전지나 알칼리 건전지, 리튬 건전지 등으로 전기 기기나 카메라, 시계 등 우리 주변에서 널리 사용되고 있다.

2차전지는 충전해서 반복 사용할 수 있는 전지로 축전지로도 불린다. 자동차의 배터리가 여기에 해당하는데 전력저장용도 개발되고 있다. 심야의 잉여전력을 저장해서 주간의 중(重)부하가 걸릴 때 거기에 대응해서 전력계통에서의 주야간 전력수요 차이를 평준화하기 위한 2차전지가 대용량 전력저장 시스템으로 연구되고 있으며 현재 실용화 단계에 들어간 것으로는 NAS 전지가 있다. NAS 전지는 나트륨－유황 전지로, 6,000[kW]급도 건설되고 있어 안전성, 신뢰성, 충방전 사이클에 대한 내구성, 경량화 등의 면에서도 이미 실용할 수 있는 단계로 되었다. 또한 NAS 전지는 원재료로 고가의 물질을 사용하지 않으므로 앞으로 양산효과에 따른 큰 폭의 원가절감이 기대된다.

연료전지는 물의 전기분해 역반응을 이용해서 연료의 수소와 공기 중의 산소를 화학반응시켜 전기를 만들어내는 화학전지이다. 연료전지는 에너지의 변환효율이 좋아 대기오염을 수반하지 않으므로 장래의 중요한 전력원으로 기대되고 있다. 도시의 전력원으로 기대되고 있는 것으로는 인산 수용액을 전해액으로 해서 200[℃] 부근에서 운전하는 인산형 연료전지나 전해질에 불소수지계 이온교환막을 사용해서 실온에서 80[℃] 정도에서 운전하는 고체 고분자형 연료전지 등이 있다. 연료전지도 기술적으로는 거의 해결되고 있어 장래에 상업·업무용 빌딩·단독주택·공동주택 그리고 자동차 등에 대한 보급용으로 실용화 단계에 들어섰다고 말할 수 있다.

밤에 전기를 저장해서

NAS 전지는 양수식
발전소와 같은 작용을
한다.

양수식 발전소는 밤에는 물을
저장하고 낮에는 그 물로
발전한다.

낮에 전기를 공급한다.

 05 한 가정에 한 대? … 마이크로 가스터빈

마이크로 가스터빈은 전기와 열을 함께 공급하는 것으로 열전기병합 또는 코제너레이션 (Co-generation)으로 불리는 방식의 일종이다. 통상적인 코제너레이션 방식에 비해 가정이나 레스토랑 등 시설규모가 작은 장소에서 사용하는 시스템이다.

원리적으로는 항공기용 보조 동력원이나 터보 차저(Turbo charger)를 기본으로 개발된 가스터빈을 도시가스 등을 원료로 해서 운전하고 이들 시설에서 필요로 하는 전력과 난방, 급탕 등의 열에너지를 동시에 공급한다. 열과 전기의 종합효율로 70[%] 이상이 가능한 시스템으로서 에너지 유효 활용 면에서 주목받고 있으며 현재 대당 출력은 30~70[kW]가 주류이다. 그러나 고효율화에 대해서는 어디까지나 전기와 열을 최대한 이용했을 경우이고 열 사용량이 적을 경우에는 효율이 저하되므로 주의한다.

마이크로 가스터빈은 종전의 디젤엔진이나 가스엔진에 비해 다음과 같은 특징이 있다.
① 소형·경량이고 초기비용이 적게 든다.
② 구조가 단순하고 보수가 용이하다.
③ NO_x 등의 유해 배기가스가 적다.

앞으로 병원이나 호텔, 오피스 빌딩, 상업시설 등의 지역분산형 에너지 공급 시스템에 적당한 전원으로서 기대를 모으고 있는데 주로 주택지나 상업지에 시설되므로 소음, 진동, 배기가스 대책을 검토할 필요가 있다. 그리고 1대에 대해서는 용량이 작지만 보급이 확대됐을 경우의 종합적인 영향 등을 검토할 필요가 있다.

마이크로 가스터빈의 연료는 도시가스에 의해 공급되므로 보급되면 앞으로는 전봇대가 필요 없어진다는 소리도 있다. 그러나 설비의 정기점검이나 수리시에는 '전기를 어떻게 할 것인가?' 하는 문제도 있다.

마이크로 가스터빈의 구조 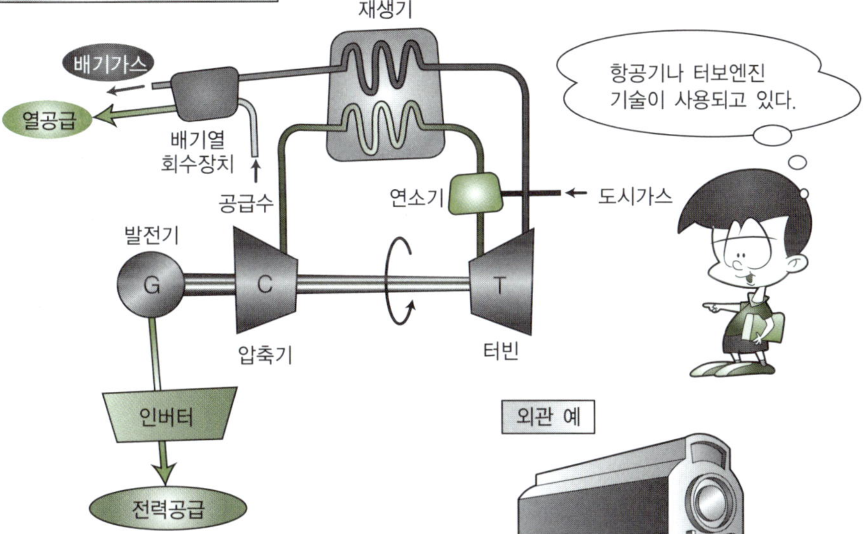
재생기
배기가스
열공급
배기열
회수장치
공급수
연소기
도시가스
발전기
G
C
T
압축기
터빈
인버터
전력공급
항공기나 터보엔진
기술이 사용되고 있다.
외관 예
전봇대
?
마이크로 가스터빈
나는 어떻게
돼?

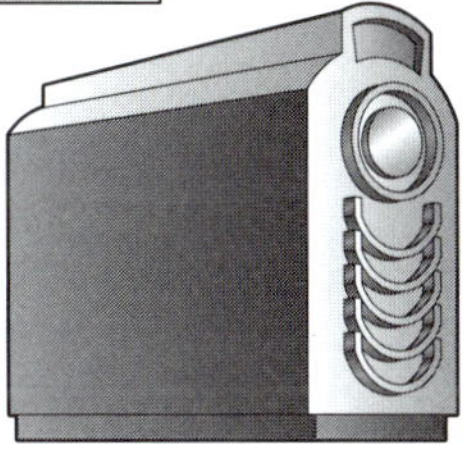

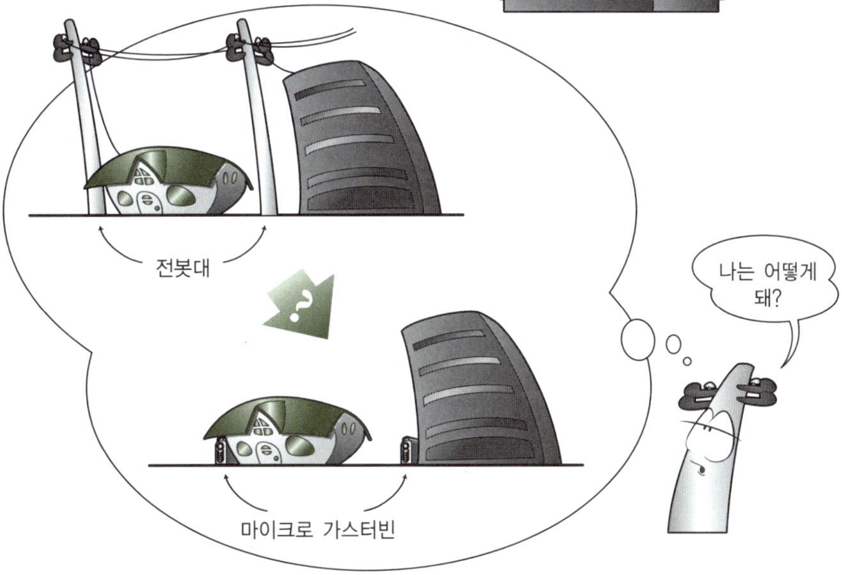

 06 꿈의 기술 … **전력선 인터넷**

인터넷이라고 하면 전화선을 떠올리는 분이 많을 것이다. 하지만 전력선으로도 인터넷이 가능하다. 또한 정보뿐만 아니라 가정에서 사용하는 여러 가지의 기기를 네트워크를 통해 조정할 수도 있다. 즉 일석이조의 시스템이라고 말할 수 있다.

원리적으로는 일반 전등선의 정현파 교류에 전력선 반송이라고 해서 정보도 함께 실어 보내는 것이 대표적인 방식이다. 이것을 정보의 중첩이라고 한다. 그리고 여러 가지의 서비스를 제공하기 위한 컴퓨터(서버라고 한다)를 전력량계에 조립하면 각 가정의 옥내배선을 통해 접속되어 있는 모든 전기제품을 제어할 수 있다. 그리고 외출해서 집의 상태를 확인하거나 가정 안의 인터넷에 접속하기도 하고 또 필요한 정보를 받을 수도 있다.

옥내배선을 사용하기 때문에 새로 네트워크를 구축할 필요가 없다. 전기제품에는 정보를 송수신하기 위한 간단한 마이크로 컴퓨터를 장착하기만 하면 여러 가지를 제어할 수 있다. 그리고 인터넷 등을 통해 전세계 어디에서든지 자기 집에 액세스할 수 있다.

즉 전력선 인터넷은 인터넷에 그치지 않고 이른바 가정용 네트워크를 옥내배선을 사용해서 간단히 만들 수 있는 셈이다. 그 외에도 전기나 가스의 자동검침, 홈 시큐리티(Home security), 에너지 절약 정보 서비스 등 다양한 서비스를 실시할 수 있다.

전기에너지와 정보기술이 결합된 새로운 인프라의 출현이다.

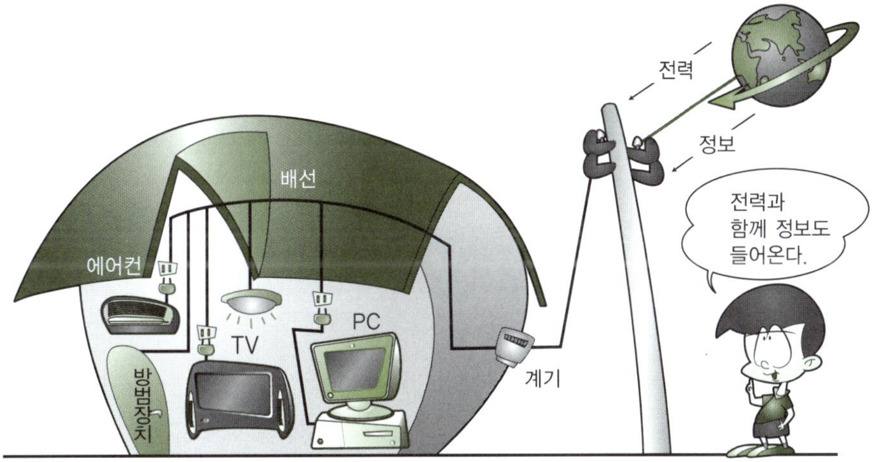

전력
정보
배선
에어컨
방범장치
TV
PC
계기
전력과 함께 정보도 들어온다.

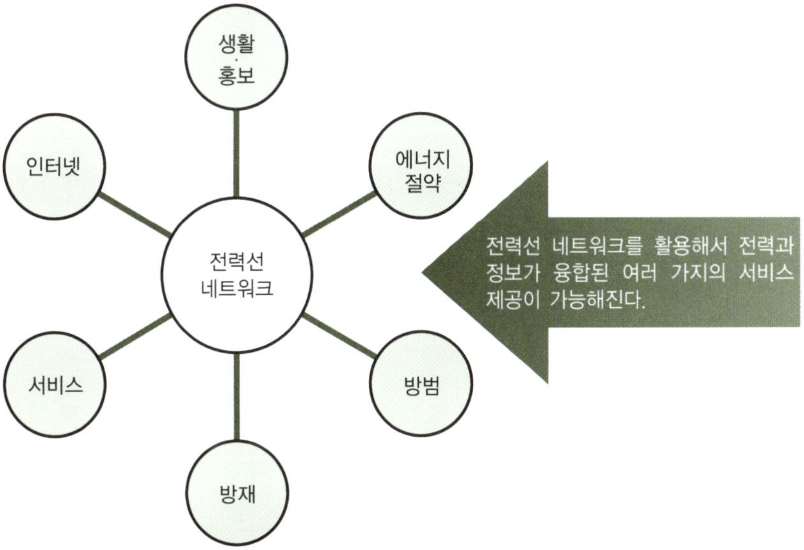

생활·홍보
인터넷
에너지 절약
전력선 네트워크
서비스
방범
방재
전력선 네트워크를 활용해서 전력과 정보가 융합된 여러 가지의 서비스 제공이 가능해진다.

제 9 장

전기 공식 정리

본 장은 공식집의 형식을 취하지만 공식이 생략됐다. 본서 자체가 수험서는 아니므로 공식을 실어도 별 의미가 없다는 이유에서이다. 그러나 전기회로를 더욱 즐겁고 흥미있게 음미하려면 그 나름대로 수학도 필요하여 그 부분에 대해서는 상세히 설명했다. 본 장을 통해 전기회로에 더욱 재미를 느낄 수 있을 것이다.

01 그리스 문자를 외우자

전기이론이나 전기회로를 계산할 때 그리스 문자가 많이 나온다. 어디선가 보기도 하고 들은 적이 있는 문자가 많이 나열되어 있다. 언어공부를 하는 것이 아니므로 어렵게 생각하지 말고 익숙해지는 것이 제일이다.

대문자	소문자	읽는 법	주요 용도
A	α	알파	각도, 계수, 면적
B	β	베타	각도, 계수
Γ	γ	감마	각도, 비중, 전도율
Δ	δ	델타	작은 변화, 밀도
E	ε	엡실론	(소문자) 자연로그의 밑 $=2.71828$, 미소량, 유전율
Z	ζ	지타	(대문자) 임피던스, 수직축
H	η	이타	(소문자) 효율, 히스테리시스 계수
Θ	θ	시타	각도, 위상차, 시정수
I	ι	요타	
K	κ	카파	(소문자) 유전율
Λ	λ	람다	(소문자) 전도율, 파장
M	μ	뮤	(소문자) 유자율, 진공관 증폭률, 마이크로의 약자
N	ν	뉴	(소문자) 자기저항률
Ξ	ξ	크사이	
O	o	오미크론	
Π	π	파이	원주율($3.14159\cdots$), 각도
P	ρ	로	저항률
Σ	σ	시그마	(대문자) 수의 합을 나타냄, (소문자) 전도율
T	τ	타우	시정수, 위상의 시간적 차이, 토크
Y	υ	입실론	
Φ	ϕ	파이	(대문자) 자속, (소문자) 유전속
X	χ	카이	(대문자) 리액턴스
Ψ	ψ	프사이	유전속, 위상차, 각속도
Ω	ω	오메가	(대문자) 저항의 단위기호, (소문자) 각속도 $=2\pi f$

02 그림기호를 외우자

전기회로에 사용하는 그림기호 중 대표적인 기호를 소개하므로 스스로도 쓸 수 있게 외우자.

주요 전기용 그림기호(I)

그림기호	설명
==	직류
~ ~50[Hz] ~100…600[kHz]	교류 (예) 교류 50[Hz] 교류 주파수 범위 : 100~600[kHz]
	접지(일반기호)
	프레임 접지, 섀시 프레임 또는 섀시를 나타내는 선을 굵게 하고 사선을 생략함.
	이상적인 전류원
	이상적인 전압원
	고장(가상되는 고장지점)
	섬락, 파괴
•	접속점, 접속개소
○	단자
(M 3~)	3상 케이지형 유도전동기
(*) (예) (V) (전압계)	지시계기 애스터리스크(*)는 다음 중의 하나로 치환한다 • 측정량 단위를 나타내는 문자기호 또는 이 단위의 배수 혹은 약수 • 측정하는 양을 나타내는 문자기호 • 화학식 • 그림기호

그림기호	설명
	반도체 다이오드 (일반 그림기호)
	발광 다이오드(LED) (일반 그림기호)
	저항기(일반 그림기호)
	가변 저항기
	콘덴서(커패시터)
	가변 콘덴서(커패시터)
	인덕터, 코일, 권선, 초크(리액터)
	(예) 자심이 들어간 인덕터
양식 1 / 양식 2 / 양식 2	2권선 변압기 (예) 2권선 변압기 (순시전압 극성을 나타낸 경우)
양식 1 / 양식 2	3권선 변압기
	1차전지, 2차전지 1차전지 또는 2차전지 [긴 선이 양극(+)을 나타내고 짧은 선이 음극(−)을 나타낸다]
	퓨즈(일반 그림기호)
	퓨즈 부착한 개폐기
	퓨즈 부착한 단로기
	방전 갭
	피뢰기

03 단위를 외우자

    길이를 나타내는 단위에는 미터, 척, 마일 등이 있는데 모든 국가에서 적용할 수 있는 실용적인 하나의 단위제도로서 결정된 것이 미터로, 국제단위계라 하고 SI 단위라고도 한다.

    SI 단위에는 우선 기본단위 7개와 보조단위 2개가 있다. 보조단위는 위상각 등 평면각을 나타내는 라디안(rad)과 3차원 입체각을 나타내는 스테라디안(sr)이 있다. 다음은 이 기본단위와 보조단위를 조합한 조립단위가 있고 그 조립단위에는 발견자 등의 고유명칭을 붙인 것이 17개 있다. SI 단위계는 그 크기가 보통 사용하기에는 너무 크기도 하고 너무 작기도 한 경우가 있기 때문에 필요에 따라 10의 정수승배를 표시하는 접두어를 붙여 나타낸다.

    전기단위는 다음과 같다.

① **1볼트(V)** : 1[A]의 불변전류가 흐르는 도체 두 점 간의 전력이 1[W]일 때 그 두 점 간에 존재하는 전압

② **1옴(Ω)** : 도체 두 점 간에 1[V]의 불변전압을 주고 있을 때의 전류가 1[A]일 때 그 두 점 간의 전기저항

③ **1쿨롱(C)** : 1[A]의 불변전류가 1초 동안에 실어 나르는 전기량

④ **1패럿(F)** : 1[C]의 전기량을 충전했을 때 양전극 간에 1[V]의 전압을 일으키는 콘덴서의 정전용량

⑤ **1헨리(H)** : 1[A/s]의 비율로 고르게 변화하는 전류가 흐를 때 1[V]의 기전력을 일으키는 폐회로의 인덕턴스

⑥ **1웨버(Wb)** : 1회 감기의 폐회로와 쇄교(鎖交)하는 자속이 고르게 감소하여 1[V]의 기전력을 일으키고 있을 때 그 1초 동안에 변화하는 자속

⑦ **1바(Var)** : 전기회로에 1[V]의 정현파 전압을 주었을 때 이것과 위상이 $\pi/2$ 다른 1[A]의 정현파 전류가 흐를 경우의 무효전력 크기

⑧ **1볼트암페어(VA)** : 전기회로에 1[V]의 정현파 전압을 가했을 때 1[A]의 정현파 전류가 흐를 경우의 피상전력 크기

■ SI 기본단위

양	단위의 명칭	단위기호
길이	미터	m
질량	킬로그램	kg
시간	초	s
전류	암페어	A
열역학온도	캘빈	K
물질량	몰	mol
광도	칸델라	cd

■ SI 보조단위

양	단위의 명칭	단위기호
평면각	라디안	rad
입방체	스테라디안	sr

(주) 열역학온도로는 종전부터 사용되고 있는 셀시우스 온도(℃)를 SI 단위로 사용할 수 있다.

■ 전기·자기의 단위

양	양 기호	단위를 정의하는 식	단위의 명칭	단위기호
전류	I	기본	암페어(ampere)	A
전압	V	$P=VI$	볼트(volt)	V
전기저항	R	$R=V/I$	옴(ohm)	Ω
전기량(전하)	Q	$Q=It$	쿨롱(coulomb)	C
정전용량	C	$C=Q/V$	패럿(farad)	F
전계의 세기	E	$E=V/l$	볼트당 미터	V/m
전속밀도	D	$D=Q/A$	쿨롱당 평방미터	C/m^2
유전율	ε	$\varepsilon=D/E$	패럿당 미터	F/m
자계의 세기	H	$H=I/l$	암페어당 미터	A/m
자속	ϕ	$V=\Delta\phi/\Delta t$	웨버(weber)	Wb
자속밀도	B	$B=\phi/A$	테슬라(tesla)	T
자기(상호) 인덕턴스	$L,\ (M)$	$M=\phi/I$	헨리(henry)	H
투자율	μ	$\mu=B/H$	헨리당 미터	H/m

* t는 길이[m], A는 면적[m^2], P는 전력[W]

■ 고유의 명칭을 가진 조립단위

양	단위의 명칭	단위기호	정의
주파수	헤르츠	Hz	$1Hz = 1s^{-1}$
힘	뉴턴	N	$1N = 1kg \cdot m/s^2$
압력, 응력	파스칼	Pa	$1Pa = 1N/m^2$
에너지, 일, 열량	줄	J	$1J = 1N \cdot m$
일률, 공률, 동력, 전력	와트	W	$1W = 1J/s$
전하, 전기량	쿨롱	C	$1C = 1A/s$
전위, 전위차, 전압, 기전력	볼트	V	$1V = 1J/C$
정전용량, 커패시턴스	패럿	F	$1F = 1C/V$
(전기)저항	옴	Ω	$1\Omega = 1V/A$
(전기의)컨덕턴스	지멘스	S	$1S = 1\Omega^{-1}$
자속	웨버	Wb	$1Wb = 1V \cdot s$
자속밀도·자기유도	테슬라	T	$1T = 1Wb/m^2$
인덕턴스	헨리	H	$1H = 1Wb/A$
셀시우스 온도	셀시우스도 또는 도	℃	
광속	루멘	lm	$1lm = 1cd \cdot sr$
조도	룩스	lx	$1lx = 1lm/m^2$
방사능	베크렐	Bq	$1Bq = 1s^{-1}$
질량에너지 분여(分與), 흡수선량	그레이	Gy	$1Gy = 1J/kg$
선량당량	시벨트	Sv	$1Sv = 1J/kg$

■ SI 접두어

단위의 정수승배	명칭	기호	단위의 정수승배	명칭	기호	단위의 정수승배	명칭	기호	단위의 정수승배	명칭	기호
10^{24}	요타	Y	10^9	기가	G	10^{-1}	데시	d	10^{-12}	피코	p
10^{21}	제타	Z	10^6	메가	M	10^{-2}	센티	c	10^{-15}	펨토	f
10^{18}	엑사	E	10^3	킬로	k	10^{-3}	밀리	m	10^{-18}	아토	a
10^{15}	페타	P	10^2	헥토	h	10^{-6}	마이크로	μ	10^{-21}	젭토	z
10^{12}	테라	T	10^1	데카	da	10^{-9}	나노	n	10^{-24}	욕토	y

04 전기회로는 비례에서부터 …

전기회로를 공부하려면 우선 비례에 대해 알아야 한다. 2개의 수 a와 b가 있고 a가 b의 몇 배로 되는가 하는 관계를 비(比)라고 하고 $a : b$ 또는 a/b라고 쓴다. 2개 수의 비를 한 글자로 k 등으로 쓸 수도 있다.

$a : b$와 $c : d$가 같을 때 $a : b = c : d$ 또는 $a/b = c/d$라고 쓰고 비례식이라고 한다. 그러면 $ad = bc$가 된다. 여기서 휘트스톤 브리지를 떠올리는 분은 똑똑하다. 사실 같은 식을 사용했다. 이 관계를 「비례식 외항의 곱은 내항의 곱과 같다.」고 말한다. 이제부터 여러 가지의 관계식이 나온다.

어느 것을 N개 사면 그 대금 Y는 N에 비례한다. 이것을 $Y \propto N$($\propto$은 비례한다는 기호이다)라고 쓰고, 또 이것을 $Y = CN$이라고도 써서 C를 비례정수라고 한다.

여기서 옴의 법칙을 생각하자. 「어느 저항에 대해 그 저항을 흐르는 전류는 그 양단에 흐르는 전압에 비례한다.」라고 했다. 그리고 옴의 법칙을 $E = RI$라고 썼다. 여기서 R은 저항인데 이것은 훌륭한 비례정수이다.

다음은 반비례에 대해 정리해 두자. 「반비례는 역수에 비례한다.」고 한다. 즉 $Y \propto 1/N$의 관계이다. 이것은 옴의 법칙에서 전압을 일정하게 하면 전류는 $I = E/R$이 되어 저항에 반비례하게 된다.

그리고 저항값은 1장에서 설명한 바와 같이 도체의 길이 L에 비례하고 그 단면적 S에 반비례한다. 이와 같이 전기회로는 우선 비례계산에서부터 출발한다.

비례 공식

$\dfrac{a}{b} = \dfrac{c}{d}$ 일 때 $\quad \dfrac{a \pm b}{b} = \dfrac{c \pm d}{d}$

$$\dfrac{a \pm b}{a \mp b} = \dfrac{c \pm d}{c \mp d}$$

$\dfrac{a}{b} = \dfrac{c}{d} = \dfrac{e}{f}$ 일 때 $\quad \dfrac{a}{b} = \dfrac{c}{d} = \dfrac{e}{f} = \dfrac{a + c + e}{b + d + f}$

$$\dfrac{a}{b} = \dfrac{c}{d} = \dfrac{e}{f} = \dfrac{pa + qc + re}{pb + qd + rf}$$

■ **옴의 법칙 문제**

어느 저항에 10[A]의 전류를 흘렸다면 그 양단의 전압은 100[V]였다. 20[A]의 전류를 흘렸을 경우 양단의 전압은 얼마일까?

(답) $10 : 100 = 20 : x, \quad x = \dfrac{100 \times 20}{10} = 200[V]$

05 풀지 않으면 풀리지 않는 방정식 해법

옴의 법칙 다음으로 중요한 키르히호프의 법칙에서는 반드시 방정식을 만든다. 대표적인 방정식을 예로 든다면 전류 I_1, I_2를 구하는 경우 등 미지수가 2개 있는 경우로 이것을 2원 방정식이라고 한다. 2원 방정식에서는 보통 방정식이 2개 있어야 푼다. 즉 2개의 방정식을 1세트로 해서 푸는데 이것을 2원 연립방정식이라고 한다.

방정식을 푸는 방법에도 몇 가지의 종류가 있다. 푸는 방법이 결코 하나가 아님을 이해하기 바란다. 푸는 것은 독자 여러분으로 여러 가지의 해법을 익혀두자. 방정식보다는 응용산수(鶴龜算 : 사칙계산 응용문제의 하나로, 학·거북의 합계 마리 수와 그 발의 합계 수로 각각 몇 마리인가를 계산하는 산수셈) 쪽에 더 자신 있는 분이라도 상관없다. 문제를 푼다는 것은 머리로만 안다고 풀리는 것은 아니다. 스포츠와 같아서 자꾸자꾸 반복하는 연습이 필요하다. 그리고 연습을 거듭하는 중에 자기만의 기법을 체득하게 된다.

방정식을 푸는 방법으로서 다음과 같은 문제를 예로 들어 풀어보자.

$$x+2y=7 \cdots\cdots\cdots\cdots\cdots ㉠$$
$$3x+2y=13 \cdots\cdots\cdots\cdots\cdots ㉡$$

① **대입법** : 한쪽의 식을 변형하여 다른 한쪽에 대입한다. 즉 ㉠에서 $x=7-2y$로 하여 ㉡에 대입하면 y가 구해진다.

② **가감법** : ㉠－㉡을 계산한다. 그러면 y가 소거된다(y의 계수가 같게 한다).

③ **등치법** : ㉠과 ㉡을 각각 $x=\cdots$의 식으로 고친다. 그리고 양쪽을 같게 두면 y가 구해진다.

④ **행렬식에 의한 방법** : 행렬식이라는 식을 만들어 공식에 적용해서 푼다. 미지수의 수가 많을 때 편리한 방법이다.

2원 연립방정식을 풀어보자.

$$x+2y=7 \quad \cdots ①$$
$$3x+2y=13 \quad \cdots ②$$

(1) 대입법

①에서 $x=7-2y \quad \cdots ③$

③을 ②에 대입해서

$$3(7-2y)+2y=13$$
$$21-6y+2y=13$$
$$-4y=-8$$
$$y=2 \quad \cdots ④$$

(2) 가감법

①−②에서 $\quad -2x=-6$

$$x=3$$

(3) 등치법

①에서 $x=7-2y \cdots ③$

②에서 $x=\dfrac{13-2y}{3}$

따라서 $\quad 7-2y=\dfrac{13-2y}{3}$

$$y=2$$

(4) 행렬식에 의한 방법

$$x=\dfrac{\begin{vmatrix} 7 & 2 \\ 13 & 2 \end{vmatrix}}{\begin{vmatrix} 1 & 2 \\ 3 & 2 \end{vmatrix}}$$

$$=\dfrac{7\times2-2\times13}{1\times2-2\times3}$$

$$=\dfrac{-12}{-4}$$

$$=3$$

06 사인(sin)은 V

　삼각함수를 풀려면 우선 sin, cos, tan를 익힌다. 그리고 0°, 30°, 45°, 60°, 90° 등의 기본적인 값은 반복 사용함으로써 익힌다.

　삼각함수의 값은 반지름이 1인 원(단위원이라고 한다)을 그리면 어느 임의의 각도 θ의 경우, 그 각도를 가진 동경(動徑) OP에 대한 X축의 값이 $\cos\theta$, Y축의 값이 $\sin\theta$이다. 그리고 잘 생각하면 tan의 값도 곧바로 구할 수 있다. 각도가 90°이상일 경우, 360°이상일 때 그리고 '−' 각도일 경우에도 구할 수 있다. 여기까지 오면 삼각형의 이미지가 아니라 회전각의 이미지가 그려진다. 이것은 전기회로에서 매우 중요한 사항이다.

　이 단위원에서 종축에는 삼각함수의 값을, 횡축에는 각도의 크기를 각각 잡으면 sin과 cos의 그래프도 그릴 수 있다. 이 삼각함수 그래프에서 동경 OP가 1회전하는 것을 주기라고 부른다. 이것은 정현파 교류와 같은 내용이다.

　삼각함수에는 여러 가지의 공식이 있다. 하지만 전기회로에서는 그렇게 많은 공식을 사용하지 않으므로 안심해도 된다. 많은 공식들 중에서 중요한 것은 삼각함수의 피타고라스 정리, 그리고 sin과 cos의 가법정리(加法定理)이다.

피타고라스의 정리　$\sin^2\alpha + \cos^2\alpha = 1$

가법정리　　　　　$\sin(\alpha \pm \beta) = \sin\alpha\cos\beta \pm \cos\alpha\sin\beta$

　　　　　　　　　$\cos(\alpha \pm \beta) = \cos\alpha\cos\beta \mp \sin\alpha\sin\beta$

　삼각형의 피타고라스 정리는 직각삼각형의 피타고라스 정리에서 구할 수 있는 공식이다. 오른쪽 그림에서 구하는 법을 확인해 두자. 그 3개의 식으로 대부분의 삼각함수 관계식을 유도할 수 있다. 일단 유도식을 연습해 두면 삼각함수와 친해질 수 있으므로 꼭 도전해 보자.

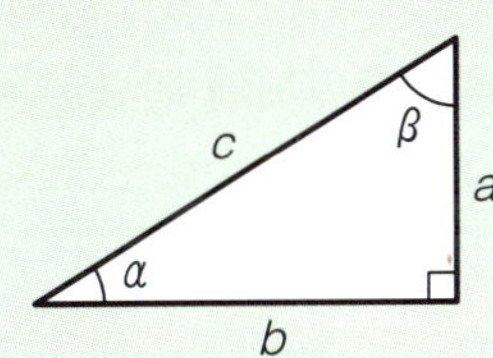

삼각함수

$$\sin \alpha = \frac{a}{c} \quad \text{(사인)}$$

$$\cos \alpha = \frac{b}{c} \quad \text{(코사인)}$$

$$\tan \alpha = \frac{a}{b} \quad \text{(탄젠트)}$$

피타고라스의 정리

$$a^2 + b^2 = c^2$$

양변을 c^2으로 나누면

$$\left(\frac{a}{c}\right)^2 + \left(\frac{b}{c}\right)^2 = 1$$

따라서

$$\sin^2\alpha + \cos^2\alpha = 1$$

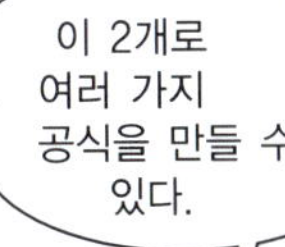

가법정리

$$\sin(\alpha \pm \beta) = \sin\alpha\cos\beta \pm \cos\alpha\sin\beta \quad \cdots ①$$

$$\cos(\alpha \pm \beta) = \cos\alpha\cos\beta \mp \sin\alpha\sin\beta \quad \cdots ②$$

$\alpha = \beta$ 라고 놓으면

$$\sin 2\alpha = 2\sin\alpha\cos\beta \quad \cdots ③$$

$$\cos 2\alpha = \cos^2\alpha - \sin^2\alpha \quad \cdots ④$$

④에 피타고라스의 정리를 사용해 보면

$$\cos 2\alpha = \cos^2\alpha - \sin^2\alpha$$

$$= 1 - \sin^2\alpha - \sin^2\alpha$$

$$= 1 - 2\sin^2\alpha$$

지수 벡터 복소수 … **모두의 관계**

벡터와 복소수, 그리고 극좌표에 대해서는 2장의 정현파 교류에서 필요할 때마다 설명했는데 여기서는 복습하는 의미에서 이들의 관계를 다시 체크해 두자.

복소수와 삼각함수를 연결하는 기본적인 정리는 드모아브르의 정리이다.

$$(\cos\theta+i\sin\theta)^n=\cos n\theta+i\sin n\theta$$

이 식에서 n승이 n배로 되어 있다(여기서 i는 허수, 즉 전기회로의 j를 나타낸다). 이것은 지수함수와 성질이 비슷하다. 드모아브르의 정리를 사용해서 1의 세제곱근을 구할 수 있다.

$$(\cos\theta+i\sin\theta)^3=\cos3\,\theta+i\sin3\,\theta=1$$

따라서 $\cos3\theta=1$, $\sin3\theta=0$이 된다.

위의 식에서 $3\theta=2k\pi$(k는 정수)가 되므로 $\theta=2/3\,k\pi$가 되고 $k=0$, 1, 2라고 두면 1의 세제곱근을 구할 수 있다.

이런 설명을 하는 이유는 3상 교류회로를 소개하는 곳에서 설명한 벡터 오퍼레이터 a를 사용해서 크기 1의 3상 교류를 1, a^2, a라고 표시했는데 이것은 즉 1의 세제곱근과 다름없음을 말하고 싶었기 때문이다. 그리고 $1+a^2+a=0$이 된다.

마찬가지로 1의 4제곱근은 1, i, -1, $-i$가 된다. 이것은 통상적인 복소수의 벡터 표시이다.

또 하나의 중요한 관계로는 지수함수 e^n에 관한 것이 있다. 즉

$$e^{i\theta}=\cos\theta+i\sin\theta$$

우변은 드모아브르 정리에서 좌변의 ( ) 안의 것과 동일한 형태를 취하고 있다. 이와 같이 벡터와 복소수, 극좌표는 여러 가지 형으로 연결되어 있다. 그러므로 어느 정도 학습됐으면 그것들을 총괄해 보자.

드모아브르의 정리

$$(\cos\theta + i\sin\theta)^n = \cos n\theta + i\sin n\theta$$

오일러의 공식

$$\cos\theta + i\sin\theta = e^{i\theta}$$

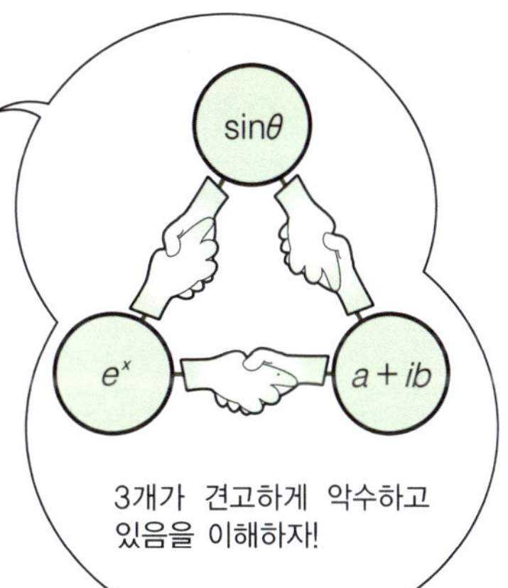

● 오일러의 공식 전개 예

$\theta = \dfrac{\pi}{2}$ 일 때 $e^{i\frac{\pi}{2}} = \cos\dfrac{\pi}{2} + i\sin\dfrac{\pi}{2} = i$

$\theta = \pi$ 일 때 $e^{i\pi} = \cos\pi + i\sin\pi = -1$

$\theta = 0$ 일 때 $e^{-i\theta} = \cos(-\theta) + i\sin\pi(-\theta)$

$\qquad\qquad\qquad = \cos\theta - i\sin\theta$

1의 4제곱근$(1,\ i,\ -1,\ -i)$	1의 세제곱근$(1,\ a,\ a^2)$
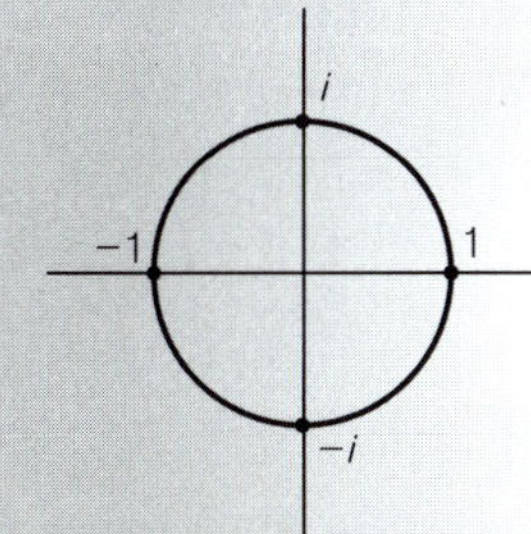	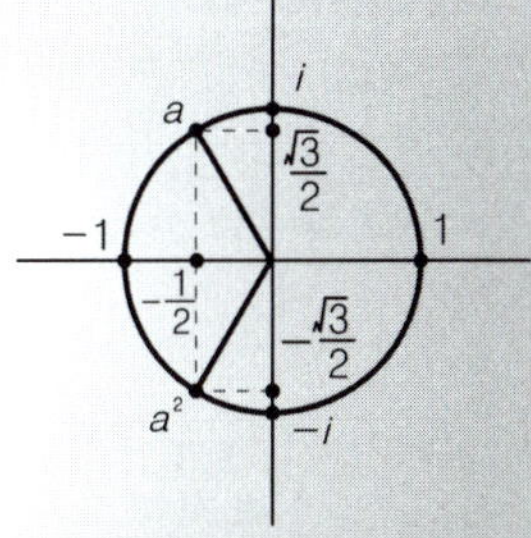

$$a = e^{i\frac{2}{3}\pi} = -\frac{1}{2} + i\frac{\sqrt{3}}{2}$$

$$a^2 = e^{i\frac{4}{3}\pi} = -\frac{1}{2} + i\frac{\sqrt{3}}{2}$$

(주) 허수단위 $i = \sqrt{-1}$ 은 전기회로에서는 i 가 전류의 기호와 혼돈하기 쉬우므로 j 를
사용한다.

08 기울기는 미분, 면적은 적분

일반적으로 미분은 접선의 기울기, 적분은 곡선의 면적이라는 개념으로 표시된다. 이론 자체만으로는 어려우므로 여기서는 미분과 적분이 어떤 때에 활용되는지 간단히 이해하기로 한다.

함수 $y=f(x)$에서 변수 x가 x_1에서부터 x_2까지 변화할 때 $f(x)$의 증분과 x증분의 비를 함수 $f(x)$의 평균변화율이라고 하고 평균변화율은 $f(x)$의 두 점 P, Q를 통과하는 직선의 기울기에 같아진다. 이 평균변화율에 있어서 작은 변화분 Δx를 0에 한없이 가깝게 한 것(극한값)을 미분계수라고 한다. 따라서 함수 $f(x)$의 $x=x_1$에 대한 미분계수 $f'(x_1)$은 곡선 $y=f(x)$에 대한 점 $(x_1, f(x_1))$의 접선 기울기를 나타낸다. 그리고 이 $f'(x_1)$을 $f(x)$의 도함수라고 하고 $f'(x)$를 구하는 것을 미분한다고 한다. $f'(x)=0$일 경우 이 접선의 기울기는 0이므로 즉 x축에 평행해진다.

미분은 극한값을 구한다는 그 특성으로부터 과도현상에서 나타나는 전류의 변화상황 등을 구할 수 있다. 그리고 기울기가 0을 중심으로 '+'에서 '−'(또는 '−'에서 '+')로 변화할 경우 그 곡선의 최대값 또는 최소값이 나오기 때문에 전력의 최대값이나 손실의 최소값 등을 구할 수 있다.

미분의 역(逆)연산을 적분이라고 한다. $F'(x)=f(x)$일 때 $F(x)$를 $f(x)$의 원시함수 또는 부정적분이라고 한다. 또한 정수를 미분하면 0이 되기 때문에 공식에서 x^2+3의 미분도 x^2-6의 미분도 $2x$가 되어 두 식 모두 $2x$의 부정적분이 된다. 여기서 $2x$의 부정적분은 x^2+C(정수)로 표시되고 이 C를 적분정수라고 한다.

또 $y=f(x)$ 곡선에서 $x=a$, $x=b$와 x축으로 둘러 싸인 부분의 면적 S는 $f(x)$의 부정적분을 $F(x)$라고 할 때 다음과 같이 계산할 수 있다.

$$면적\ S=F(b)-F(a)$$

이 면적이라는 개념은 전기량($=$전류$\times$시간), 전력량($=$전력$\times$시간), 일량($=$힘$\times$거리)과 수학적으로는 같아지므로 이들을 구할 때 적분이 사용된다.

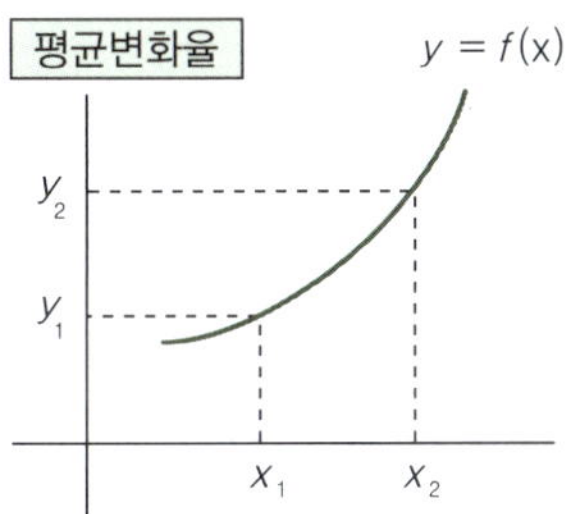

- 미분계수 $\dfrac{dy}{dx}=f'(x)=y'$

$$y'=\lim_{\Delta x \to 0}\frac{f(x+\Delta x)-f(x)}{\Delta x}$$

$$=\lim_{\Delta x \to 0}\frac{\Delta y}{\Delta x}$$

$$=\tan\theta(\text{기울기})$$

- 주요 공식

$$y=x^n \to y'=nx^{n-1}$$
$$y=e^x \to y'=e^x$$
$$y=\sin x \to y'=\cos x$$
$$y=\cos x \to y'=-\sin x$$

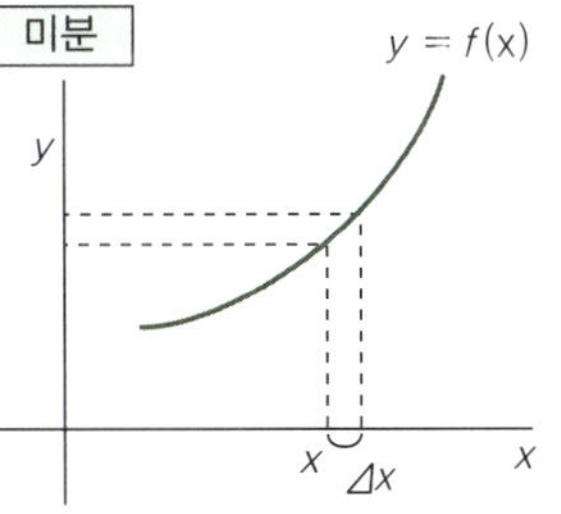

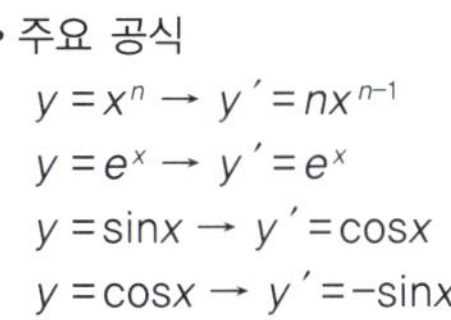

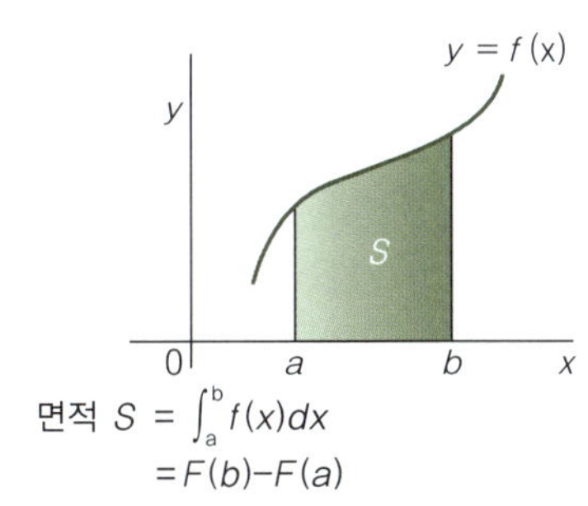

$\dfrac{dF(x)}{dx}=f(x)$일 때

$$F(x)=\int f(x)dx+C$$

C : 적분정수(임의의 정수)

- 정적분

$$\int_a^b f(x)dx=[F(x)]_a^b=F(b)-F(a)$$

- 주요 공식

$$\int x^n dx=\frac{x^{n+1}}{n+1}+C$$
$$\int e^x dx=e^x+C$$
$$\int \sin ax\,dx=-\frac{\cos ax}{a}$$
$$\int \cos ax\,dx=\frac{\sin ax}{a}$$

면적 $S=\displaystyle\int_a^b f(x)dx$
$=F(b)-F(a)$

■ 참고문헌

「新版 電氣工學ハンドブック」關根泰次他監修, 1988, 電氣工學

「電氣工學ハンドブック」出村昌他監修, 1980, 電氣工學

「改訂新版 電氣工學ポケットブック (JR版) 電氣學會編, 1967, オーム社

「改訂新版 電氣工學必携」尾本義一監修, 1972, 三省堂

「電氣學會大學講座 電氣磁氣學 (改訂版) 電氣學會通信敎育會編, 1973, 電氣學會

「電磁氣計測」電氣學會通信敎育會編, 1971, 電氣學會

「改訂 交流回路計算法」山田直平著, 1974, コロナ社

「大學講義 最新電氣機器學」宮入壓太著 1974, 丸善

「てれでわかっな對稱標法」前川幸一郎著, 1979, 啓學出版

「ブルーバックス 處數 iの不思議」掘場芳數著, 1990, 講談社

「電氣回路計算法の完成」永田博義著, 1976, 啓學出版

「電力ヒューズ 低壓遮斷器の現場技術」黑田一彦·石川熙共著, 1977, オーム社

「なゐほどナットク! 電氣がわか本」松原洋平著, 2001, オーム社

「第一種電氣工事士 定期講習テキスト」1999, 電氣工事講習センター

■ 참고자료

「電力設備 平成 12年度版」東京戰力

「TEPCO 電氣ガイト」東京電力

「でんこちゃんのなるほど安全! なっとくBOOK」東京電力

찾아보기

자

하

■ **저자약력**

飯田 芳一(이다 요시카즈)

· 東電학원 대학부 졸업
· 현) 도쿄전력(주)에 근무, 주로 배전업무에 종사함
· 제1종 전기주임 기술자

〈주요 저서〉

· 電験二種実戦攻略 法規
· 電験三種実戦攻略 法規
· 電験二種 二次試験の完全対策 (共著) 이상, 옴사

■ **본문 일러스트**

中西 隆浩(나카니시 타카히로)

프로가 가르쳐 주는
전기회로

2012. 1. 25. 초 판 1쇄 발행
2023. 8. 23. 초 판 7쇄 발행

지은이 | 이다 요시카즈
옮긴이 | 한동순
펴낸이 | 이종춘
펴낸곳 | [BM] (주)도서출판 성안당

주소 | 04032 서울시 마포구 양화로 127 첨단빌딩 3층(출판기획 R&D 센터)
10881 경기도 파주시 문발로 112 파주 출판 문화도시(제작 및 물류)

전화 | 02) 3142-0036
031) 950-6300

팩스 | 031) 955-0510
등록 | 1973. 2. 1. 제406-2005-000046호
출판사 홈페이지 | www.cyber.co.kr
ISBN | 978-89-315-2615-8 (13560)
정가 | 25,000원

이 책을 만든 사람들
진행 | 박경희
교정·교열 | 김혜린
전산편집 | 김인환
표지 디자인 | 박현정
홍보 | 김계향, 유미나, 정단비, 김주승
국제부 | 이선민, 조혜란
마케팅 | 구본철, 차정욱, 오영일, 나진호, 강호묵
마케팅 지원 | 장상범
제작 | 김유석

■ 도서 A/S 안내

성안당에서 발행하는 모든 도서는 저자와 출판사, 그리고 독자가 함께 만들어 나갑니다.
좋은 책을 펴내기 위해 많은 노력을 기울이고 있습니다. 혹시라도 내용상의 오류나 오탈자 등이 발견되면 **"좋은 책은 나라의 보배"**로서 우리 모두가 함께 만들어 간다는 마음으로 연락주시기 바랍니다. 수정 보완하여 더 나은 책이 되도록 최선을 다하겠습니다.
성안당은 늘 독자 여러분들의 소중한 의견을 기다리고 있습니다. 좋은 의견을 보내주시는 분께는 성안당 쇼핑몰의 포인트(3,000포인트)를 적립해 드립니다.
잘못 만들어진 책이나 부록 등이 파손된 경우에는 교환해 드립니다.